刺参盐度胁迫的响应机制研究

田 燚　常亚青　著

化学工业出版社
·北京·

内容简介

本书围绕作者近年来在盐度环境因子对刺参的影响方面的研究成果，介绍了刺参的主要生物学特征、刺参的产业发展现状、刺参育种的现状、盐度对刺参的影响。本书从不同水平、不同角度分析盐度胁迫下刺参的响应过程，提出刺参盐度响应的可能途径，着重介绍了在盐度胁迫下刺参离子浓度的改变、免疫相关酶活力的变化，盐度胁迫下刺参组织学的变化，盐度胁迫后刺参功能基因的响应，盐度胁迫后刺参非编码 RNA 的改变，非编码 RNA 与靶基因在盐度胁迫后的响应过程。

本书可供水产养殖及相关专业的本科生及研究生师生阅读参考。

图书在版编目（CIP）数据

刺参盐度胁迫的响应机制研究/田燚，常亚青著．—北京：化学工业出版社，2023. 11

ISBN 978-7-122-44687-9

Ⅰ. ①刺… Ⅱ. ①田… ②常… Ⅲ. ①海水-盐度-影响-刺参-海水养殖-研究 Ⅳ. ①S968. 9

中国国家版本馆 CIP 数据核字 (2023) 第 235800 号

责任编辑：曹家鸿　邵桂林　　文字编辑：曹家鸿
责任校对：宋　夏　　装帧设计：张　辉

出版发行：化学工业出版社
（北京市东城区青年湖南街 13 号　邮政编码 100011)
印　　装：北京科印技术咨询服务有限公司数码印刷分部
710mm×1000mm　1/16　印张 13¼　字数 230 千字
2024 年 3 月北京第 1 版第 1 次印刷

购书咨询：010-64518888　　售后服务：010-64518899
网　　址：http://www.cip.com.cn
凡购买本书，如有缺损质量问题，本社销售中心负责调换。

定　　价：88. 00 元

前言

盐度作为影响刺参产业的重要环境因子，目前其响应机制缺乏较系统的研究与介绍。基于前期的研究基础，作者从近五年来的研究中选取了盐度胁迫下刺参在不同水平、不同角度的研究结果，并针对结果进行了分析和总结，以期为盐度因子对刺参的影响的研究奠定基础。

本书介绍了刺参养殖过程中主要环境因子对刺参的影响，共分为 7 章，重点介绍了刺参的主要生物学特征、刺参的产业发展现状、刺参育种的现状、盐度对刺参的影响、不同水平刺参对于盐度的响应。其中主要包括在盐度胁迫下刺参离子浓度的改变、免疫相关酶活力的变化，盐度胁迫下刺参组织学的改变，盐度胁迫后刺参功能基因的响应变化，盐度胁迫后刺参非编码 RNA 的改变，非编码 RNA 与靶基因在盐度胁迫后的响应过程。本书从不同水平不同角度分析盐度胁迫下刺参的响应过程，提出刺参盐度响应的可能途径，为刺参的盐度响应机制的研究奠定基础。

本书第 1 章、第 2 章由常亚青撰写，第 3 章至第 7 章由田燚撰写。同时感谢大连海洋大学研究生勾宇晴、魏馨及张士薇在本书编写过程中给予的支持和付出。

由于编者的水平有限，时间仓促，书中可能会存在不足之处，真诚希望各位读者给予批评和指正，以便我们将来修订再版。

目录

第1章 绪论

1.1 刺参的主要生物学特征

刺参（*Apostichopus japonicus*）属棘皮动物门、海参纲、楯手目、刺参科、刺参属。刺参营养价值药用价值高，主要分布于北纬35°～北纬44°的西北太平洋沿岸，北起海参崴，经日本海、朝鲜半岛南部到中国黄、渤海。在我国辽宁、山东、河北等北方沿海地区，刺参喜欢栖居在波流静稳、海藻丰茂，无淡水注入的岩礁或硬底港湾内，或是大叶藻丛生的细泥沙海底中。刺参主要摄食沉积于海底表层的泥沙、有机碎屑、细菌、底栖硅藻等。刺参生活的适宜水深为3～5 m，少数可达十多米，幼小个体多生活在潮间带。

刺参体呈扁圆筒形，两端稍细，横断面略呈四角形，身体柔软，伸缩性大，离水及受到外界刺激后身体易收缩。刺参体壁分为5个步带区和5个间步带区，彼此相间排列，其中背面有2个步带区和3个间步带区，腹面有3个步带区和2个间步带区。刺参的背面稍隆起，有4～6行圆锥状的疣足。腹面比较平坦，有水管系统在腹面的末端突起，称为管足，其末端有吸盘，具有吸附外物的作用，密集的管足在腹面排成3条不规则的纵带。触手位于体前端腹面，口的周围通常有20个呈环状排列的楯状触手。肛门位于体后端腹面，稍偏于背面。生殖孔位于体前端背部距头部后部1～3 cm的间步带区上，生殖孔四周色素较深，略显凹陷，在繁殖季节明显可见。

刺参的繁殖季节因地区的不同而有差异，一般南部地区早于北部地区，潮间带早于潮下带。刺参的产卵季节主要集中在每年的5月底到8月初，各地区因水温不同而略有差异，一般在水温达18～20 ℃时开始排卵。通常刺参的性成熟年龄为2龄，在人工控温养殖条件下，有些个体在体重达到250 g以上时，性腺也发育良好。亲参的排精和产卵在晚上进行，一般情况下都是雄性个体先排精，然后是雌性个体开始产卵。亲参在排精和产卵前会爬行于池壁上，活动频繁，头部抬起，身体左右摇摆。刺参的个体发育包括受精卵、卵裂、囊胚期和原肠胚的胚胎发育、小耳状幼体、中耳状幼体、大耳状幼体、樽形幼体、五触手幼体、稚参等阶段。

夏眠是刺参重要的生理活动，即在夏季水温较高时，向深水移动，躲藏在水流静稳的岩石底下进行夏眠。刺参在夏眠期间身体缩小，消化道退化变薄、变细，甚至看不清，体重减轻，停止摄食，基础代谢降低。一直到水温降低，刺参才爬出来进行活动和摄食。刺参属狭盐性动物，适宜的海水盐度范围为28‰～32‰。盐度的变化会引起刺参生理、免疫等多方面的反应。适宜pH为7.9～8.4。

排脏是指刺参在不良环境条件下，如受到损伤、遭遇敌害、过度拥挤、水质污浊、水温过高、氧气缺乏、盐度降低等强烈刺激时，通过身体剧烈收缩，将消化道、呼吸树、居维尔氏小管、生殖腺甚至全部内脏器官由肛门排出体外的现象。刺参的排脏有帮助自身调节渗透压、防止代谢过快和修复受损内脏的作用。对于刺参而言，排出的器官主要是肠道和呼吸树，在排脏后体腔内仅剩石灰环、咽、食管及泄殖腔。排脏的机制非常复杂，但主要可分为三部分：一是内脏连接韧带和泄殖腔、肠系膜及体壁肌腱连接韧带的快速软化；二是体壁或泄殖腔强烈的局部软化；三是肌肉收缩并断裂、弱化，继而排出失去韧带连接的内脏。排脏是刺参抵御自然界中敌害和对外界不良环境的一种自保措施，刺参这种棘皮动物在丧失某些器官或者身体的某一部分后仍具有强大的再生能力。刺参具有很强的再生能力，在排脏之后，当环境条件适合时，刺参能再生长出新的内脏器官。其再生方式有切割处再生、变形再生、消化道再生、肌肉再生。

1.2 刺参的产业发展现状

1.2.1 刺参养殖产业现状

刺参是我国海水养殖业的支柱性经济品种之一，适宜生长在我国辽宁、山东和河北沿海。传统的刺参增养殖区一直集中在辽东和山东半岛周边沿海地区，南方省份则以养殖或捕捞其他经济价值相对较低的海参品种（如梅花参、糙海参和花刺参等）为主。近年来，由于市场需求量增加和可观的养殖收益，我国东南沿海各省兴起了刺参南移养殖的热潮。目前，辽宁、山东、河北和福建形成了国内刺参养殖主要养殖区。

2021年我国海参养殖总产量为22.27万吨，较2020年增长13.3%，养殖总产量呈稳定上升的趋势。从地区分布看，我国东部沿海的辽宁、山东、河北、江苏、浙江、福建、广东、广西和海南9个省（自治区）均开展了刺参养殖生产。海参的主要养殖区域集中在山东、辽宁、福建和河北地区，其中2021年辽宁海参养殖产量为7.35万吨，山东养殖产量为10.20万吨，福建3.33万吨，河北1.36万吨。2021年我国海参养殖面积为24.74万公顷，较2020年增长1.9%，养殖总面积基本保持持平，养殖产量保持了增长的趋势。2021年辽宁海参养殖面积为158860公顷，山东养殖面积为78771公顷，福建为1505公顷，河北为7903公顷。2021年我国海参苗种数量为601亿头，较2020年增长9.19%，其中辽宁202亿头，山东374.46亿头，河北23.95亿头。

辽宁省和山东省仍然是海参养殖的传统主产区，养殖产业发展迅速。辽宁省海参养殖从养殖环境和模式划分，可以分为工厂化养殖、海水池塘养殖、海区网笼养殖和底播增养殖四种模式。多年来，辽宁省在参池建造、参礁选设、水质调节、单胞藻控繁、生物移植、人工藻场、生态养殖等方面进行科技攻关，对海参高效生态养殖进行了积极的探索。海参养殖产业已成为辽宁省水产业支柱产业之一。辽宁省的养殖区域已经由大连扩展到丹东、营口至锦州的全省沿海区域。“辽参”养殖产业发展已取得显著成效，养殖规模、产量稳步增长，惠农富农作用突显。目前，辽宁省刺参养殖产业结构调整的压力较大，行业处于转型发展的关键时期。山东省是我国刺参又一原产地和主产区，山东海参养殖模式形成了以底播增殖、池塘养殖、围堰养殖、深水井大棚工厂化养殖等多种养殖模式。“东参西养”在东营、滨州、潍坊等地的推广，为该省中西部沿海的养殖业结构调整、优化资源配置产生了极为显著的效果。日照和莱州等地的深水井大棚工厂化刺参养殖新模式成为新亮点，对局部地区的带动效应明显。参贝藻、参鲍藻等多元化立体养殖模式的示范推广，既开辟了生态养殖的新途径，实现了节能减排，又大大增加了渔民收入。其养殖产业呈优势带分布：以烟台、威海、青岛等传统产区为代表的刺参养殖优势产业带，以东营、滨州等地为代表的刺参养殖新兴产业带和以日照、莱州地区为代表的新模式养殖优势产业带。随着《全国渔业发展第十三个五年规划》的执行和水产养殖行业供给侧改革的开始，刺参养殖产业将步入一个新的周期。

刺参的养殖区域也从刺参的自然分布区往南、往东拓展，形成了一个以山东、辽宁、河北沿海为主产区，以东参西养、南参北养等形式延伸到黄河三角洲地区和闽浙沿海的增养殖产业群。其中刺参南移养殖开拓了我国刺参养殖产业的新格局，是刺参养殖产业结构的调整。刺参南移养殖即“北参南养”是指在我国北纬35°以南非传统产区和自然栖息地的沿海或海岛沿岸，利用南北方水温差异开展的刺参养殖生产。“北参南养”一般于每年10～11月从北方购入大规格苗种后，在南方进行海上吊笼或池塘筑礁养殖，第二年3～5月收获成参上市销售。亦可购入当年繁殖的小规格参苗，经中间育成养殖后，于翌年春季以大规格苗种出售获利；也有部分地区开展了全生产周期的池塘养殖。“北参南养”解决了冬季北方刺参生长缓慢的问题，缩短了成品参或苗种的饲养和上市周期。2000年后我国东、南沿海各省兴起了刺参南移养殖的热潮，其中以福建省最具代表性，截至2021年福建刺参养殖产量达到3.33万吨，养殖面积达到1505公顷，并且有逐年增长的趋势。

据不完全统计，目前刺参养殖业吸纳从业人员约70万人，积聚了庞大的资金投入，同时也带动了加工、饲料、保健食品等相关产业的发展，为沿海经济结构调整和渔民就业、增收开辟了一条新的途径。产业的蓬勃发展也助推了海参由高档养生产品向大众餐饮食材的转变，将中国海参消费由高端消费带入了大众消费时代，在产生巨大经济和社会效益的同时，为改善和提高人民生活品质作出了突出贡献。

1.2.2 刺参养殖技术现状

我国自20世纪50年代开始开展刺参人工育苗及增养殖技术的研究，20世纪70年代初相关工作取得了较大进展，开始在天然海域投放参苗进行人工增殖，20世纪80年代中期，我国确立了刺参苗种的生产工艺，进行刺参大水体高密度人工育苗，20世纪90年代以后，刺参育苗和养殖技术逐渐成熟。日益完善的多形式的养殖模式和养殖技术，为刺参养殖提供了强有力的技术支撑。

目前，我国刺参苗种生产已进入工厂化时代，成参养殖也已建立起完善的生产模式与技术体系。刺参增养殖主要以池塘养殖和底播增殖为主，各地还因地制宜地发展了围堰养殖、海上沉笼养殖、浅海围网养殖、海底网箱养殖、人工控温工厂化养殖，以及参虾、参贝、参鱼立体混养等多种养殖模式。其中池塘养殖多是对已有虾池进行改造，经消毒、布设附着基和培养底栖藻类等处理后，开展刺参的养殖生产。养殖池塘面积一般为 10～40 hm^2，水深 1.5～2 m，参苗规格为 5～10 g/头，一般以空心砖、瓦片、水泥构件或塑料礁体等作为养殖附着基。该模式生产周期短、养殖成本低、管理简便，是最主要的刺参养殖模式之一。围堰养殖是在内湾或海岛沿岸，利用人工投石围堰开展的养殖生产。围堰面积一般为 50～200 hm^2，养殖水深 2～3 m，苗种放养规格一般为 30～50 头/kg，养殖密度为 4～5 头/m^2，养殖周期一般为 8～10 个月。该模式养成的刺参品质好、成活率高，是目前主要生产模式之一。海洋底播养殖是以投石设礁、海藻增殖、苗种放流为主要技术手段的刺参生态养殖模式。该模式主要集中在辽宁省长海县和山东省长岛县等刺参自然栖息海区，其产量有限，养成周期相对较长，成品参市场价格较高。

1.2.3 刺参养殖产业存在的问题

“农业兴旺，种业先行”。水产种业是水产养殖产业发展的第一要素，是现代水产养殖业可持续健康发展的基础。种质是刺参养殖产业发展的根本，刺参养殖良种化是产业发展的必然方向，但当前我国刺参养殖整体仍表现出良种覆盖率低的特点。良种问题是制约我国刺参养殖产业发展的瓶颈之一。良种缺乏仍然是刺参产业健康发展的关键瓶颈，经常出现刺参苗种生长缓慢、个体差异大、病害频发等多种危及产业健康发展的养殖问题。目前，我国经全国水产原种与良种审定委员会审定的水产新品种共有 215 个，但刺参仅有 6 个新品种，仅占 2.79%，且选育性状多侧重生长速度与成活率等基础性状。与其他水产养殖对象相比较，刺参良种选育工作整体呈现性状单一、性状高值化低的特点。我国刺参养殖的主要对象绝大多数仍是未经遗传改良的野生种，其生产性状的稳定性较差，缺乏经人工选育的性状稳定、抗逆性强、适宜大面积推广的主流养殖品种。育苗生产所用种参绝大部分没有进行系统选育和品种改良，经累代养殖和近亲繁育后种质退化现象较为严重，原有优良性状在生产中不能继承和发展，造成苗种生长速度慢、抗病能力下降。另一方面，由于没有长期的种参保护计划，加之海参自然资源的匮乏，野生种刺参质量和数量难以保障。

刺参养殖面临的环境问题主要是养殖生产与所在海区之间的相互影响，养殖环境在不断变化。首先，我国刺参养殖区域主要集中在沿岸海域和潮间带，养殖区易受污染。污染海区富营养化引发的赤潮、绿潮等问题又严重威胁刺参的生产安全。大连、烟台的刺参养殖主要区域均为赤潮多发区，环境对刺参养殖影响巨大。夏季高温期刺参会进入“夏眠”状态，出现肠道退化、停止摄食与运动等现象，生长也会停止，甚至出现负增长。特别是近年来频繁出现的高温天气，再加上 2008 年以来浒苔等赤潮生物的大量爆发，对沿海水质环境造成的严重影响，使刺参养殖产业发展举步维艰。其次，刺参本身虽属于生物修复性物种，但高密度的生产方式和落后的管理模式，造成了养殖的自身污染。再次，过度开发的滩涂刺参养殖池塘和围堰等侵占了其他海洋生物的繁殖、索饵和栖息场所，对海域生态平衡造成负面影响。

恶化的养殖环境易导致养殖病害问题的发生。随着我国刺参养殖规模的迅速扩大和产量日益增长，刺参病害问题日趋突出。与此同时，由于对病害的防控意识不强，防治技术相对滞后，以及操作、管理不当引起的不利水质条件等问题，会使得病害的发生时有加重。目前，养殖刺参的病害主要是细菌、霉菌、病毒及寄生虫引起的化皮、排脏和死亡等，发病区则主要集中在连片池塘养殖区和升温保苗密集区。我国关于刺参病害的研究始于 2004 年，目前已检测出多种病毒性、细菌性病原微生物，但诊断技术仍然不够先进，缺乏快速检测手段，对于流行情况、致病机制尚不完全清楚。此外，养殖过程中抗生素和化学消毒药品的滥用等问题，对养殖产品安全与生态环境安全亦构成威胁。

随着养殖规模不断扩大，刺参养殖产业对优质饲料及其原料的需求量逐年增大。我国刺参养殖生产中以使用自配和市售配合饲料为主，其主要原料为鼠尾藻、马尾藻和大叶藻等优质大型海藻。巨大的市场需求导致我国相关海藻资源被掠夺性利用，资源量迅速减少，市场价格昂贵。国内市场上刺参饲料配方混杂，原料质量较难保证，使用效果并不稳定。关于刺参营养与饲料领域，我国科技工作者在刺参生化成分与营养需求、不同饲料原料组成及其养殖效果等方面开展了不少研究，但总体研究程度不深，特别是对刺参营养需求的研究仍处于基础阶段。在产业回暖的背景下，主要饲料原料及其研发水平问题，已经对产业整体发展形成了制约。能否找到新的低成本饲料原料，进而开发出适口性好、消化吸收率高、营养供给充分的新型刺参全价人工配合饲料，已成为亟待解决的问题和技术研发的方向。

1.3 刺参育种的现状及展望

发展刺参养殖的初期，由于尚未攻克人工育苗等技术难关，多采用自然海区采捕野生苗种的方式。随着经济发展和人们生活水平提高，刺参的需求量激增，引发过度捕捞，加之日益严重的海水污染，致使自然海区的野生刺参数量急剧下降，野生刺参自然资源趋于枯竭，现阶段已鲜见其踪迹。同时随着刺参产业规模的不断拓展，种质退化、生长缓慢、养殖周期长、抵御环境变化能力差、病害频发以及商品参品质下降等一系列显著或潜在制约产业发展的瓶颈问题也日益凸显。

刺参种业既是刺参产业可持续发展的基石，也是未来实现刺参产业转型升级的关键突破口。因此，聚焦刺参产业发展方向与市场需求，提高刺参种业科技创新水平，加速刺参养殖良种化、良种养殖生态化等技术体系建设具有重要意义。当前，刺参主要选育经济性状包括生长速度、耐低温、耐高温、耐盐抗逆能力、抗病能力、出皮率、体色、疣足的数量与长度等。针对上述性状，已育成的刺参良种包括“水院 1 号”“崆峒岛 1 号”“东科 1 号”“安源 1 号”“参优 1 号”和“鲁海 1 号”。此外，其他高值经济性状品系如耐盐品系、紫体色品系、白体色品系、豹斑多刺品系等选育工作也在开展，为未来刺参良种多元化打下了坚实的基础。

“水院 1 号”（品种登记号：GS-02-005-2009）是以中国刺参群体为母本，俄罗斯刺参群体为父本的杂交后代，第一完成单位为大连海洋大学，该品种是我国首个刺参良种。“水院 1 号”主要性状特点为体表疣足数量多、疣足排列为比较整齐的 6 排，且具有生长速度快的优势，推广范围主要集中在辽宁省等地。

“崆峒岛 1 号”（品种登记号：GS-01-015-2014）是以烟台市海域崆峒岛国家级刺参保护区中的野生群体为亲本，以群体选育技术为技术路线，以生长速度为核心经济性状，经 4 代连续选育而成，第一完成单位为山东省海洋资源与环境研究院。“崆峒岛 1 号”主要性状特点为生长速度快，推广范围主要集中在山东省、河北省与辽宁省等地。

“东科 1 号”（品种登记号：GS-01-015-2017）是以日照市、青岛市与烟台市等本地野生刺参群体为亲本，以群体定向选育技术为技术路线，以生长速度、度夏成活率与耐高温能力为核心经济性状，历经 12 年选育而成，第一完成单位为中国科学院海洋研究所。“东科 1 号”主要性状特点为耐高温能力强、度夏成活率高与生长速度快，且经遗传学结果发现，“东科 1 号”的生长性状与耐温性状遗传稳定性高。与自然群体相比，“东科 1 号”在夏季高温期间成活率提高了 12.7%以上，夏眠阈值温度提高了 1.5～2.0 ℃，全年生长速度提高了 20%以上。目前“东科 1 号”已从亲参培育、幼体培育、苗种培育与池塘养殖等角度建立了系统的增养殖技术体系，并在山东省、河北省与辽宁省等我国刺参主养区得到了广泛的推广。

"安源 1 号"（品种登记号：GS-01-014-2017）是以刺参良种"水院 1 号"群体为亲本，以群体选育技术为技术路线，以体重、疣足数量、出肉率为核心选育经济性状，经 4 代连续选育而成，第一完成单位为山东安源海产股份有限公司。"安源 1 号"主要性状特点为疣足数量多、生长速度快，主要推广区域为辽宁省、山东省和福建省等地。

"参优 1 号"（品种登记号：GS-01-016-2017）是以我国大连海域、烟台海域、威海海域、青岛海域以及日本海域等五个地理群体的野生刺参群体为亲本，以群体定向选育技术为技术路线，以抗灿烂弧菌侵染能力和生长速度作为核心选育经济性状，经 4 代连续选育而成，第一完成单位为中国水产科学研究院黄海水产研究所。"参优 1 号"主要性状特点为抗灿烂弧菌能力强、生长速度快、成活率高。"参优 1 号"的主要养殖模式为池塘养殖和南方吊笼养殖，主要推广区域为辽宁省、山东省和福建省等地。

"鲁海 1 号"（品种登记号：GS-01-010-2018）是以日照东港海域、威海荣成海域、青岛崂山海域、烟台长岛海域、大连长海海域等五个地理群体的本土野生刺参群体为亲本，以群体选育技术为技术路线，以生长速度与养殖成活率为核心选育经济性状，经 4 代连续选育而成，第一完成单位为山东省海洋生物研究院。"鲁海 1 号"主要性状特点为生长速度快、养殖成活率高。"鲁海 1 号"养殖模式主要为池塘养殖与工厂化养殖，主要推广区域为山东省、辽宁省、河北省和福建省等地。

"鲁海 2 号"（品种登记号：GS-01-013-2022）以山东丁字湾自然海域的野生刺参群体为亲本，2010 年在其自繁后代中挑选出 460 头健康个体构建了育种基础群体，采用群体选育方法进行培育，以耐低盐和生长速度为主要目标性状，经连续 4 代选育，在 2019 年形成了优势特征明显、性状稳定的刺参新品种。该品种耐低盐能力强，在低盐养殖条件下，与未选育刺参相比，成活率提高了 26.8%～28.8%；生长速度快，在相同养殖条件下，与未经选育刺参相比，24 月龄刺参体重提高了 22.5%～32.5%。

"华春一号"（品种登记号：GS-01-014-2022）是以 2007～2008 年从山东崆峒岛、海阳、荣成和青岛胶南海域收集的 796 头野生刺参个体为基础群体，采用群体选育技术进行培育，以耐高温能力和体重为目标性状，经连续 4 代选育而成。在相同养殖条件下，与未经选育的刺参和刺参"崆峒岛 1 号"相比，12 月龄 32 ℃下养殖 7 天成活率提高 33.3%和 30.0%；19 月龄成活率分别提高 49.5%和

47.0%，体重分别提高 29.0%和 5.7%。适宜在我国刺参主养区水温 20～31 ℃和盐度 24‰～34‰的人工可控的水体中养殖。

种质问题是制约刺参养殖产业发展的关键问题之一，解决该问题主要依靠于良种资源体系的建立，包括原良种场建设和刺参自然保护区的建立等。在生产过程中，应做好种参的选育和引进工作，积极建设各级原良种场。在刺参自然栖息地设立保护区，在保护区内实施禁捕，开展人工增殖放流。在未设立保护区的海域采取限捕、轮捕等措施。针对产业现状和发展趋势，重视刺参养殖产业良种化与新品种开发，尤其是高温耐盐品种的培育与开发。建立刺参完整的基因库信息。加大刺参良种选育力度，提高良种覆盖率。重视刺参养殖技术创新与养殖模式多元化在当前全球气候变化的严峻形势下，频繁出现的夏季持续高温使刺参产业遭受了前所未有的损失。因此未来刺参种业与良种选育应以耐高温能力为核心性状，以抗病力强、速生与多刺等为复合性状，开展具有复合性状的新型刺参良种培育。同时为保障良种的高效绿色养殖，未来刺参种业科技创新体系也应包括以生态养殖为特征的养殖良技与良法开发，通过完善的良种资源体系提高我国刺参的种质水平。建立和完善刺参病害防控体系，加强各养殖地区水生动物疫病防控机构中刺参防疫系统建设和针对刺参重大疫病的专项监测、疫病流行病学调查与实验室检测，增强刺参疫病防控能力。以较为完善的病害防控体系保障刺参养殖生产安全。

参考文献

[1] 常亚青，丁君，宋坚，等．海参、海胆生物学研究与养殖［M］. 北京：海洋出版社，2004.

[2] 杨红生，周毅，张涛．刺参生物学——理论与实践［M］. 北京：科学出版社，2014.

第2章 盐度对刺参的影响

2.1 盐度对刺参生长发育及能量代谢的影响

刺参属于狭盐性海洋生物，耐受盐度极限范围为15‰～40‰，适宜生长盐度范围为20‰～35‰，最适生长盐度范围为25‰～30‰。在过低盐度和过高盐度海水中，刺参会大量死亡。相比于高盐度海水，刺参在低盐度海水中死亡速度更快。刺参对低盐耐受与其规格有关，0.4 mm稚参对低盐度耐受下限为20‰～25‰，5 mm稚参为10‰～15‰，成体为15‰～20‰。不同盐度下刺参的生长存在显著的差异，陈勇等在研究盐度对刺参生长及行为的影响时发现当盐度从23‰增至32‰时，刺参的平均增重随着盐度的增加而增加；当盐度为32‰时刺参平均增重达到最大值；当盐度超过32‰时，刺参的平均增重随着盐度的增加而减少。龚海滨等在刺参对盐度的耐受能力中发现盐度为15‰的海水中刺参生长一段时间后，就会逐步适应其生长的环境。有研究认为刺参在摄入相等能量的情况下，处于低盐胁迫下的个体更需要能量进行渗透压调节，用于个体生长的能量会减少，等盐度降到更低范围内，刺参会出现负增长。王吉桥在盐度骤降对不同发育阶段刺参存活和生长的影响中发现，耳状幼体存活和生长的适应盐度为26‰～30‰，盐度为26‰时，此盐度为明显抑制生长的拐点。研究发现，刺参的特定生长率随盐度呈先升高后降低的趋势，盐度为30‰时达最大值，体重净增长量也达最大值。陈勇等研究了不同盐度对刺参生长和行为的影响，发现盐度为32‰时，刺参积极活动，摄食旺盛，基本无饵料残留，粪便较多；盐度高于或低于32‰时，刺参活动不太活跃；盐度为23‰时，刺参基本不活动。盐度胁迫造成的渗透压调节需要较多游离氨基酸分解，也是导致刺参蛋白质合成减慢的因素之一。研究发现低盐状态下，刺参生长速度减慢，抗逆能力降低，容易发生病害，尤其盐度低于18‰时，会出现应激反应。刺参长期处于低盐状态下会导致其生长缓慢、抗逆能力降低、发生病害，给养殖生产带来严重危害。当盐度低于28‰或高于36‰时，因刺参体内外存在较大的渗透压梯度差，为维持体内细胞和组织的水分平衡，需要耗费大量的能量，因而会在一定程度上影响其生长。

袁秀堂等研究认为水生动物处于等渗点时，耗氧率最低，当盐度为31.5‰时，处理组刺参耗氧率较低，而盐度升高到36‰或降低为22‰时，耗氧率均上升。由此推断出盐度31.5‰可能最接近刺参体液等渗点。王圣研究发现，当把海参逐步从纯海水转移至纯度为50%的海水后，尿素和氨基酸的排泄率增加，而氨氮的排泄率则降低。有研究发现在低盐环境下海参排脏也是一种适应性反应，通过减少体表面积和体重来应对低盐胁迫带来的渗透压调节压力。孙明超等研究认为海参呼吸树细胞遵守范托夫渗透法则，具有良好的渗透压调节能力。

2.2　盐度对刺参离子及相关酶活力的影响

刺参对海水盐度的变化具有一定的耐受范围，超出其生理范围就会出现大量死亡。目前针对盐度变化对刺参渗透压调节的研究结果表明海参体腔液渗透压高于其生存环境中的海水渗透压；外环境变化引起海参体腔液渗透压改变，会影响海参细胞的离子运输及相关酶的活性。有研究证实，刺参在15 ℃下，盐度为31.5‰时生长最快。李刚等在盐度对刺参的消化酶活力影响研究中发现，蛋白酶活力在盐度为29‰时最高，淀粉酶活力在盐度为32‰时最高，前肠脂肪酶活力在盐度为32‰时最高，中肠脂肪酶活力在盐度为29‰时最高。当盐度高于或低于29‰～32‰这个范围时，消化酶的活力都会随着盐度的变化呈现下降趋势，盐度变化影响消化酶活性的主要原因可能是由于水中无机离子浓度发生变化对酶产生了作用。袁秀堂等证实，刺参的单位体重耗氧率在盐度为31.5‰时最低，刺参基础能量占比最低；而盐度高于或低于31.5‰时耗氧率均上升，基础耗能提高，生长能下降。刺参肠道消化酶活性与盐度具有相关性，孙双双等考察不同盐度下刺参肠道消化酶活性发现，盐度为30‰时，肠道蛋白酶和脂肪酶活性最高；盐度高于或低于30‰，消化酶活性都降低。

棘皮动物尚无明显的血液定向循环系统，其体腔中充满了大量的体腔液，并含有较多免疫功能相关的体腔细胞。棘皮动物免疫应答也具有多样性，并存在数量庞大的基因家族，其免疫系统主要包括吞噬细胞、简单的补体系统和细菌诱导的转录因子等。有研究人员在研究海参体腔细胞中的溶菌酶时发现一种海参的吞噬细胞中富含多种溶酶体酶类，包括酸性、碱性磷酸酶，β-葡萄糖苷酶，氨基肽酶，酸性、碱性蛋白酶和脂肪酶。王冲等在研究盐度对刺参非特异性免疫酶的影响中发现，碱性磷酸酶和酸性磷酸酶活性总体呈现先降低后升高，随着时间的延长逐渐恢复适应的趋势。王吉桥等发现盐度骤降后幼参血清中超氧化物歧化酶（SOD）的活性却随着盐度的降低而降低。海水中盐度的变化也会影响刺参体腔液中渗透压的变化，从而导致海参细胞中离子运输和相关的酶也发生改变。

刺参不具有免疫球蛋白，缺乏抗体介导的免疫反应，主要以非特异性免疫来识别异己物质、抵御病原体的侵袭。在逆境胁迫下会产生大量的活性氧，进而导致机体生理功能的损伤和免疫系统的破坏。仿刺参的免疫防御主要是通过体液和细胞免疫协同介导，即机体对外来入侵物进行识别、吞噬、包裹、分泌一些免疫因子完成自身防御功能以及对伤口进行修复。可用来衡量仿刺参生长状况的免疫指标主要有酸性磷酸酶（ACP）、超氧化物歧化酶（SOD）、过氧化氢酶（CAT）、酚氧化酶（PO）、吞噬活力和呼吸爆发力。Wang 等研究了温度和盐度对刺参非特异性免疫指标的影响，包括 SOD、CAT、LSZ、MPO 活性以及吞噬活性。其结果表明，在盐度为25‰和35‰条件下，盐度胁迫1小时内对吞噬活性有显著影响。盐度对 SOD 活性影响显著，CAT 活性在盐度为20‰条件下胁迫1小时内显著降低，盐度胁迫对刺参 MPO 和 LSZ 活性影响不显著，表明刺参能够忍受有限的盐度胁迫。盐度为23‰和36‰条件下 LSZ 活性总体高于对照组，盐度为18‰、40‰条件下 LSZ 活性显著低于对照组，并一直维持较低水平。在盐度为18‰和23‰的胁迫下，SOD 的活性低于对照组，并且呈逐渐降低的趋势，在高盐度36‰、40‰的胁迫下 SOD 的活性高于对照组。

参考文献

［1］杨耿介，王文琳，周玮．仿刺参养殖池塘水温、盐度出现分层及调控方法［J］．科学养鱼，2021（07）：66-68.

[2] Wang F, Yang H, Gao F, et al. Effects of acute temperature or salinity stress on the immune response in sea cucumber, *Apostichopus japonicus* [J]. Comparative Biochemistry and Physiology Part A: Molecular & Integrative Physiology, 2008, 151 (4): 491-498.

[3] 纪婷婷. 刺参（*Apostichopus japonicus*）对温度变化的生态生理学响应机制 [D]. 青岛：中国海洋大学，2009.

[4] 杨福元，杨求华，肖益群，等. 高温胁迫对南移仿刺参热休克蛋白基因和免疫酶活力的影响 [J]. 上海海洋大学学报，2021，15（3）：1-17.

[5] 周玮，徐浩然，林长松，等. 池塘养殖仿刺参生理状态周年变化研究 [J]. 大连水产学院学报，2009，24（S1）：30-34.

[6] 龚海滨，王耀兵，邓欢，等. 仿刺参对盐度的耐受能力研究 [J]. 水产科学，2009，28（5）：284-286.

[7] 李乐，王宇辰，高磊，等. 影响仿刺参生长的主要因子研究进展 [J]. 水产科学，2015，34（1）：58-65.

[8] 王吉桥，张筱墀，姜玉声，等. 盐度骤降对幼仿刺参生长、免疫指标及呼吸树组织结构的影响. 大连水产学院学报，2009，24（5）：387-392.

[9] 陈勇，高峰，刘国山，等. 温度、盐度和光照周期对幼参生长及行为的影响 [J]. 水产学报，2007，(05)：687-691.

[10] 谢忠明. 海参海胆养殖技术 [M]. 北京：金盾出版社，2004.

[11] 袁秀堂，杨红生，周毅，等. 盐度对刺参（*Apostichopus japonicus*）呼吸和排泄的影响 [J]. 海洋与湖沼，2006，37（4）：348-354.

[12] 孙双双，张云. 盐度对仿刺参消化酶活力的影响 [J]. 中国饲料，2009，(24)：28-31.

[13] 王冲，田燚，常亚青，等. 盐度胁迫对刺参非特异性免疫酶的影响 [J]. 中国农业科技导报，2013，15（03）：163-168.

[14] 王冲，宋善旗，李大成，等. 环境胁迫因子对刺参生理影响及作用机制研究进展 [J]. 河北渔业，2022，(11)：34-40.

第3章

盐度对刺参生理指标的影响

刺参对海水盐度的变化具有一定的耐受范围，超出其生理范围就会出现大量死亡。目前针对盐度变化对刺参影响的国内外研究主要集中在个体生长发育、生化指标、能量代谢、生存极限、适应能力和渗透压调节等方面。

3.1 盐度胁迫对刺参离子浓度及NKA酶活力的影响

3.1.1 材料与方法

3.1.1.1 实验材料

选取2龄健康刺参为实验材料，刺参的体重为（16.93±3.08）g，暂养在容积为300 L的养殖水槽中，使用砂滤的天然海水和曝气24 h以上的自来水调节养殖用水至目标盐度。胁迫期间刺参养殖水温为21 ℃，pH为7.9～8.3，保持溶解氧含量在3.6 mg/L以上。每天定时换水、清理粪便和残饵、投喂饲料1次，投喂量约为体重的5%。实验饲料为鼠尾藻粉、海泥、鱼粉等比例充分混合成的海参配合饲料。

3.1.1.2 实验方法

盐度是影响海洋无脊椎动物生理生态学最重要的环境因子之一，与海洋动物的渗透压调节、生长、发育关系密切。不同盐度下水产动物表现出不同的适应状态。池塘养殖海参是我国北方海参养殖的主要模式之一。但江河入海口附近的海水池塘，雨季易受到江河径流的影响，池塘中的海水可能数日处于低盐状态，对养殖产业造成较大威胁。刺参养殖过程中海水养殖池塘遭遇暴风雨从而导致刺参养殖池塘盐度变化可以大致分为三个阶段（图 3-1）：第一阶段模拟突降大雨，盐度由正常海水盐度（31.09‰±0.12‰）降至 24‰（24D）及最终盐度 18‰（18D）；第二阶段盐度维持在 18‰并保持一段时间（18U）；第三阶段低盐胁迫后养殖池塘换水，盐度由 18‰逐渐恢复至 24‰（24U）及最终正常盐度 30‰（30U）。每次取样前称量体重，每个盐度设计 3 个平行组。测定刺参的主要离子浓度、渗透压、体腔液 Na^+-K^+-ATP 酶（NKA）和谷丙转氨酶活力。

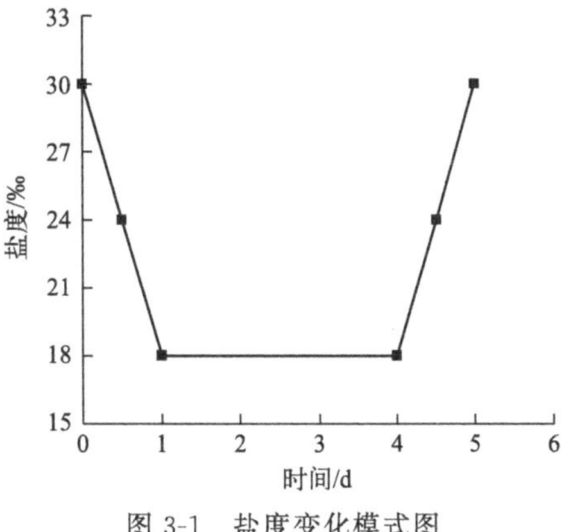

图 3-1 盐度变化模式图

3.1.2 结果与分析

在整个盐度变化过程中，在盐度降低至 24‰后刺参会出现轻微化皮，随着胁迫时间的延长，刺参体色会变暗、摄食能力减退、活力较差，身体多呈现舒展状态，伴随摇头症状。

3.1.2.1 低盐胁迫下刺参体腔液各离子浓度的变化

在此盐度变化过程中，刺参体腔液各离子浓度结果见表 3-1。胁迫过程中刺参体腔液中的 Na^+ 浓度整体表现为先下降后上升的趋势，在正常盐度时 Na^+ 含量为（215.69±9.83）mmol/L，刺参在从正常海水浓度降到盐度为 18‰并保持盐度为 18‰的第一阶段，钠离子含量逐渐下降，并于第二阶段在取样点 18U 降至（131.15±14.42）mmol/L 之后缓慢上升，最后回升到（209.58±5.85）mmol/L。盐度由 30‰逐渐下降到 18‰的过程中，刺参体腔液中钾离子浓度也随之下降，在维持盐度为18‰的96 h中，钾离子含量保持相对稳定，在第一阶段和第二阶段差异不显著，后随着盐度的上升而上升，恢复到（7.97±0.20）mmol/L与胁迫前的（8.21±0.38）mmol/L相比差异不显著。经盐度胁迫后，其体腔液中氯离子含量出现了先降低后升高的变化，但在三个阶段中体腔液中氯离子浓度差异不显著。氯离子变化趋势与盐度变化趋势一致。钙离子的初始浓度为（3.78±0.49）mmol/L，胁迫过程中钙离子浓度整体呈现上升趋势，实验结束海水盐度恢复至正常海水盐度时，钙离子含量为（6.28±0.85）mmol/L，同初始浓度差异显著。

表 3-1　低盐胁迫对刺参体腔液各离子浓度的影响　单位：mmol/L

离子类别	取样点					
	30D	24D	18D	18U	24U	30U
Na^+	215.69 ± 9.83^{d}	179.84 ± 4.15^{bc}	167.40 ± 5.94^{b}	131.15 ± 14.42^{a}	189.94 ± 12.96^{bcd}	209.58 ± 5.85^{cd}
K^+	8.21 ± 0.38^{b}	6.13 ± 0.15^{a}	6.08 ± 0.24^{a}	6.09 ± 0.48^{a}	7.16 ± 0.58^{ab}	7.97 ± 0.20^{b}
Ca^{2+}	3.78 ± 0.49^{a}	4.87 ± 0.96^{ab}	4.38 ± 0.35^{ab}	4.40 ± 0.32^{ab}	5.92 ± 0.31^{b}	6.28 ± 0.85^{b}
Cl^-	171.65 ± 1.38^{c}	158.24 ± 1.38^{b}	141.76 ± 2.13^{a}	142.53 ± 3.04^{a}	159.39 ± 2.68^{b}	168.97 ± 3.70^{c}

注：同一行中标有不同字母的数值间存在显著差异（$P<0.05$）。

3.1.2.2　低盐胁迫对刺参体腔液渗透压的影响

刺参体腔液渗透压随周围海水盐度的变化而变化（图 3-2）。在正常盐度时，刺参体腔液渗透压为910.67±15.34 mOsmol/L，与正常盐度养殖海水渗透压892 mOsmol/L相差不大。随着盐度的降低，体腔液渗透压也随之降低，最低点出现在第一阶段结束时（18D），其体腔液渗透压为520.67±18.67 mOsmol/L。养殖

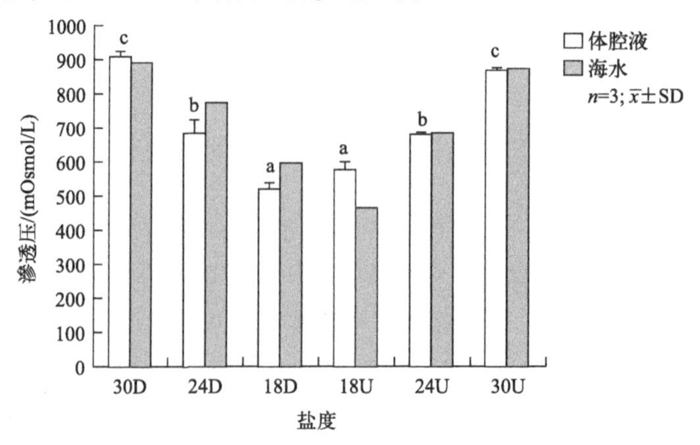

图 3-2　低盐胁迫下刺参体腔液渗透压和养殖海水渗透压的变化

海水渗透压在第二阶段最低（466 mOsmol/L）。当盐度上升至24‰和30‰时，刺参体腔液的渗透压分别为682.67±2.19 mOsmol/L和870±6.93 mOsmol/L。在第三阶段结束时（30U）处，海水渗透压为875 mOsmol/L。养殖海水渗透压与刺参体腔液渗透压均随盐度的变化而变化，基本维持等渗状态。

3.1.2.3 低盐胁迫对刺参体腔液中 Na^+-K^+-ATP酶及蛋白质浓度的影响

在盐度胁迫过程中刺参体腔液 Na^+-K^+-ATP酶活力随时间的变化趋势如图3-3所示。盐度胁迫24 h后 Na^+-K^+-ATP酶活力开始升高，升高到盐度18‰并维持72 h后，Na^+-K^+-ATP酶活性显著高于其他组（$P<0.05$），达到（1.39±0.19）U/mgprot。当盐度开始上升，Na^+-K^+-ATP酶活力急速下降到（0.24±0.03）U/mgprot，在盐度恢复到正常海水盐度的过程中，Na^+-K^+-ATP酶活力又一次升高，达到（0.91±0.08）U/mgprot。

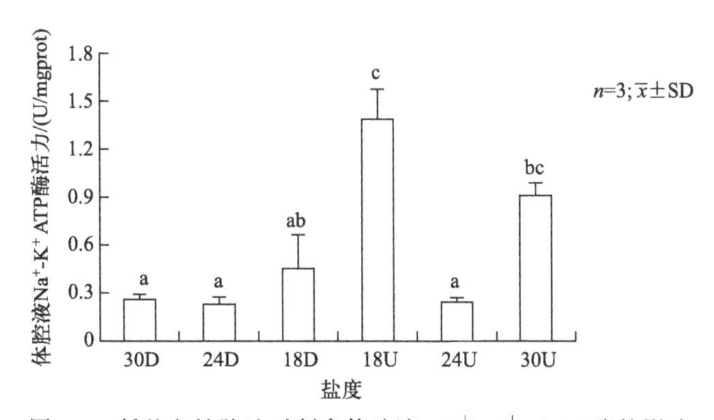

图3-3 低盐急性胁迫对刺参体腔液 Na^+-K^+-ATP酶的影响

不同盐度胁迫时间点体腔液总蛋白浓度随时间变化的情况如图3-4所示。体腔液总蛋白初始浓度为（1.01±0.10）gprot/L。在盐度逐渐下降到24‰时，体腔液总蛋白浓度迅速下降，继续下降到盐度18‰并维持96 h后，达到最低为（0.45±0.05）gprot/L，与18D点无显著差异（$P>0.05$）。随后海水盐度开始上升，体腔液总蛋白浓度也升高并趋于稳定，最终达到（0.71±0.07）gprot/L。

3.1.2.4 低盐胁迫对刺参体腔液谷丙转氨酶的影响

低盐胁迫过程中，谷丙转氨酶活力在（10.13±0.77）U/L～（20.71±4.22）U/L之间变动。通过单因素方差分析，各取样点间均不存在显著差异（$P>0.05$）（图3-5）。

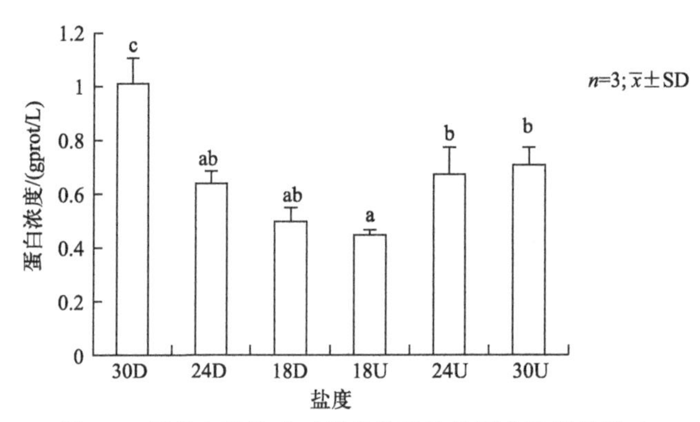

图 3-4 低盐急性胁迫对刺参体腔液总蛋白浓度的影响

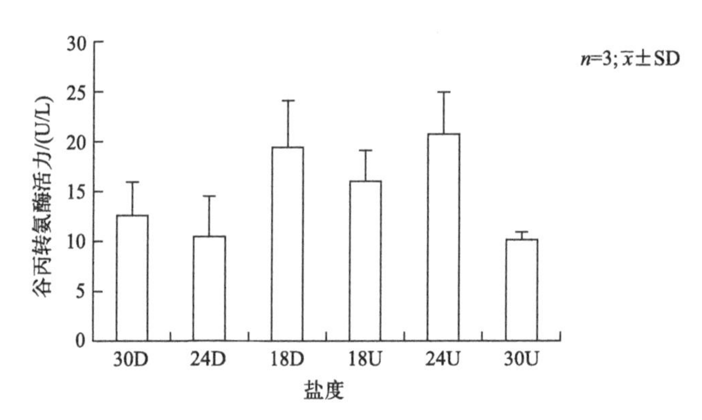

图 3-5 低盐急性胁迫对刺参体腔液谷丙转氨酶活力的影响

3.1.3 讨论

3.1.3.1 低盐胁迫对刺参体腔液渗透压和离子浓度的影响

盐度是反映水中无机离子含量的综合指标，水生动物对盐度的适应一般围绕其等渗点进行渗透压调节，而渗透压调节是一种需要耗费能量的生理过程。龚海滨等的研究结果表明，刺参适宜生长的盐度为 20‰～35‰，最适生长盐度为 25‰～30‰。盐度 18‰接近刺参耐受盐度范围的临界点，并且盐度的连续变化过程与自然条件下刺参渗透状态相似，能够反映低盐胁迫对刺参各生理指标的影响及适应过程。当海水盐度由正常海水盐度变化到其他盐度时，刺参体腔液渗透压迅速变化。钙离子在水生动物生理和生化过程中均发挥着重要作用，例如肌肉收缩、神经传导、细胞膜的渗透以及细胞间和细胞内的信号传递等。关于 Ca^{2+} 信号在植物细胞适应逆境的调节作用的研究较多，如杜氏盐藻细胞在遭受低渗盐胁迫处理时，其细胞膜上受体接到信号后，经过膜上一系列磷酸酶化反应激活膜上的钙离子通道。关于水产动物受外界环境刺激下体液 Ca^{2+} 浓度的研究不多，刺参体腔液 Ca^{2+} 方面的研究未见报道。在模拟刺参盐度变化过程中的离子浓度变化的研究结果显示，随着环境盐度的先降低再升高，刺参体腔液 Ca^{2+} 浓度一直呈现上升趋势，说明在盐度胁迫适应过程中，有 Ca^{2+} 介导的渗透信号参与盐度适应过程，且盐度胁迫下细胞膜的完整性受到一定程度的损伤，导致细胞内 Ca^{2+} 不断外流。钙离子通道发挥作用参与维持刺参受盐度胁迫后的渗透压平衡。从离子通道及信息调控机制来看，盐度变化导致的膜电位改变是通过离子通道的激活与失活来实现的，并且胞内信息分子在膜电位和 Na^+、K^+、Ca^{2+} 各类通道间通过复杂且精准的相互协调最终使细胞内外各离子浓度达到稳定状态。也充分说明了刺参可能是通过渗透调节和离子调节适应周围环境盐度的变化。

渗透压的改变是由无机离子（Na^+、K^+、Cl^- 等）和自由氨基酸等渗透压效应物含量的变化引起的。刺参体内的离子浓度低于或高于体外海水盐度时，通过吞饮海水、减少尿量、排出离子等方式来调节渗透压。在低盐胁迫时，细胞内外液中存在的各种带电离子的一系列变化可能与低盐胁迫这一外界刺激而引起的膜电位的改变有关。Na^+ 和 Cl^- 的含量与体腔液渗透压的变化趋势一致，与沈永龙等对瘤背石磺及徐力文等对军曹鱼（*Rachycentron canadum Linnaeus*）的研究结果一致。K^+ 变化规律与盐度呈正相关（表 3-1），这与 Sampaiola 等对比目鱼的研究结果相似。但在瘤背石磺和军曹鱼的研究中 K^+ 变化并不规律。由于细胞在维持渗透压平衡的过程中，保持细胞内高 K^+、细胞外高 Na^+。有报道显示 K^+ 主要存在于细胞内来维持渗透压平衡，如在实验盐度条件下细胞膜依然保持完整，体腔液中的 K^+ 浓度变化是不显著的。在盐度胁迫过程中 K^+ 与 Na^+ 和 Cl^- 含量随盐度变化都呈先降低后升高趋势（表 3-1），说明在盐度胁迫下刺参体腔液样品中体腔细胞细胞膜可能遭到破坏，导致 K^+ 在体液中游离分布。这样的结果表明盐度变化与刺参体腔液渗透压关系密切（图 3-2）。当刺参处于盐度逐渐降低的环境中，外界水环境渗透压低于体腔液渗透压，水会通过渗透压差进入体内。当盐度升高，为维持渗透压平衡，刺参通过渗透作用排出多余的水分。这说明刺参适应生存环境中盐度变化的最直接、最重要的方法是通过体腔液渗透压的改变来实现的。说明刺参是通过调节体腔液渗透压使之与养殖海水渗透压接近，来以较低的能耗维持渗透压平衡。

3.1.3.2 低盐胁迫对刺参体腔液 Na^+-K^+-ATP 酶的影响

Na^+-K^+-ATP 酶作为刺参渗透压调节中离子交换的关键酶，主要功能是参与

细胞内外 Na^+、K^+跨膜转运，使细胞内外的离子浓度处于相对稳定的生理平衡状态。史氏鲟和俄罗斯鲟在盐度驯化过程中，鳃的 Na^+-K^+-ATP 酶活力变化趋势相似，都呈现先下降后上升。随着盐度的降低，斜带石斑鱼鳃 Na^+-K^+-ATP 酶活力呈先上升再降低，后趋于稳定的趋势。在不同盐度条件下，瘤背石磺不同部位 Na^+-K^+-ATP 酶活力变化趋势不一致。可见不同物种，生物有机体不同部位的 Na^+-K^+-ATP 酶活力随盐度变化会有不同的反应机制。刺参盐度调节的研究工作相对较少，海水硬骨鱼类的渗透压调节研究工作相对较多，因为硬骨鱼类其器官的功能非常完善，如海水硬骨鱼类的鳃氯细胞或者哺乳动物的肾脏，主要执行动物体内的渗透调节；而刺参目前还没有发现明确的渗透调节器官。刺参在盐度胁迫开始 24 h 后，盐度由正常海水盐度下降到盐度为 18‰时，刺参体腔液 Na^+-K^+-ATP 酶活力被激活（图 3-3），推测在外界盐度环境刺激下刺参开始进行主动渗透压调节。Na^+-K^+-ATP 酶活力增加可以为渗透调节、离子转运等提供能量。在盐度维持在 18‰的第二阶段中，Na^+-K^+-ATP 酶活力显著上升，说明刺参在盐度为 18‰的环境中需要大量的 Na^+-K^+-ATP 酶来提供能量，推测可能与刺参的盐度适应机制有关。在这种极限环境下，为了维持体内环境的稳定，刺参体腔液 Na^+-K^+-ATP 酶分泌活动异常活跃。盐度开始上升后，Na^+-K^+-ATP 酶活力先下降后上升，通过酶活力的变化进而改变了细胞膜的通透性，进而有效控制离子的流入与流出，从而使体液和细胞的渗透压达到平衡。

3.1.3.3　低盐胁迫对刺参体腔液谷丙转氨酶活力的影响

谷丙转氨酶为刺参呼吸代谢酶之一，是体内重要的转氨酶，参与体内转氨基作用，在非必需氨基酸的合成和蛋白分解代谢中起重要的中介作用。刘伟等模拟大麻哈鱼幼鱼洄游水域环境盐度，对大麻哈鱼血清中的谷丙转氨酶活力进行测定，淡水组比其他盐度组高 2～5 倍，综合大麻哈鱼血清中总蛋白、总胆汁酸等指标以及肝脏组织切片结果的测定，表明长期生活在淡水中对其肝脏器官造成损伤。从图 3-5 可以看出，刺参体腔液在盐度 18‰和胁迫到 24U 的阶段，转氨酶活力的升高表明刺参体内氨基酸代谢旺盛。谷丙转氨酶虽有变化但不显著，可能是因为刺参不像硬骨鱼类等有鳃和肝脏等功能分化细致的组织器官来对机体进行精准调控，导致环境盐度的改变并不能对刺参的呼吸代谢功能产生显著的影响。

3.2　盐度胁迫对刺参非特异性免疫酶的影响

碱性磷酸酶在刺参抵抗疾病、免疫反应和细胞损伤与修复过程中，具有一定的生物学意义。酸性磷酸酶在组织退变过程中，酶活性增强，当核酸和蛋白质代谢活动增强时，酸性磷酸酶活性亦增强。此外，磷酸酶可参与脂类的代谢、神经传递过程。溶菌酶能使细菌细胞裂解并可能刺激机体内吞噬细胞的吞噬作用。SOD是机体内抗氧化酶系的关键酶之一，能清除机体的超氧自由基，它的主要功能是清除体内产生的超氧化阴离子自由基。本节通过测定海水盐度急剧变化下非特异性免疫酶的活性，为刺参的盐度适应性研究工作提供重要信息，以期为生产实践中更好地理解刺参对环境变化的适应机制提供理论指导和科学依据。

3.2.1　材料和方法

3.2.1.1　实验材料

实验用刺参体重为3～4 g，暂养驯化期间，水温控制在15±1 ℃范围内，盐为32‰。暂养时每天按时定量投喂人工配合饲料（由马尾藻粉、鼠尾藻粉、海泥、细沙和海参配合饵料按等比例配合而成），定时换水和清理粪便及残饵，定期检查水温和刺参的情况。

3.2.1.2　实验方法

盐度胁迫用自来水和海水晶分别将正常海水调整至目的盐度，为了防止自来水中漂白剂产生的氯气损伤刺参，先将自来水曝气24小时，再经数小时的沉淀后使用。实验设置5个盐度，18‰、23‰、32‰（对照组）、36‰、40‰，取10个70 L水槽，每个盐度设置2个平行，每组水槽放入20头刺参。胁迫开始后，每天投喂少量饵料，每3天换水一次（配制备用的海水）保证每组盐度不能发生变化。取样时间为第1、3、5、8、15 d，每次取样前称量总重。所取组织有体腔液、体壁、呼吸树、肠道。分别装入1.5 mL离心管内，－80 ℃冰箱保存，待测。取体腔液，离心后进行测定，分别测定其酸性磷酸酶、碱性磷酸酶、溶菌酶、超氧化物歧化酶活力，比较其变化情况。

3.2.2 结果分析

盐度胁迫对刺参碱性磷酸酶的影响如图 3-6 所示，对照组在实验过程中酶活力相对稳定，盐度为 23‰、36‰时，碱性磷酸酶变化不显著；盐度为 18‰、40‰时，酶活力先降低后升高，最后趋于稳定。

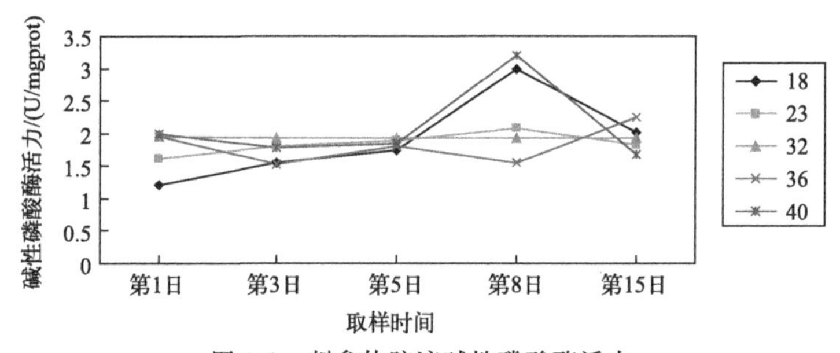

图 3-6 刺参体腔液碱性磷酸酶活力

盐度胁迫对刺参酸性磷酸酶活力的影响如图 3-7 所示，对照组在实验过程中比较稳定，盐度为 36‰时，酶活力开始没有显著变化，第 15 日时有升高趋势；盐度为 18‰、23‰、40‰时，酶活力显著升高，第 15 日时，趋于正常。

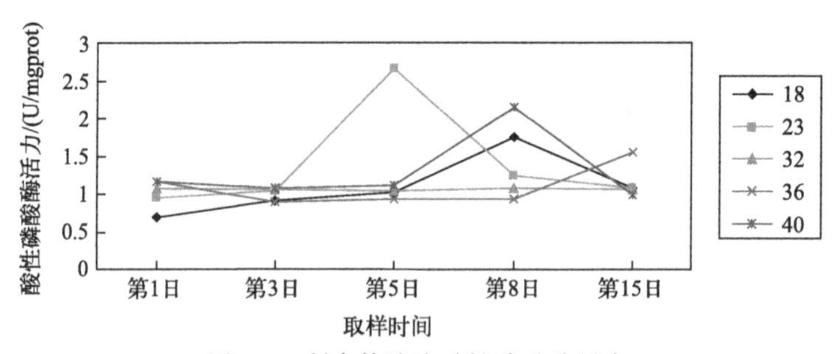

图 3-7 刺参体腔液酸性磷酸酶活力

如图 3-8 所示，对照组在实验过程中酶活力比较稳定，盐度为 23‰时，酶活力显著升高，而且维持在较高水平；盐度为 36‰时，开始酶活力显著降低，维持 2 日后，酶活力开始升高，并超过正常水平；盐度为 18‰、40‰时，酶活力显著下降，并维持在较低水平。

如图 3-9 所示，对照组在实验过程中酶活力比较稳定，低盐胁迫时，酶活力有下降趋势，盐度为 23‰时，酶活力略有降低，但是变化不显著，盐度为 18‰时，酶活力下降比较显著；高盐胁迫时，酶活力有上升趋势，盐度为 36‰时，酶

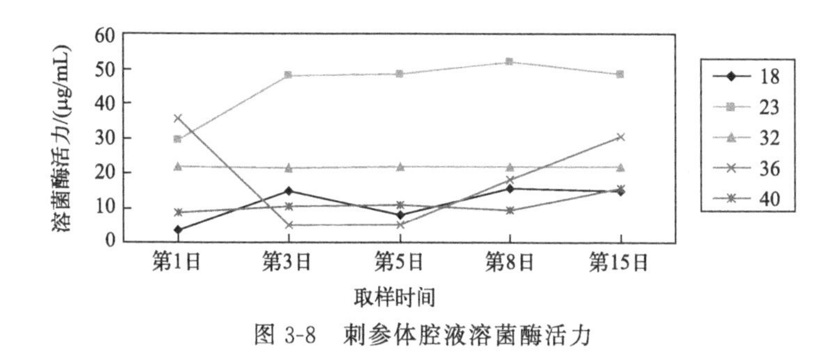

图 3-8 刺参体腔液溶菌酶活力

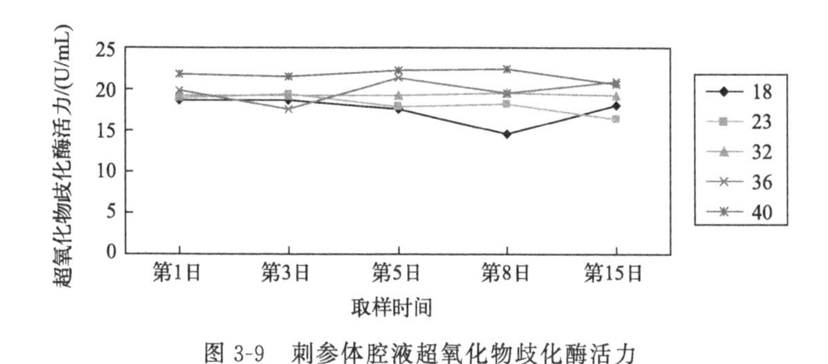

图 3-9 刺参体腔液超氧化物歧化酶活力

活力上升不显著，盐度为 40‰时酶活力显著上升。

3.2.3 讨论

碱性磷酸酶在刺参抵抗疾病、免疫反应和细胞损伤与修复过程中，具有一定的生物学意义，还参与刺参物质运输过程。酸性磷酸酶在组织退变过程中，酶活性增强，当核酸和蛋白质代谢活动增强时，酸性磷酸酶活性亦增强。此外，磷酸酶可参与脂类的代谢、神经传递过程。盐度为 18‰时，酸、碱磷酸酶都是先降低，随后逐渐升高，最后趋于正常状态，可能是因为胁迫初期，刺参不适应，代谢水平降低，酶活力下降；随着胁迫的时间延长，刺参逐渐适应环境，并开始修复过程，体内代谢水平升高，酶活力上升；随着修复过程的完成和对环境逐渐适应，代谢水平将趋于稳定，酶活力也趋于稳定。王方雨等在研究刺参溶菌酶年周期变化时发现 4 月份 LZM 活力为 20 μg/mL 左右，SOD 活力为 80 U/mL。本实验是 4 月份进行的，对照组盐度为 32‰，测得溶菌酶活力为 19.27±1.00 μg/mL，这与其结果基本一致；对照组 SOD 活力为 20±2.00 U/mL，酶活力有一定的差距，可能与本实验采用的刺参为 6 月龄有关。王吉桥等做了盐度骤降对刺参血清溶菌酶和超氧化物歧化酶活性的影响，实验结果显示：盐度为33‰时（对照组）溶菌酶活力为13.83 μg/mL、30‰时为12.77 μg/mL、26‰时为16.87 μg/mL，22‰时为21.78 μg/mL。盐度为33‰（对照组）、30‰、26‰时，幼参血清中溶菌酶活性差异不显著，但是显著低于盐度为22‰时（$P<0.05$）；幼参血清中超氧化物歧化酶（SOD）的活性却随着盐度的降低而降低，盐度为33‰时，幼参血清中SOD的活性显著高于其他各组（$P<0.05$），盐度为30‰、26‰、22‰时，各组之间差异均不显著。本实验中低盐（23‰）胁迫下测得溶菌酶显著高于对照组，这与其实验结果基本一致。盐度为18‰、40‰时，所测溶菌酶活力显著低于对照组（$P<0.05$），盐度为36‰时波动比较大；低盐胁迫时，18‰、23‰盐度下SOD活力逐渐降低，高盐胁迫时，盐度36‰下SOD活力初期有波动，随着胁迫时间延长逐渐升高，盐度40‰下SOD活力显著高于对照组。刺参适应低盐能力低，在低盐胁迫下，刺参呼吸率降低，耗氧量也降低，产生自由基减少，所以SOD活力下降；在高盐胁迫下，耗氧量上升，体内活性氧的水平也随之升高，所以SOD活力升高。有研究检测了刺参在不同盐度下的呼吸率，结果发现，随着盐度的升高，其耗氧率也升高。当耗氧升高时，其有机体内活性氧的水平也随之升高；抗氧化酶活性升高能有效清除机体内的氧自由基，以保护机体细胞免受其害。

参考文献

[1] 陈勇，高峰，刘国山，等．温度、盐度和光照周期对刺参生长及行为的影响［J］．水产学报，2007，31：687-691.

[2] 龚海滨，王耀兵，邓欢，等．刺参对盐度的耐受能力研究［J］．水产科学，2009，28（5）：284-286.

[3] 陈程浩，周桃．电压门控钠离子通道疾病的研究进展［J］．现代生物医学进展，2013，30（13）：5995-5999.

[4] 沈永龙，黄金田，戈贤平．盐度对瘤背石磺消化系统组织结构的影响［J］．水产科学，2015，34（4）：240-244.

[5] 徐力文，冯娟．盐度对军曹鱼稚鱼血液生理生化及鳃 Na^+/K^+-ATPase 活性的影响［J］．海洋环境科学，2008，27（6）：602-606.

[6] Sampaio L A，Bianchini A. Salinity effects on osmoregulation and growth of the euryhaline flounder *Paralichthys orbignyanus* [J]. Exp Mar Biol & Eco，2002，269：187-196.

[7] 张灵燕．钙镁离子浓度及盐度驯化对褐牙鲆幼鱼血清渗透压的影响及其渗透调节机制的研究［D］．青岛：中国海洋大学，2010.

[8] 刘景生．细胞信息与调控［M］．北京：中国协和医科大学出版社，2004.

[9] 屈亮，庄平，章龙珍，等．盐度对俄罗斯鲟幼鱼血清渗透压、离子含量及鳃丝 Na^{+}/K^{+}-ATP 酶活力的影响［J］．中国水产科学，2010，17（2）：243-251.

[10] 余德光，杨宇晴，王海英，等．盐度变化对斜带石斑鱼生理生化因子的影响［J］．水产学报，2011，35（5）：719-726.

[11] 刘伟，支兵杰，战培荣，等．盐度对大麻哈鱼幼鱼血液生化指标及肝组织的影响［J］．应用生态学报，2010，21（9）：2411-2417.

[12] 王吉桥，张筱墀，姜玉声，等．盐度骤降对不同发育阶段仿刺参存活和生长的影响［J］．大连水产学院学报．2009，23（5）：139-146.

第4章

盐度胁迫模式对刺参组织的影响

4.1 急性盐度胁迫对刺参组织结构的影响

刺参是生活于潮间带的底栖生物，夏季暴雨、旱季水分蒸发以及冬季的冰雪融水，均会对潮间带的海水盐度造成影响。这种大范围的盐度变化，也会体现在刺参的组织学变化方面。本章内容研究了不同盐度胁迫模式对刺参各个器官形态及组织学的影响，比较了盐度胁迫和正常状态下组织结构变化。

4.1.1 材料与方法

4.1.1.1 实验材料

设置两个实验组、一个对照组。对照组盐度为32‰，实验组分低盐胁迫和高盐胁迫，低盐盐度为18‰，高盐盐度为40‰。取样时间为24 h、48 h，每次取3个个体的体壁、呼吸树、肠道，采用组织切片技术对盐度胁迫下刺参体壁、呼吸树、肠道组织进行组织学的观察。

4.1.1.2 实验方法

取待分析组织，用生理盐水冲洗，剥去组织膜，将组织按顺序切成小块进行固定、包埋、脱水、制成蜡块、切片、展平、干燥、HE染色后，进行显微观察、拍照。

4.1.2　结果与分析

体壁在盐度为32‰时可观察到表皮层、结缔组织层、肌肉层、体腔内皮层，体壁较厚，不透明，呈深褐色；在低盐（18‰）胁迫下，细胞没有明显减少，各组织分层不明显，外层角质层细胞减少，保护能力下降；肌层细胞收缩，导致仿刺参个体机体蜷缩，不能正常伸展；高盐（40‰）胁迫下，细胞收缩，但各层之间分界明显，细胞明显减少；胁迫24 h与48 h相比，48 h时，细胞组织进一步收缩，细胞通过收缩来调节渗透压（图4-1）。

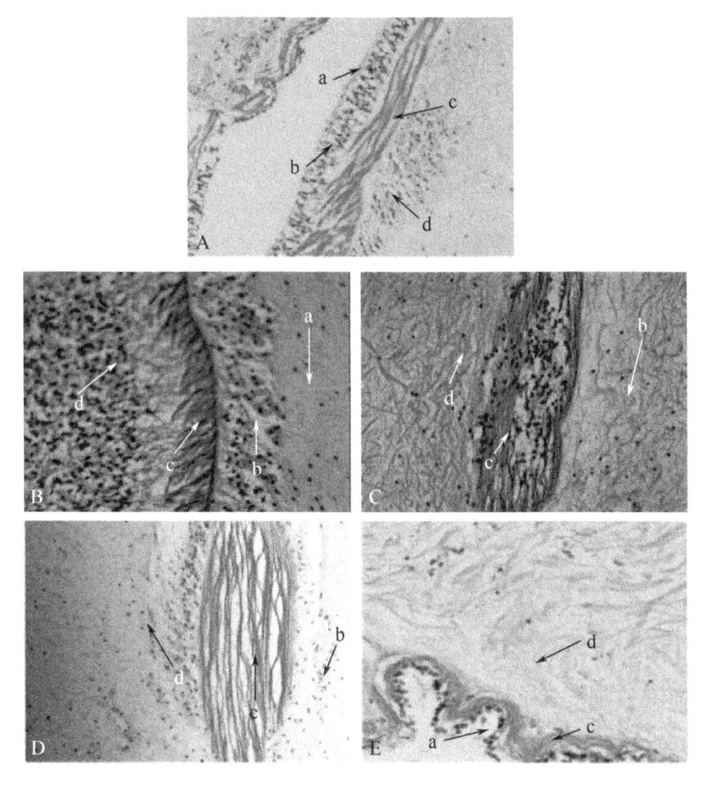

图4-1　不同盐度下仿刺参体壁的组织结构（40×）

A. 对照组；B. 低盐18‰处理24 h；C. 低盐18‰处理48 h；D. 高盐40‰处理24 h；E. 高盐40‰处理48 h。a—表皮层；b—结缔组织层；c—肌肉层；d—体腔内皮层盐度32‰时，呼吸树可观察到体腔上皮层、肌层、内皮层、中央腔，肌层近中央腔面下有基膜，内皮层近肌层面下也有基膜，两基膜围成呼吸树中封闭的血腔，各层明显。盐度18‰胁迫24 h后体腔上皮细胞显著减少，内皮细胞空泡增加，中央腔减小，48 h时，中央腔继续减小；盐度40‰胁迫24 h后体腔上皮细胞显著减少，肌层收缩，中央腔增加，48 h时中央腔继续增加（图4-2）。

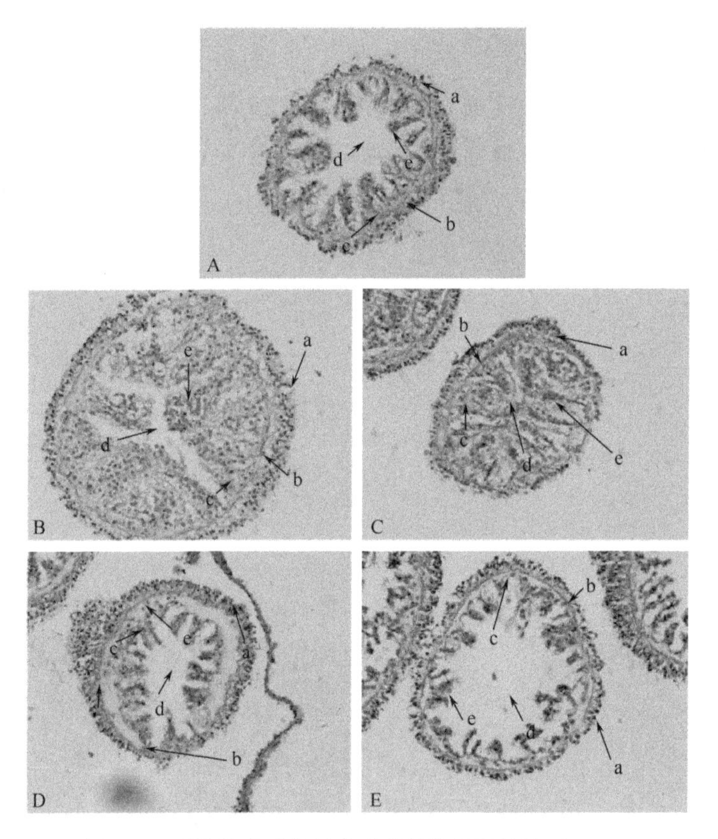

图4-2　不同盐度下仿刺参呼吸树的组织结构（40×）

A. 对照组；B. 盐度18‰处理24 h；C. 盐度18‰处理48 h；D. 高盐40‰处理24 h；E. 高盐40‰处理48 h。a—体腔上皮层；b—肌层；c—内皮层；d—中央腔；e—血腔

盐度32‰时，肠道管壁由4层组成，即黏膜层、黏膜下层、肌层、外膜。外膜由2～3层细胞构成，细胞排列紧密，肌层细胞排列比较紧密，黏膜下层细胞比较密集，黏膜层褶皱较厚，附有大量微绒毛。低盐（18‰）胁迫下，外膜细胞增加，随着胁迫时间的延长（24 h至48 h），细胞持续增加，肌层细胞膨胀，排列比较松散，黏膜层褶皱较薄。高盐（40‰）胁迫下，外膜细胞收缩，紧贴肌层，随着胁迫时间的延长（24 h至48 h），局部出现自溶现象。肌层细胞收缩，排列比较

紧密，黏膜层较薄（图 4-3）。

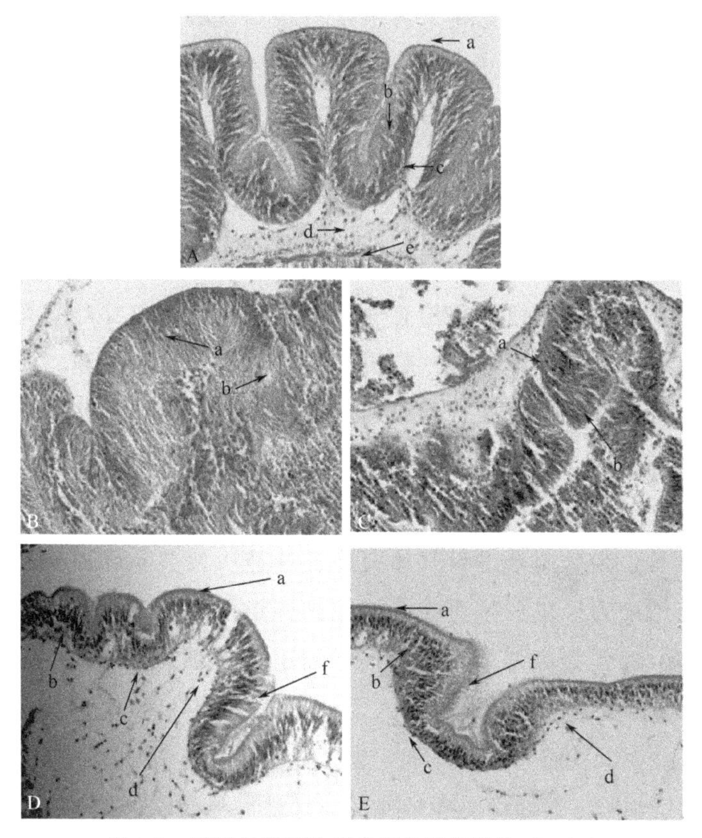

图 4-3 不同盐度下仿刺参肠的组织结构（40×）

A. 对照组；B. 低盐处理 24 h；C. 低盐处理 48 h；D. 高盐处理 24 h；E. 高盐处理 48 h。

a—外膜；b—黏膜上皮层；c—黏膜层；d—黏膜下层；e—肌层；f—自溶现象

4.1.3 讨论

仿刺参正常状态下，体壁较厚，不透明，呈深褐色，从内向外分为 4 层。表皮层：主要由 2～3 层上皮细胞组成。上皮细胞排列紧密，细胞界限不清，未观察到明显基膜，上皮外有一层很薄的角质层。上皮层和结缔组织层分界不明显。结缔组织层：介于上皮层和肌肉层之间，主要由胶原纤维、弹性纤维和少量的结缔组织细胞构成，结缔组织中有一些单层立方上皮围成的管状结构，管状结构的外周包围着大量胶原纤维。肌肉层：为内环外纵排列的平滑肌。环肌成束，其长轴与体壁的横切面平行；环肌外侧为纵肌层，两者之间无明显的分隔，但纵肌层明显较厚，其长轴和体壁长轴平行。体腔内皮层：是衬托在体壁内包围着体腔的单层扁平细胞。细胞排列紧密，界限不清晰。李霞通过仿刺参体壁表皮再生组织学与超微结构观察，发现表皮细胞由上皮细胞、角质层构成。本实验中可以观察到上壁细胞、角质层。角质层对内部组织起保护作用，通过环肌和纵肌收缩配合管足进行运动，结缔组织是刺参体壁的主要构成部分，对机体起着支架作用。

呼吸树是仿刺参供氧供能的重要器官，因此盐度的变化与呼吸树的结构密切相关。关于仿刺参呼吸树组织结构有两种看法：一种观点是呼吸树由内向外依次分为内层上皮、内层结缔组织、肌层、外层结缔组织和腹膜。另一种观点是呼吸树由内向外依次为内皮层、血腔、肌层、体腔上皮。本实验中，在光镜下可以见到刺参体腔上皮层、肌层、内皮层、中央腔，肌层近中央腔面下有基膜，内皮层近肌层面下也有基膜，两基膜围成呼吸树中封闭的血腔。血腔中有可见的松散网状结构，为仿刺参进行气体交换、渗透压调节和物质交换的场所。呼吸树是由肠后端膨大形成的排泄腔向体腔延伸形成的，海水由泄殖腔进入。低盐胁迫（18‰）时，盐度低的海水进入必然引起仿刺参渗透压失衡，仿刺参通过肌肉收缩尽量减少盐度低的海水进入，以适应渗透压失衡。肌肉收缩致使进入腔内的海水量减少，从而含氧量降低，为了适应氧气量减少，血腔增厚，其内细胞增加，内皮层细胞逐渐向中央腔延伸，通过增加与海水的接触面积，来增强气体交换。随着胁迫时间的延长中央腔逐渐缩小。高盐胁迫（40‰）时，体腔上皮细胞显著减少，肌层收缩，血腔减小，中央腔增大，随着胁迫时间延长，中央腔逐渐增大。

仿刺参肠道管壁由 4 层组成，即黏膜层、黏膜下层、肌层、外膜。正常状态下，外膜由 2～3 层细胞构成，细胞排列紧密，肌层细胞排列比较紧密，黏膜下层细胞比较密集，黏膜层褶皱较厚，附有大量微绒毛。低盐胁迫下，外膜细胞增加，随着胁迫时间的延长（24 h 至 48 h），细胞持续增加，肌层细胞膨胀，排列比较松散，黏膜层褶皱较薄。高盐胁迫下，外膜细胞收缩，紧贴肌层，随着胁迫时间的延长（24 h 至 48 h），局部出现自溶现象。肌层细胞收缩，排列比较紧密，黏膜层较薄。李霞在仿刺参消化道的再生形态学与组织学研究中发现，新生的肠组织结构有 3 层：肠腔上皮层、结缔组织层、体腔上皮层。肠腔上皮层和体腔上皮层都由一层立方细胞组成，为未分化细胞，细胞排列紧密、规则。结缔组织层很厚，内含未分化细胞、淋巴细胞和桑葚细胞，基质丰富，包裹细胞形成大小不一、致密的细胞团。新生成的消化管没有肌层。

4.2 不同盐度梯度的盐胁迫对刺参组织结构的影响

盐度对海洋生物的影响是多方面的，形态结构的显著变化也是其中所包含的一种。Shin 等人研究了低盐对毛蚶组织学的影响，研究发现在低盐环境下毛蚶鳃上皮细胞坏死，血细胞及其核密度增加，消化腺细胞间质扩大。另外盐度变化可导致咸海卡拉白鱼肝细胞出现大量液泡和空泡，肾脏严重受损。

4.2.1 材料与方法

实验模拟刺参养殖中盐度变化的胁迫模式，选取的刺参平均体重为 25±0.33 g 的刺参 30 头，其中取 3 头刺参在正常盐度（32‰）下养殖作为空白对照，剩余刺参被转移至盐度分别为 18‰、23‰、27‰和 40‰的 4 个水槽中进行胁迫实验，胁迫 48 h 后取其组织进行组织学观察。

4.2.2 结果与分析

4.2.2.1 不同盐度梯度的盐胁迫对刺参肠组织的影响

模拟刺参养殖池塘中盐度变化的胁迫模式，在 18‰、23‰、27‰和 40‰的不同盐度下胁迫 48 h 后取其组织进行组织学观察。结果发现刺参肠道的组织结构与鱼类的肠组织基本结构一致。肠道的组织学结构由 4 层构成：衬底上皮、肌肉层（环肌和纵肌）、结缔组织和纤毛黏膜层（图 4-4A）。在低盐胁迫下，低密度结缔组织吸收外界的水分与纤毛黏膜层分离。刺参的结缔组织在盐度 18‰胁迫下出现严重损伤甚至消失（图 4-4B）。在盐度 23‰胁迫过程中，如图 4-4C 所示，部分结缔组织与黏膜下层分离，形态学变化较为明显。在盐度为 27‰的海水中，刺参肠衬底上皮出现破损，结缔组织破碎，组织明显受损（图 4-4C）。在盐度为 40‰的海水中肠道组织没有明显的变化。

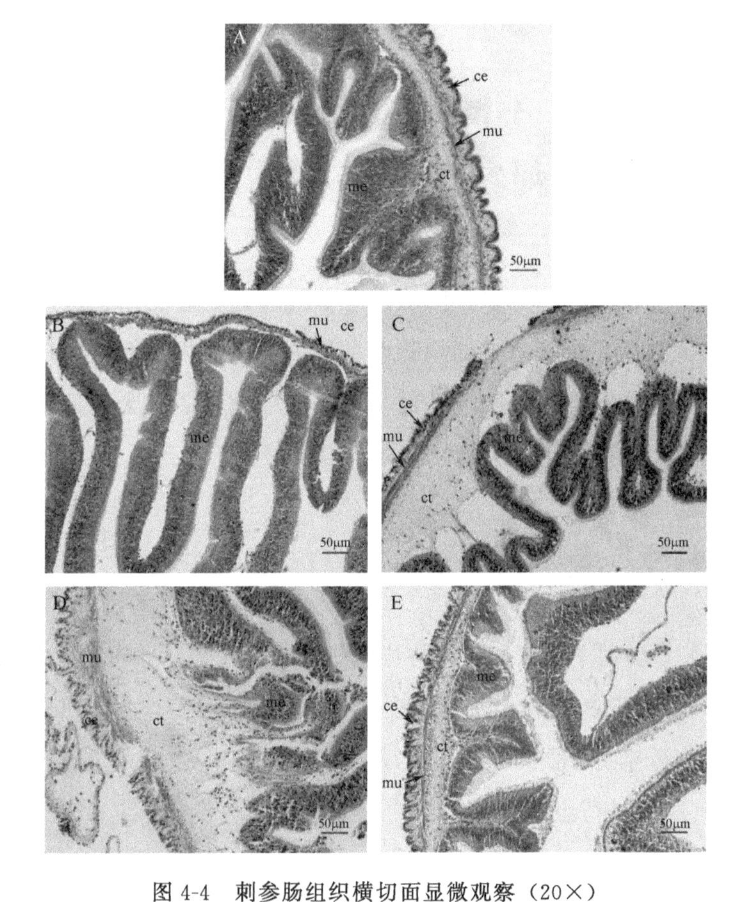

图 4-4 刺参肠组织横切面显微观察（20×）

A. 盐度 32‰（对照组）；B. 盐度 18‰处理 48 h；C. 盐度 23‰处理 48 h；D. 盐度 27‰处理 48 h；E. 盐度 40‰处理 48 h。ce—体腔上皮；mu—肌肉层；ct—结缔组织；me—黏膜上皮

4.2.2.2 不同盐度梯度的盐胁迫对刺参管足组织的影响

刺参管足组织由外层表皮层、中层结缔组织、内层水管纵肌和最内层的水管上皮（纤毛衬里）组成（图 4-5）。在对照组中可观察到管足横切管腔内的结缔组织密度均匀，水管纵肌结构完整（图 4-5A）。在低盐胁迫组，管足吸水肿胀，导致组织损伤。从图 4-5B 可以观察到在盐度 18‰的环境中，刺参的水管纵肌断裂，由于组织吸水过多，结缔组织有轻微破碎。在盐度 23‰胁迫下刺参的管足纵肌外侧的结缔组织明显分离或缺失（图 4-5C）。处于高盐环境（盐度 40‰）中的刺参管足与对照组相比，呈现一定程度的收缩状态，可观察到水管纵肌收缩，结缔组织失水出现裂隙（图 4-5E）。

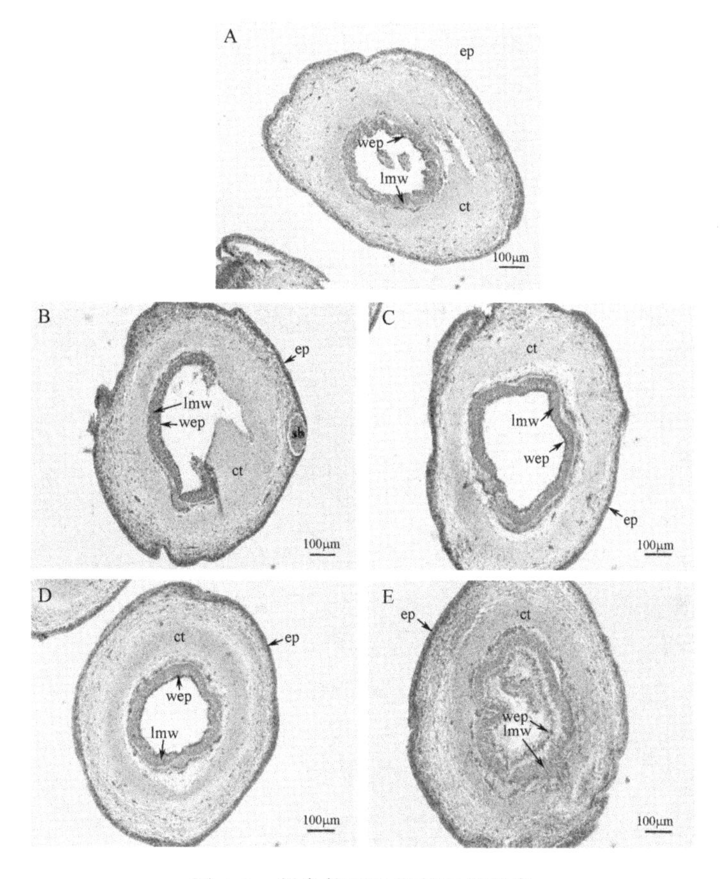

图 4-5 刺参管足组织的显微观察

A. 盐度 32‰（对照组）；B. 盐度 18‰；C. 盐度 23‰；D. 盐度 27‰；

E. 盐度 40‰。ct—结缔组织；ep—表皮层；lmw—水管纵肌；

sb—感觉神经板；wep—水管上皮

4.2.2.3 不同盐度梯度的盐胁迫对刺参肌肉组织的影响

在正常海水盐度下，刺参纵肌的肌肉纤维排列整齐紧密（图 4-6A）。低盐胁迫组（盐度 18‰，23‰，27‰）刺参的肌肉纤维呈扭曲、不规则排列，肌肉纤维间结缔组织吸水膨胀结构稀疏（图 4-6B，图 4-6C，图 4-6D）。肌肉带呈不规则扭曲，在盐度 18‰胁迫下，肌肉纤维严重扭曲，不规则排列。在盐度 40‰胁迫下，刺参纵肌组织严重缩水，与对照组相比，变化显著（图 4-6E）。组织切片的结果表明，盐度对刺参的管足、肠和纵肌影响最为显著。由此推测这三种组织对盐度的变化非常敏感。

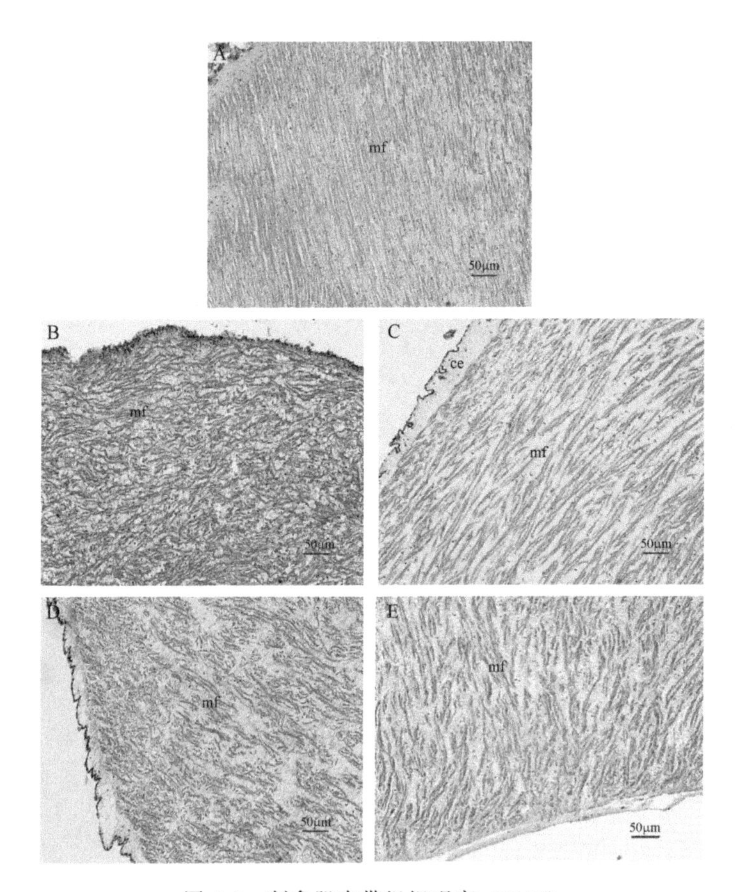

图 4-6　刺参肌肉带组织观察（20×）

A. 盐度 32‰（对照组）；B. 盐度 18‰；C. 盐度 23‰；D. 盐度 27‰；E. 盐度 40‰。

ce—体腔上皮；mf—肌肉纤维

4.2.2.4　不同盐度梯度的盐胁迫对刺参呼吸树组织的影响

刺参的呼吸树组织结构由外到内分别为：体腔上皮、肌肉层、结缔组织、黏膜上皮和内寄生纤毛虫（图 4-7A）。在显微镜下从呼吸树的横切面可以观察到正常呼吸树（盐度 32‰）管腔内寄生着许多内寄生纤毛虫。在盐胁迫组中内寄生纤毛虫很少甚至不存在。在盐度 18‰的环境中，黏膜上皮不规则的黏附在结缔组织上（图 4-7B）。盐度胁迫下，呼吸树内部的黏膜组织保持完整。在盐度 18‰和 23‰胁迫下呼吸树表皮下黏膜组织呈水肿状（图 4-7B，图 4-7C）。在盐度 27‰和 40‰胁迫下，呼吸树组织没有明显的差异（图 4-7D，图 4-7E）。

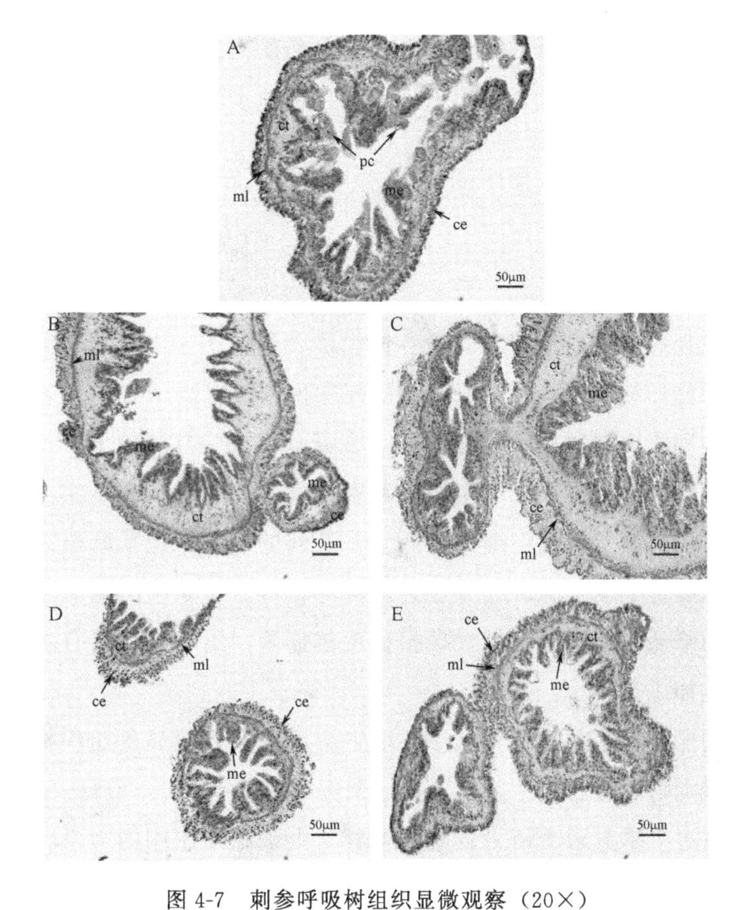

图 4-7　刺参呼吸树组织显微观察（20×）

A. 盐度 32‰（对照组）；B. 盐度 18‰；C. 盐度 23‰；D. 盐度 27‰；E. 盐度 40‰。

ce—体腔上皮；ml—肌肉层；ct—结缔组织；pc—内寄生纤毛虫；me—黏膜上皮

4.2.2.5　不同盐度梯度的盐胁迫对刺参体壁组织的影响

刺参体壁由角质层、真皮层、表皮层组成（图 4-8A，图 4-8B）。体壁细胞间

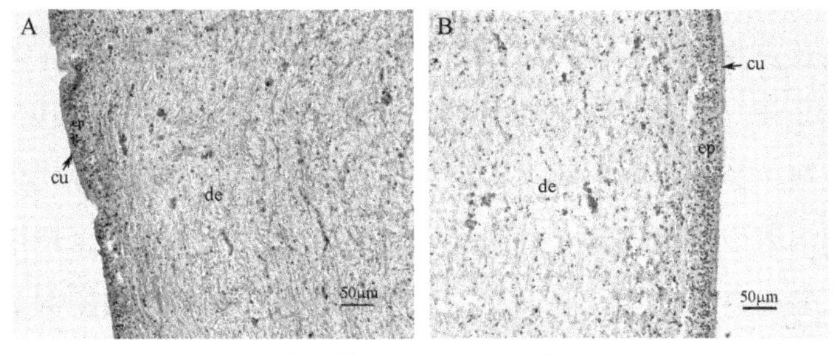

图 4-8　刺参体壁纵切显微观察（20×）

A. 盐度 32‰（对照组）；B. 盐度 40‰。cu—角质层；de—真皮层；ep—表皮层

存在着许多连接细胞的半桥粒，大量分布于各组织层之间。与对照组相比，盐度40‰的体壁表皮层的密度比正常组低，说明正常盐度下生活的刺参，其体壁细胞之间连接紧实，最为健康。

4.2.3 讨论

有报道发现高温胁迫下刺参肠道各组织层受到损伤，出现绒毛膜明显退化等现象，与本研究的结果相一致。Kim 等研究发现刺参在盐度为 20‰环境下，出现结缔组织损伤和表皮层黏膜细胞退化，而在高盐（40‰）胁迫下，其上皮细胞肥大，黏膜细胞增加，真皮层结缔组织呈紧密排列，此结果也与本实验研究结果一致。胃肠道对压力异常敏感，继而会产生一系列的影响，包括肠道内正常微生物菌落的改变和肠道上皮细胞的完整性遭到破坏。从这一系列的组织学变化可以推出随着盐度的降低，组织的完整性破损程度越显著，所有组织器官的损伤程度随时间的延长更加恶化。

刺参运动器官管足在高渗和低渗环境中均可观察到明显的组织损伤。管足是刺参特有的感觉附着器官，是棘皮动物水管系统的一部分。Santos 等人的研究表明海胆的结缔组织是其承受压力的唯一器官。由于结缔组织的力学特性，结缔组织的强度和韧性，能为海胆管足提供最佳的抵御海浪和洋流等各种环境挑战的能力。本实验中，不同盐度胁迫下管足的组织学损伤明显。这种状态下说明刺参在不适宜盐度下管足力量减弱，对岩壁或者附着板的吸附能力减弱。通过本研究中刺参管足组织在不同盐度环境下的变化表明盐度对刺参的运动能力和对固着物的吸附能力有显著影响。有研究认为刺参的管足还与呼吸作用有关，本实验中盐度对管足组织的严重损坏也可能从另一个角度说明刺参的管足参与盐度适应过程中的呼吸代谢。

呼吸树被认定为是刺参独有的呼吸器官，是气体交换、渗透压调节、代谢产物分泌的主要场所。在正常组刺参的呼吸树管腔壁上聚集着一些内寄生纤毛虫。其他盐胁迫组很少甚至没有发现内寄生纤毛虫的存在，造成这种现象的原因可能是呼吸树腔中内寄生纤毛虫自身对盐度不耐受，在不适宜的盐度环境下其难以存活。也有研究指出体内寄生纤毛虫过多会阻碍刺参物质运输的顺利进行。不同的盐度会对刺参组织结构有不同程度的影响。Putranto 等人研究了在不同盐度环境下镉毒性胁迫对 M. sintangense 鳃组织结构的损伤。鳃组织学损伤和超显微结构的变化可使鱼类的呼吸功能和渗透调节受到不同程度的影响。

参考文献

[1] 李霞，周海燕，秦艳杰，等．仿刺参体壁的显微和亚显微结构［J］．大连水产学院学报，2010，25（4）：289-292.

[2] Shin Y K，Lee W C，Jung R H. Survival of the Ark Shell，*Scapharca subcrenata* and physiological and histological changes at decreasing salinity［J］．The Korean society of fisheries and aquatic science，2009，12（3）：209-218.

[3] 王信海，蔺玉华，姜秋俚．盐度对咸海卡拉白鱼生长及组织学特征的影响［J］．中国水产科学，2008，15（5）：808-813.

[4] 刘晓云，包振民，范瑞青．刺参呼吸树的超微结构观察与研究［J］．海洋科学，2005，29（12）：25-30.

[5] Putranto T W C，Andriani R，Munawwaroh A，et al. Effect of cadmium on survival，osmoregulation and gill structure of the Sunda prawn，*Macrobrachium sintangense*（de Man），at different salinities［J］．Marine and Freshwater Behaviour and Physiology，2014，47（5）：349-360.

[6] Bernabò I，Bonacci A，Coscarelli F. Effects of salinity stress on Bufo balearicus and Bufo bufo tadpoles：Tolerance，morphological gill alterations and Na^+/K^+-ATPase localization［J］．Aquatic toxicology，2013，132：119-133.

[7] Hennebert E，Viville P，Lazzaroni R，et al. Micro-and nanostructure of the adhesive material secreted by the tube feet of the sea star Asterias rubens［J］．Journal of Structural Biology，2008，164，108-118.

[8] Santos R，Barreto A，Franco C，et al. Mapping sea urchins tube feet proteome-A unique hydraulic mechano-sensory adhesive organ［J］．Journal of Proteomics，2013，79：100-133.

[9] 朱峰．刺参（*Apostichopus japonicus*）胚胎发育和主要系统的组织学研究［D］．青岛：中国海洋大学，2009.

[10] Xu D X，Sun L N，Liu S L. Histological，ultrastructural and heat shock protein 70（HSP70）responses to heat stress in the sea cucumber *Apostichopus japonicus*［J］．Fish & Shellfish Immunology，2015，45：321-326.

[11] Kim T，Park M W，Cho J K. Survival and histological change of integumentary system of the juvenile sea cucumber，*Apostichopus japonicus* exposed to various salinity［J］．The Korea Society for Fisheries and Marine Sciences Education，2013，25（6）：1360-1365.

[12] Bailey M T, Lubach G R, Coe C L. Prenatal stress alters bacterial colonization of the gut in infant monkeys [J]. Journal of pediatric gastroenterology and nutrition, 2004, 38 (4): 414-421.

[13] Al-Fataftah A, Abdelqader A. Effects of dietary Bacillus subtilis on heat-stressed broilers performance, intestinal morphology and microflora composition [J]. Animal Feed Science and Technology, 2014, 198: 279-285.

第5章

刺参盐度相关功能基因结构及表达研究

5.1　刺参免疫相关的基因 *MnSOD* 结构及表达分析

生物体在正常的生理代谢过程中会产生对细胞有毒害作用的活性氧（ROS），包括超氧阴离子（O_2^-）、过氧化氢（H_2O_2）、羟自由基（·OH）和单线态氧（$^1O_2$）等多种活性氧。当受到外界病原侵染，无脊椎动物会启动机体的多种免疫反应，这些免疫反应会导致氧和能量（ATP）消耗量的骤增，产能的呼吸链会加速运转，由此也会引发与呼吸链相关的活性氧大量产生。这些活性氧具有极强的反应特性，能破坏病原微生物的结构和功能，杀灭入侵的病原。同样在逆境胁迫下（如重金属、污染、强光、离子辐射、极端温度、水分胁迫、盐度胁迫等）也会产生大量的活性氧。但由于活性氧分子反应的非特异性，它们会破坏宿主机体细胞内的功能蛋白分子、不饱和脂肪酸分子和核酸等，对细胞造成严重的伤害，进而损伤机体生理机能和破坏免疫系统。为了防止活性氧对细胞蛋白质、膜脂、DNA 及其他细胞内组分可能造成的严重损伤，及时消除病原感染和环境胁迫情况下机体内产生的过量 ROS，维持相关细胞的正常代谢，对提高机体抵抗力和免疫力具有重要作用。生物体经过长期进化形成了完善而复杂的酶类和非酶类抗氧化保护系统来清除活性氧，其中超氧化物歧化酶（SOD）是生物体抗氧化酶系统中的重要成员，在维持生物体内活性氧分子的代谢平衡和保护机体免受活性氧损伤等方面起着重要的作用。基因的结构与表达分析有助于理解刺参的盐度响应机制。

5.1.1 材料与方法

5.1.1.1 实验材料

试验所用2龄刺参取自于辽宁省大连市瓦房店海区，试验前在水温为18±1.0 ℃水族箱中充气暂养7天，使其适应实验室内养殖环境。取健康活体刺参，设置空白组、对照组、高盐胁迫组和低盐胁迫组。空白组不做任何处理；对照组在腹腔内注射150 μL生理盐水；高盐胁迫组的刺参，将养殖水族箱中盐度调整到40‰，低盐胁迫组的刺参，将养殖水族箱中盐度调整为20‰。空白组、对照组分离不同组织：体腔液、触手、管足、肠、呼吸树、肌肉和体壁。提取总RNA用于cDNA的合成和进行组织特异性表达。高盐胁迫组和低盐胁迫组在刺激后的1.5 h、3 h、6 h、12 h、24 h、48 h和72 h分别分离体腔液、管足、肠、肌肉和体壁5个组织的样本。每个时间点取3头刺参。所有样本存于−80 ℃超低温冰箱中待用。

5.1.1.2 实验方法

实验进行了总RNA的提取与反转录，利用已获得的基因的部分cDNA序列设计RACE基因特异性引物F2、F3、R2、R3（表5-1），采用巢式PCR进行RACE克隆、回收cDNA片段，与pMD19-T vector载体连接，将连接好的质粒导入感受态DH5α，通过蓝白斑筛选和菌落PCR初步鉴定后，阳性菌落于37 ℃震荡培养过夜。提取质粒，进行序列测定。序列同源性比对和相似性搜索用BLAST软件进行；序列拼接和开放阅读框（ORF）的寻找用DNAMAN软件进行；导肽查找用Target P 1.1 Server程序预测；利用TMHMM对跨膜域进行预测；蛋白特征模体查找采用SMART软件；蛋白质性质分析采用ExPASy Server软件；多序列比对采用ClustalW软件，在此基础上采用Mega软件，以邻位相连法构建系统进化树；蛋白空间结构预测采用Swiss-model软件。

分别取健康刺参的体腔液、触手、管足、肠、呼吸树、肌肉和体壁组织，提取总RNA，用荧光定量PCR进行组织表达分析，其中以*cytb*作为内参，用$2^{-\Delta\Delta Ct}$计算相对表达情况。

表 5-1 *MnSOD* 基因扩增所用的引物序列

引物	序列(5′→3′)
F1(Forward)	CAAGAAACAYCAYGCMACHT
R1(Reverse)	CCCATCCKGAKCCYTGVA
F2(Forward)	CAGCAGAGGAGAAACTGGCAGCAGCACA
F3(Reverse)	TATCGCCTCAGGGGGGTGGTGTTC
R2(Forward)	GAACCAAAGTCTCTGTTGATGGCGTCTGC
R3(Reverse)	CACCACCCCCCTGAGGCGATAG
UPM Short	CTAATACGACTCACTATAGGGC
UPM Long	CTAATACGACTCACTATAGGGCAAGCAGTGGTAACAACGCAGAGT
NUP	AAGCAGTGGTAACAACGCAGAGT

5.1.2 结果

5.1.2.1 仿刺参 MnSOD 的 cDNA 全长序列分析

MnSOD 全长 cDNA 的 5′端非编码区长度为 67 bp，3′端非编码区为 217bp，开放阅读框（ORF）为 672bp（图 5-1）。起始密码子 ATG 的－3 位为 A，符合 Kozak 规律。在 3′端有多聚腺苷酸信号序列 ATTTA，并有终止密码子 TGA 和 polyA 加尾，这些都符合有效翻译的基因全长 cDNA 的特征。对测序得到的 cDNA 片段序列进行分析，计算碱基 A、T、C、G 的百分含量确定各碱基在 cDNA 中的偏好性。结果表明，该 *MnSOD* 全长 cDNA 中碱基 A 占 28.12%、碱基 G 占 23.81%、碱基 T 占 24.85%、碱基 C 占 23.21%。A+T 含量（52.97%）高于 G+C 含量（47.02%）。

5.1.2.2 仿刺参 MnSOD 的氨基酸组成特征分析

用 DNA Star 分析后发现，*MnSOD* cDNA 可编码 223 个氨基酸的前体蛋白，预测蛋白分子质量为 24.64 kDa，理论等电点是 6.66。MnSOD 的 223 个氨基酸中强碱性氨基酸（K，R）有 17 个，强酸性氨基酸（D，E）有 20 个，疏水氨基酸（A，I，L，F，W，V）有 83 个，不带电荷的极性氨基酸（N，C，Q，S，T，Y）有 59 个。利用 ProtScale 程序对 *Mn-SOD* cDNA 编码的氨基酸分析，发现第 9～13、40～49、80～89、98～106、136～146、162～165、175～186 残基为疏水性的，6～8、18～39、50～69、71～74、77～79、90～92、95～97、107～135、

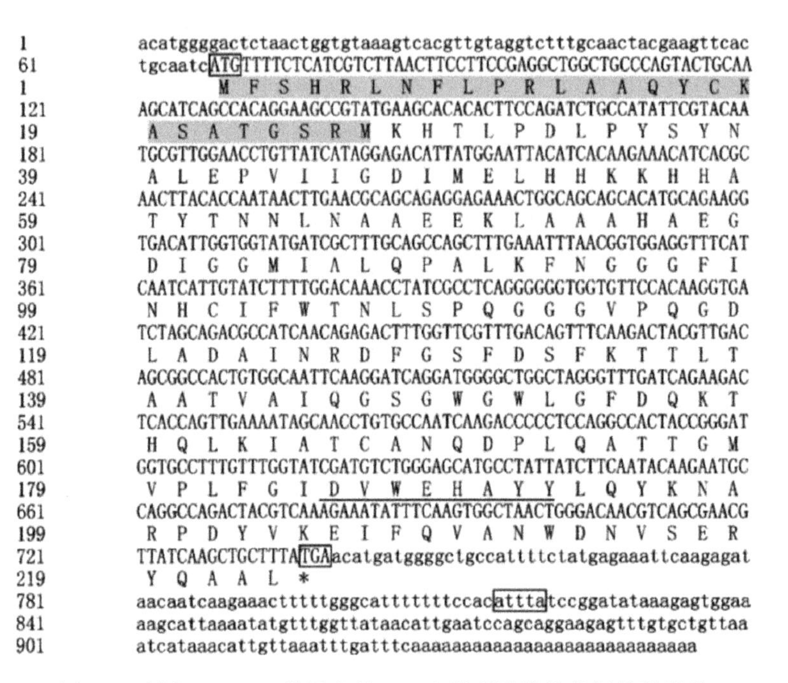

图 5-1 刺参 *MnSOD* 基因全长 cDNA 序列及推导的氨基酸序列

起始密码子 ATG、终止密码子 TGA 和多聚腺苷酸信号序列 ATTTA 用方框标出，

SOD 家族的标签序列用下划线标出，导肽序列用灰色背景标出

147～149、151～161、166～174、187～204、208～219 残基为亲水性的（图 5-2）。亲水性残基所占比例远大于疏水性残基，而且疏水性最大值为 1.778，亲水性最大值为 2.367，因此推测 MnSOD 是亲水性的。

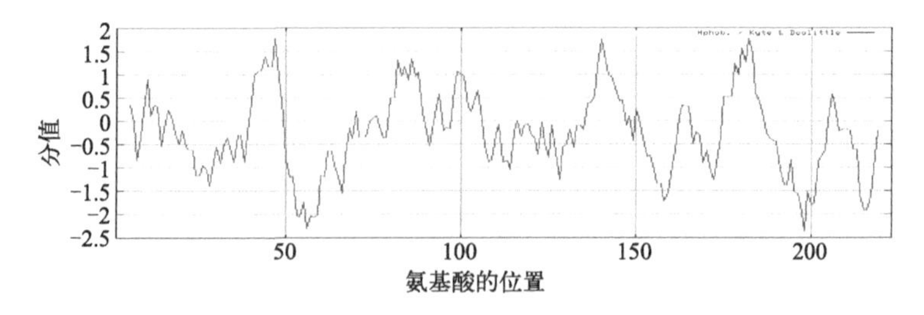

图 5-2 MnSOD 亲/疏水性分析预测

采用 TargetP1.1 Server 预测 MnSOD 氨基酸序列特征，结果表明线粒体目标肽及分泌途径信号肽分值分别为 0.871、0.043，预测可靠性为 2，说明该蛋白不存在信号肽酶切位点，无信号肽，有线粒体目标肽（表 5-2）。导肽的长度为 26 个氨基酸，其中带正电荷的碱性氨基酸精氨酸 R 和赖氨酸 L 分散在 A、L、P、F、M 这些不带电荷的氨基酸之间，而且多数氨基酸是疏水性氨基酸，且不含有带负

电荷的酸性氨基酸（D、E）。这段导肽主要由 α 螺旋组成。故推测 MnSOD 属于非分泌型蛋白，主要存在于线粒体内，其蛋白前体在细胞液中合成，合成后通过导肽再转运到线粒体中。

表 5-2 仿刺参 MnSOD 导肽的预测

名称	氨基酸数	线粒体	信号肽	其他	位点	可信率	氨基酸长度
序列	223	0.871	0.043	0.133	M	2	26
阈值		0.000	0.000	0.000			

利用 TMHMM 对 MnSOD 跨膜域进行预测，结果表明 *MnSOD* 基因无明显的跨膜区，属于非跨膜蛋白类。将氨基酸序列用 InterPro 软件分析，发现这段序列含有 3 个蛋白激酶 C 磷酸化位点，1 个酪蛋白激酶Ⅱ磷酸化位点，5 个肉豆蔻酰基化位点，还发现了 1 个 *MnSOD* 家族的签名序列（signature）D-x-[WF]-E-H-[STA]-[FY](2)，此序列位于第 185～192 氨基酸残基之间，为 DVWEHAYY。磷酸化位点分析发现，有 1 个丝氨酸（Ser），3 个酪氨酸（Tyr），可能成为蛋白激酶磷酸化位点（图 5-3）。糖基化位点分析结果表明（图 5-4），无糖基化位点。二硫键分析结果表明，MnSOD 含有 3 个半胱氨酸（Cys），形成 1 个二硫键，连接着第 17 位和第 107 位的 Cys。

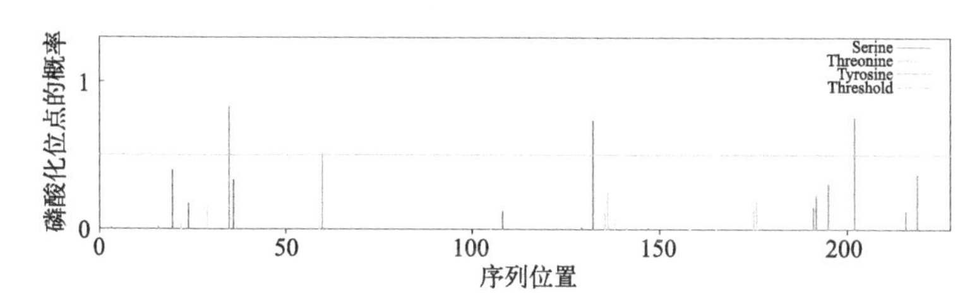

图 5-3 MnSOD 的磷酸化位点

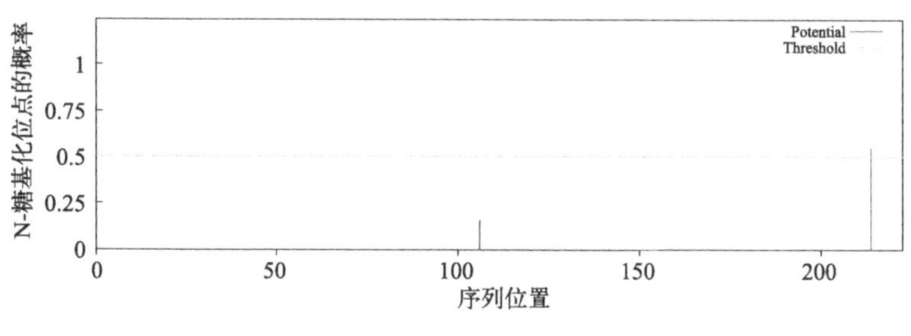

图 5-4 MnSOD 的 N-糖基化位点

MnSOD 蛋白质结构域分析结果表明在 C-和 N-各包含 1 个 SOD 特有的结构域（图 5-5），催化超氧化物转化为过氧化物和氧的保守基序。C 结构域位置为第

113～219 氨基酸，是一个混合的 α/β 折叠，N 结构域位置为第 27～108 氨基酸，是一个长的 α 反向平行的发夹结构。

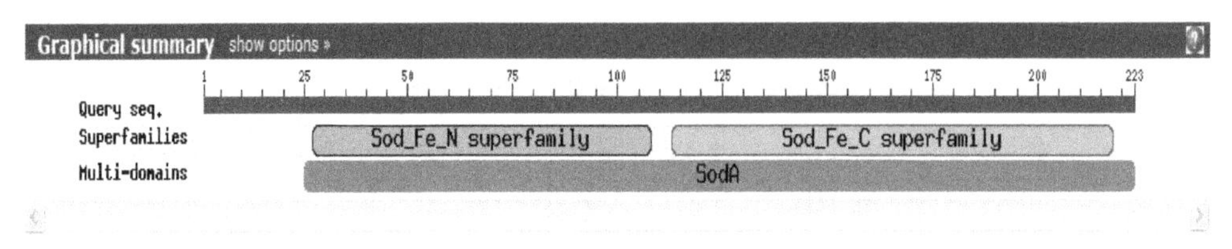

图 5-5 MnSOD 蛋白质结构域分析

5.1.2.3 MnSOD 的结构预测分析

蛋白质二级结构是其氨基酸序列和三维构象之间的桥梁，是了解其高级结构的前提。利用 ExPASy 的 APSSP 软件预测 MnSOD 的二级结构发现（图 5-6），该二级结构主要以 α-螺旋为主，α-螺旋占 42.15%；无规则卷曲和延伸链构成了蛋白中量最大的结构元件，无规则卷曲占 48.43%，延伸链占 9.42%。该二级结构中不含 β-折叠。为了比较不同物种 MnSOD 亚基结构的差异，选取了仿刺参、人和模式生物斑马鱼的二级结构进行了对比（表 5-3），三级结构结果如图 5-7 所示。发现这三个物种的 MnSOD 三级结构很相似，推断三者可能具有相同的功能。

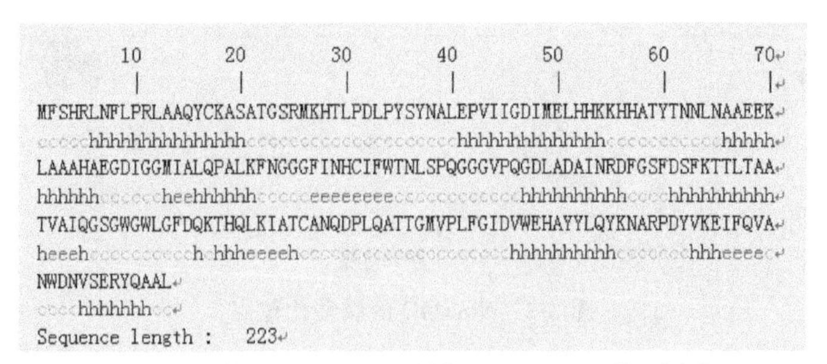

α螺旋 (Hh): 42.15%；延伸链 (Ee): 9.42%； β转角 (Tt): 0.00%；无规则卷曲 (Cc) : 48.43%

图 5-6 MnSOD 蛋白二级结构预测

表 5-3 三个物种 MnSOD 的二级结构比较

蛋白二级结构	刺参	人	斑马鱼
亲/疏水性	亲水性	亲水性	亲水性
信号肽	无	无	无
导肽	有	有	有
跨膜结构	无	无	无
亚细胞定位	线粒体	线粒体	线粒体

续表

蛋白二级结构	刺参	人	斑马鱼
α-螺旋	42.15%	40.54%	32.14%
无规则卷曲	48.43%	49.10%	44.20%
延伸链	9.42%	10.36%	23.66%
β-折叠	无	无	无

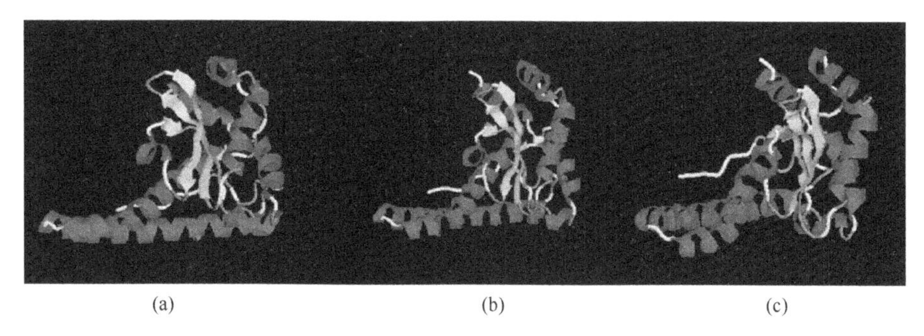

图 5-7 三个物种 MnSOD 空间结构预测图

(a) 仿刺参 MnSOD；(b) 人 MnSOD；(c) 斑马鱼 MnSOD

5.1.2.4 仿刺参 MnSOD 与其他物种 MnSOD 氨基酸序列同源性比较

使用 GenBank 的 Blast 程序检索分析仿刺参 MnSOD 氨基酸序列与目前已报道的其他物种 MnSOD 基因家族氨基酸序列的同源性。选取了人（P04179）、牛（NP _ 963285.2）、斑马鱼（NP _ 956270.1）、原鸡（NP _ 989542.1）、非洲爪蟾（NP _ 001083968.1）、中国明对虾（ABB05539.1）、皱纹盘鲍（ABF67504.1）、海湾扇贝（ABW98672.1）、果蝇（NP _ 476925.1）9 个物种的 MnSOD 氨基酸序列进行序列比对。结果发现相似性均在 61%～69%，仿刺参 MnSOD 中含有四个保守的氨基酸残基（H52，H100，D185，H189），这四个保守的氨基酸残基负责与金属离子 Mn^{2+} 结合；说明该基因在各物种之间有较高的保守性（图 5-8）。*MnSOD* 的高度保守性说明它在生命活动中具有重要的作用。

5.1.2.5 系统进化树的构建

根据 GenBank 上已注册的 *SOD* 基因序列，使用 MEGA 软件构建系统进化树，多序列比对等参数的设置采用默认设置值。从系统进化树（图 5-9）中我们可以看出，仿刺参和皱纹盘鲍及海湾扇贝亲缘关系最近，然后与节肢动物类和鱼类聚在一起。包括人、牛、鸡等在内的哺乳动物和两栖动物等的 *SOD* 聚为一枝。进化树与物种的进化过程一致。

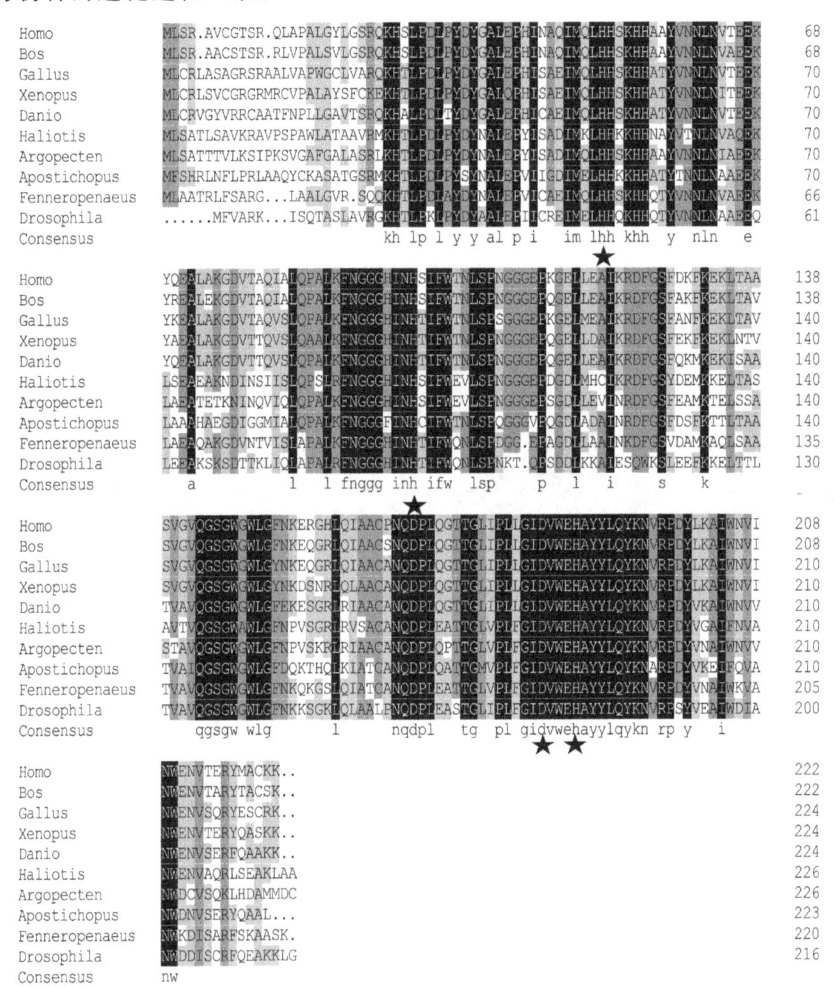

图 5-8 不同物种 *MnSOD* 多序列比对

MnSOD 中四个负责与 Mn^{2+} 结合的保守氨基酸残基用★标出

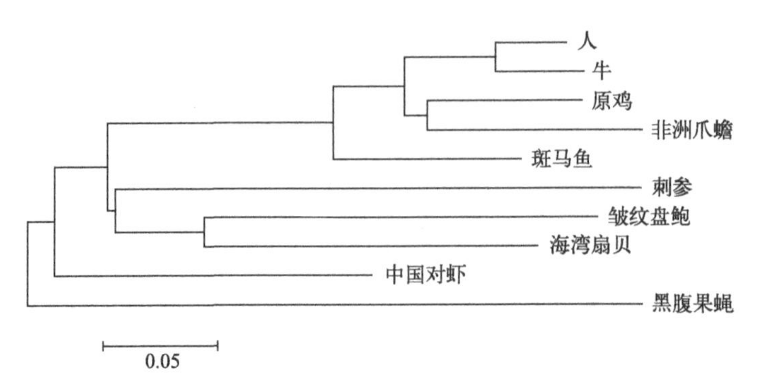

图 5-9 不同物种 *MnSOD* 基因的系统进化树

5.1.2.6 *MnSOD* 基因受到低盐胁迫后在不同组织中的表达规律研究

（1）低盐胁迫后刺参肌肉组织不同时间点的表达情况　采用 Real-timePCR 方法分析 *MnSOD* 基因在低盐胁迫后肌肉组织中不同时间点的表达差异情况（图5-10），除了 1.5 h、12 h 两个时间点外，6 h 显著高于 0 h（$P<0.05$），其他时间点表达量与 0 h 的表达量存在极显著差异（$P<0.01$）。从图 5-10 中可以看到 *MnSOD* 基因在肌肉组织中低盐胁迫 72 h 后表达水平最高，是空白组（0 h）的 117 倍（$P<0.01$）。

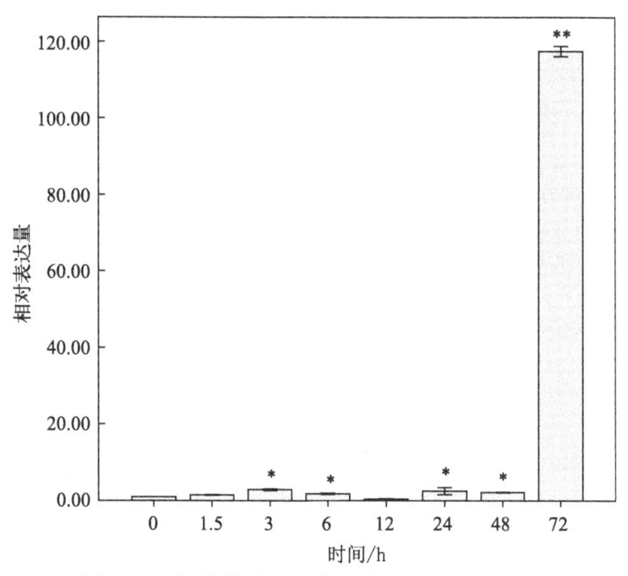

图 5-10　低盐胁迫下肌肉组织 *MnSOD* 的表达

（2）低盐胁迫后刺参管足组织中不同时间点的表达情况　*MnSOD* 基因在低盐胁迫后管足组织中不同时间段的表达差异情况见图 5-11，其中 6 h、48 h、72 h 表达量显著高于 0 h，从图中可以看到 *MnSOD* 基因在 72 h 表达水平达到最高，是空白组（0 h）的 19 倍（$P<0.01$）。其他时间点表达量与 0 h 差异不显著。

（3）低盐胁迫后刺参体腔液不同时间点的表达情况　*MnSOD* 基因在低盐胁迫后体腔液中不同时间段的表达差异情况见图 5-12，从图中可以看到 *MnSOD* 基因在 72 h 表达水平达到最高，表达量显著高于其他时间点，是空白组（0 h）的 8203 倍（$P<0.01$）。其他时间点表达量与 0 h 差异不显著。

（4）低盐胁迫后刺参肠组织不同时间点的表达情况　*MnSOD* 基因在低盐胁迫后肠组织中在 48 h 表达量达到最高，表达量显著高于其他时间点，是空白组

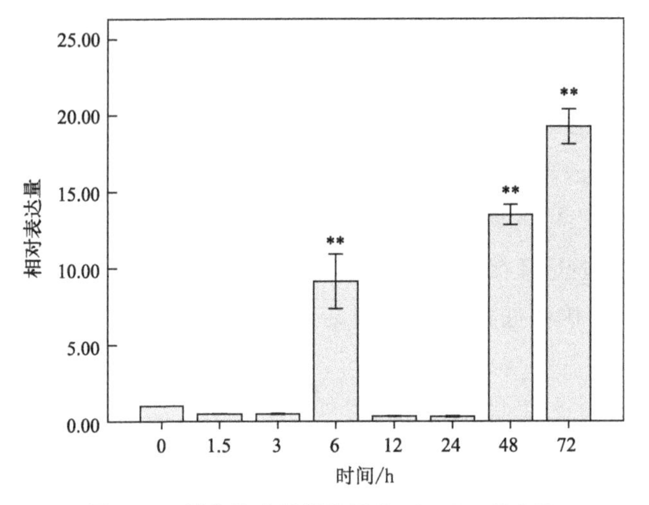

图 5-11　低盐胁迫下管足组织 *MnSOD* 的表达

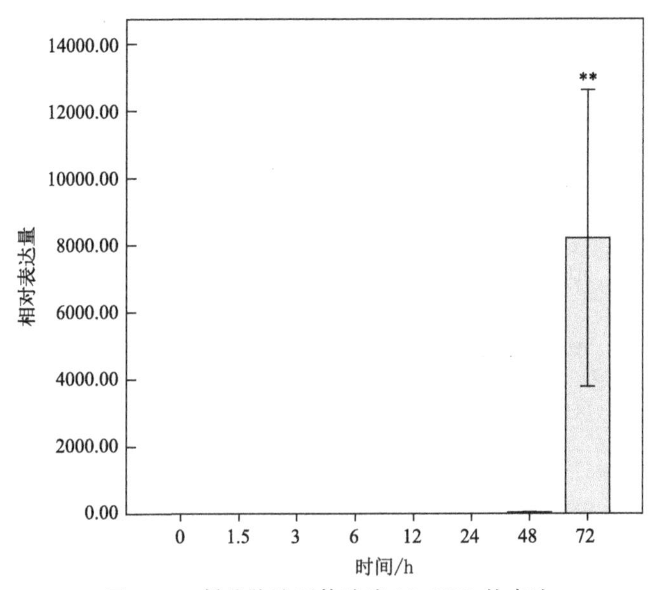

图 5-12　低盐胁迫下体腔液 *MnSOD* 的表达

(0 h) 的 179 倍 ($P<0.01$)。其他时间点表达量与 0 h 差异不显著（图 5-13）。

(5) 低盐胁迫后刺参体壁组织不同时间点的表达情况　*MnSOD* 基因在低盐胁迫后体壁组织中不同时间段的表达差异情况见图 5-14，其中 1.5 h、48 h、72 h 表达量显著高于 0 h，从图中可以看到 *MnSOD* 基因在 48 h 表达水平达到最高，是空白组 (0 h) 的 6 倍 ($P<0.01$)。其他时间点表达量与 0 h 差异不显著。

体壁、肠组织中 *MnSOD* 均在 48 h 达到最大表达量，变化总体趋势为先上升后下降；管足、体腔液和肌肉组织中 *MnSOD* 在 72 h 时达到最大表达量。

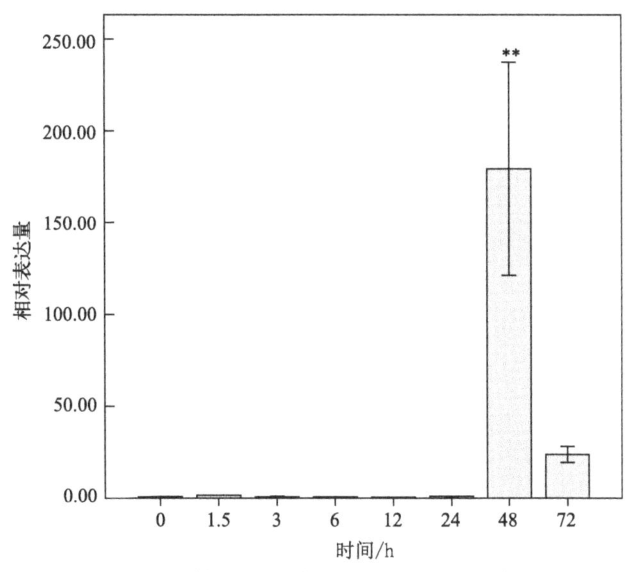

图 5-13 低盐胁迫下肠组织 *MnSOD* 的表达

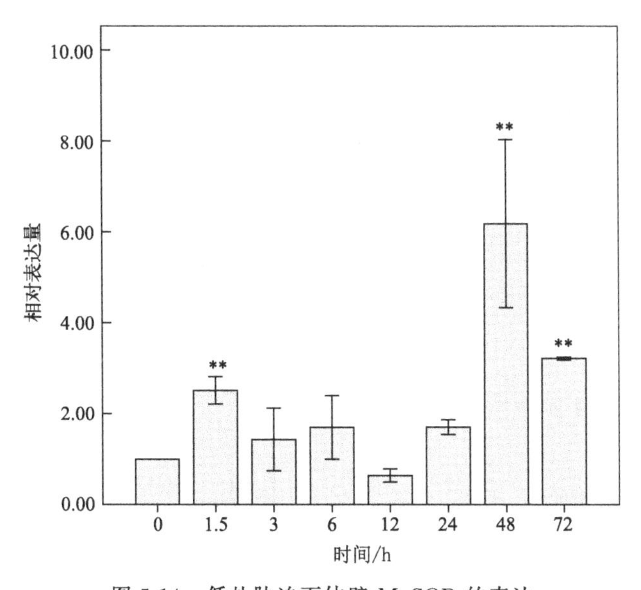

图 5-14 低盐胁迫下体壁 *MnSOD* 的表达

5.1.2.7 *MnSOD* 基因受到高盐胁迫后在不同组织中的表达规律

(1) 高盐胁迫后刺参肌肉组织不同时间点的表达情况　采用 Real-timePCR 方法分析 *MnSOD* 基因在高盐胁迫后肌肉组织中不同时间点的表达差异情况（图 5-15)，1.5 h、6 h、12 h 的表达量与 0 h 的表达量差异极显著，并在 12 h 表达水平达到最高，是空白组（0 h）的 14.5 倍（$P<0.01$）；48 h 显著高于 0 h 的表达量；其他时间点差异不显著。

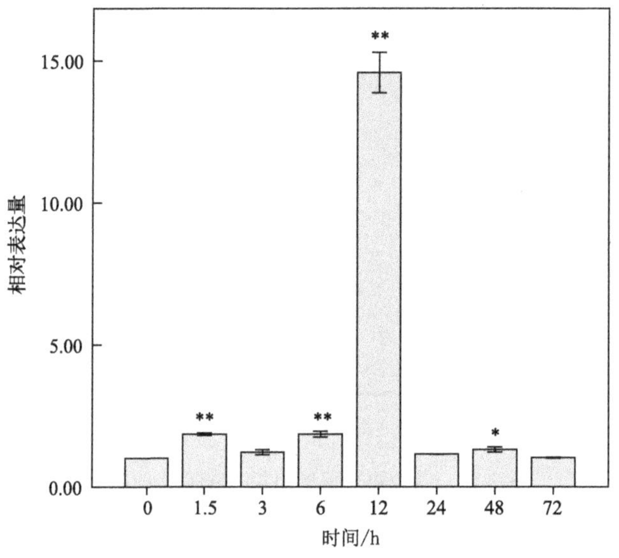

图 5-15 高盐胁迫下肌肉组织 *MnSOD* 的表达

（2）高盐胁迫后刺参体壁组织不同时间点的表达情况 *MnSOD* 基因在高盐胁迫后体壁组织中不同时间段的表达差异情况见图 5-16，1.5 h、12 h 与 0 h 的表达量差异极显著；72 h 显著高于其他各个时间点，并在 12 h 表达水平达到最高，是空白组（0 h）的 8 倍（$P<0.01$）。

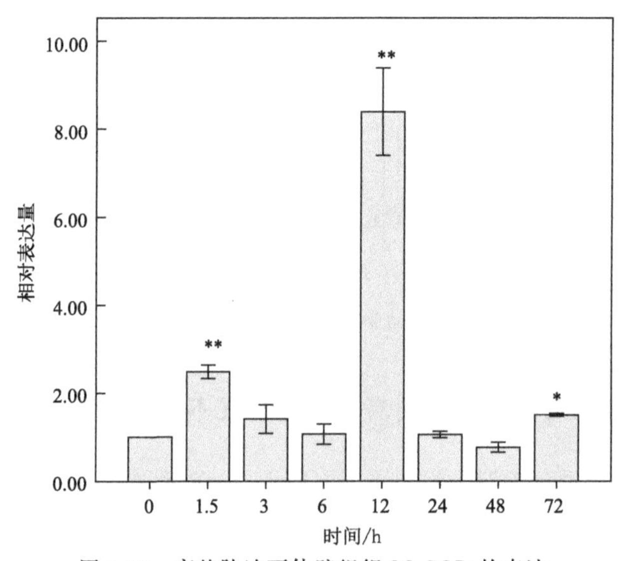

图 5-16 高盐胁迫下体壁组织 *MnSOD* 的表达

（3）高盐胁迫后刺参肠组织不同时间点的表达情况 *MnSOD* 基因在高盐胁迫后肠组织中不同时间段的表达差异情况见图 5-17，12 h 与 0 h 的表达量差异极显著；并在 12 h 表达水平达到最高，是空白组（0 h）的 223 倍（$P<0.01$），其他时间点差异不显著。

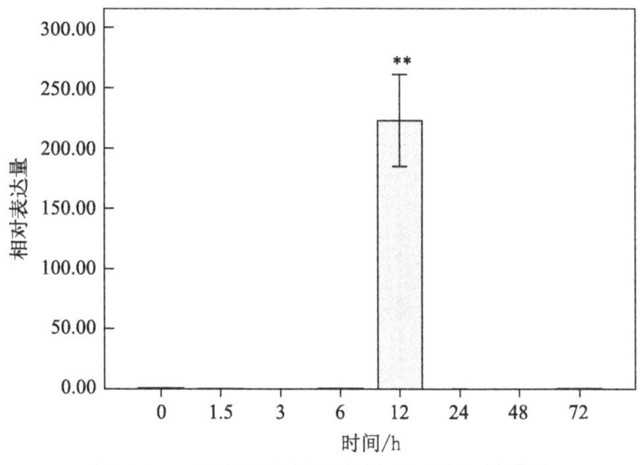

图 5-17 高盐胁迫下肠组织 *MnSOD* 的表达

（4）高盐胁迫后刺参体腔液组织不同时间点的表达情况 *MnSOD* 基因在高盐胁迫后体腔液中不同时间段的表达差异情况见图 5-18，1.5 h、3 h、12 h、24 h 的表达量显著高于 0 h；并在 12 h 表达水平达到最高，是空白组（0 h）的 36 倍（$P<0.01$）。

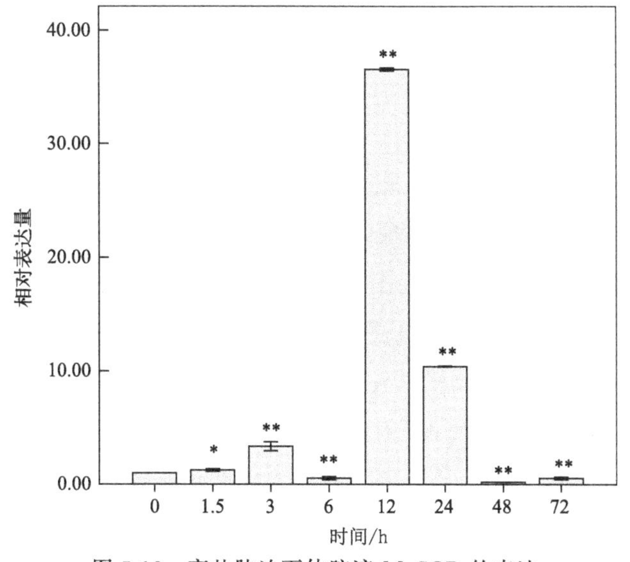

图 5-18 高盐胁迫下体腔液 *MnSOD* 的表达

（5）高盐胁迫后刺参管足组织不同时间点的表达情况 *MnSOD* 基因在高盐胁迫后管足组织中不同时间段的表达差异情况见图 5-19，1.5 h 与 0 h 的表达量差异极显著，并在 1.5 h 表达水平达到最高，是空白组（0 h）的 205 倍（$P<0.01$）。体壁、体腔液和肠、肌肉组织中 *MnSOD* 表达量均在高盐胁迫 12 h 达到最大。管足中 *MnSOD* 表达量在 1.5 h 时达到最大，12 h 出现表达量的第二小高峰。

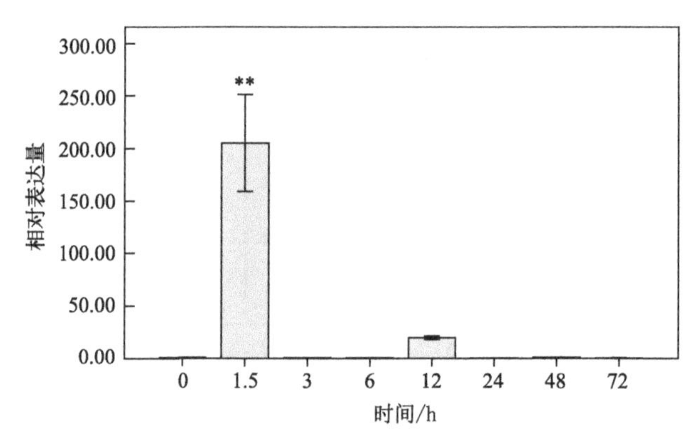

图 5-19 高盐胁迫下管足组织 *MnSOD* 的表达

5.1.3 讨论

5.1.3.1 刺参 *MnSOD* 基因全长序列及组成特征分析

研究发现 *MnSOD* 全长 cDNA 为 955bp，其中 5′端非编码区 67 bp，3′端非编码区 217bp，开放阅读框（ORF）672bp，可编码 223 个氨基酸的前体蛋白。在 3′端有多聚腺苷酸信号序列 ATTTA，并有终止密码子 TGA 和 polyA 加尾。预测蛋白分子质量为 24.64 kDa，理论等电点是 6.66。实验结果获得的 *MnSOD* 的序列组成及其氨基酸特征与其他的研究结果一致。张庆利等获得的中国明对虾 *mMn-SOD* 基因的 cDNA 全长为 1185 bp，其中开放阅读框为 660 bp，编码 220 个氨基酸；cDNA 全长中还包含 5′非编码区的 39 个碱基、3′非编码区的 486 个碱基及终止密码子 TAG 和加尾信号 AATAAA，推导分子量为 21884.68 Da，理论等电点为 6.24。另外，Bao 等获得的 *MnSOD* 全长 cDNA 为 1207 个碱基，其中开放阅读框为 678 个碱基，编码 226 个氨基酸；cDNA 全长中还包含 5′非编码区的 28 个碱基、3′非编码区的 501 个碱基及终止密码子 TAG 和加尾信号 AATAAA 以及 polyA 加尾，AiMnSOD 的推导分子质量为 22.35 kDa，理论等电点为 5.36。这些

cDNA序列的高保守性，可以表明从仿刺参中克隆的这段cDNA序列是*SOD*家族的成员。MnSOD作为参与机体正常生理基础代谢的蛋白，表现为它在结构上有很高的保守性。亲水性残基所占比例大于疏水性残基，而且疏水性最大值为1.778，亲水性最大值为2.367。这与大多数MnSOD的情况相似，这也是大多数*MnSOD*在做原核表达时容易形成包涵体的原因。这段序列发现了1个*MnSOD*家族的签名序列-DVWEHAYY-，此序列位于第185～192氨基酸残基之间。这也与现有的研究结果一致，再一次证明这段cDNA序列是*MnSOD*。在中国明对虾、海湾扇贝mMnSOD的推导氨基酸序列中也包含MnSOD的特征肽段-DVWE-HAYY-。在仿刺参*MnSOD*基因的3′UTR中存在ATTTA不稳定模体，意味着该基因在免疫反应中是相当活跃的。*SOD*基因作为生物体内参与天然免疫的重要细胞因子，它的表达和调控是相当复杂的。可以通过后续的定量表达试验进一步研究*SOD*基因在机体抗感染防御和胁迫环境中的表达模式。

5.1.3.2 蛋白质的定位分析

仿刺参的MnSOD氨基酸序列特征表明，该蛋白有线粒体目标肽，无信号肽。导肽的长度为26个氨基酸，而且多数氨基酸是疏水性的氨基酸，主要由α螺旋组成。这段导肽的这种特征性的结构有利于穿过线粒体的双层膜。*MnSOD*基因无明显的跨膜区，属于非跨膜蛋白类。故推测MnSOD属于非分泌型蛋白，主要存在于线粒体内，其蛋白前体在细胞液中合成，合成后通过导肽再转运到线粒体中。这与已有的研究结果相符合：MnSOD主要存在于线粒体内。Bao等研究发现AiMnSOD其前端也含有一个26个氨基酸组成的导向线粒体的导肽。中国明对虾的mMnSOD其前端也存在一段由20个氨基酸组成的导肽，而且也是线粒体导肽。在杂色鲍中发现了17个氨基酸组成的导向线粒体的导肽。

5.1.3.3 MnSOD的位点分析和结构域预测

对仿刺参MnSOD的氨基酸序列进行磷酸化位点分析，结果表明有1个Ser、3个Tyr可能成为蛋白激酶磷酸化位点。推测该蛋白可能在细胞信号传导中发挥作用，它们的生物活性可能接受信号途径中多种信号的调控；它们都含有酪蛋白激酶Ⅱ磷酸化位点，这个位点的磷酸化和去磷酸化可能是其调节其活性的方式。二硫键分析表明，MnSOD含有3个Cys，形成1个二硫键。绝大多数情况下二硫键是在多肽链的β转角附近形成的。二硫键对MnSOD构象起稳定作用，该蛋白含有二硫键也使得该蛋白对热、对蛋白酶降解较为耐受。这些结构对其蛋白功能的发挥，以及在恶劣条件下蛋白结构的稳定是至关重要的。N-连接的糖基化是一种具有重要生物学意义的翻译后修饰过程。在N-糖基化的预测中，结果显示存在一个N糖基化位点，但被糖基化的位点并不发生在Asn-Xaa-Ser/Thr序列中，并且一般只有细胞外的区域可以被糖基化。所以我们预测仿刺参MnSOD所编码的蛋白质不含N-糖基化位点。

5.1.3.4 仿刺参MnSOD与其他物种MnSOD氨基酸序列同源性比较

仿刺参MnSOD氨基酸序列与目前已报道的其他物种*MnSOD*基因家族氨基酸序列的相似性在61%～69%，说明该基因在各物种之间有较高的保守性。*MnSOD*的高度保守性说明它在生物生命活动中具有重要的作用，并且仿刺参MnSOD与其他物种MnSOD具有相同的功能是因为它们有相同的保守区段和功能域。MnSOD作为参与机体正常生理基础代谢的蛋白，表现为它在结构上有很高的保守性。这些保守的氨基酸可能在基因演化的过程中起到稳定MnSOD结构和功能的作用。

MnSOD呈紫红色，在真核生物中多为四聚体，在原核生物中多为二聚体。每个亚基的分子量一般为23 kDa。Stallings等根据X射线结构研究发现：Thermus thermophilus中的MnSOD，每个亚基含一个Mn，它与三个组氨酸，一个天冬氨酸及一个H_2O配位，形成三角双锥结构，处于一个主要由疏水基构成的疏水壳中，并由两个亚基共同形成一个供底物进出的通道。Stallings等对T. thermophilus的MnSOD研究揭示MnSOD中的金属离子是处于高自旋状态的三价锰Mn^{3+}，并且一级结构具有较高的一致性。参与形成活性中心及与金属连接的氨基酸在所有MnSOD中也都是保守的，而且与金属锰离子相连的氨基酸也完全一致，它们是H_{26}、H_{87}、H_{181}和D_{185}。仿刺参mMnSOD中也含有四个保守的氨基酸残基（H_{52}，H_{100}，D_{185}和H_{189}），负责与金属离子结合。中国明对虾mMnSOD中含有四个保守的氨基酸残基（H_{52}，H_{96}，D_{180}和H_{184}），负责与金属锰离子的结合。海湾扇贝的mMnSOD也含有四个与金属锰离子结合的保守的氨基酸His28，His52，Asp185，His189，这种保守性说明了MnSOD在生物体中应该具有重要的功能。

5.1.3.5 MnSOD的结构域及高级结构分析

MnSOD蛋白质的二级结构主要以α-螺旋为主，不含β-折叠。二级结构中α螺旋所占比例较大，与已知的MnSOD结构相符。MnSOD的CD谱表明，其含有较高程度（>32%）的螺旋结构，含有较少β-折叠。由一级结构预测的二级结构表明，MnSOD中不存在CuZnSOD中那种八股反向平行的β-折叠，也不存在长的松散环，整个结构比较紧凑。这些与仿刺参的MnSOD氨基酸高级分析结果是一致的。

5.1.3.6 低盐刺激下刺参*MnSOD*基因表达变化情况

盐度是影响水产动物机体生理反应的重要环境因子之一，不同盐度下水产动物表现出不同的适应状态。仿刺参属于狭盐性海洋生物，对盐度的耐受范围狭小，海水盐度一旦超出仿刺参的耐受范围，就会大量死亡。盐度对仿刺参免疫功能、呼吸及排泄等影响国内外已有报道。以往有关盐度对刺参影响的研究主要集中在最适盐度探讨、不同淡化方式对刺参存活和生长的影响、盐度对能量收支及转换的影响、刺参的呼吸代谢、营养需求、对渗透调节的影响因子、免疫力及抗逆性等方面。

本实验发现*MnSOD*基因在受到胁迫反应后，会通过活性的改变积极地清除活性氧对其的作用。实时定量PCR实验证实刺参在受到低盐胁迫后，最初的48 h时体内*MnSOD* mRNA随盐胁迫时间的增加而升高，48 h时基因表达最强，体壁、肠和管足中达到最大表达量，72 h时体腔液和肌肉组织中的表达达到最大。这可能是因为随着盐胁迫时间的增加，使刺参生命体产生了更多的过氧化物，为了消除过氧化伤害，诱导刺参*MnSOD*的表达增加，于是刺参*MnSOD*的表达量增加。该试验结果表明在低盐胁迫处理刺参过程中，*MnSOD*发生变化。*MnSOD*的活性在处理初期上升而后期下降。*MnSOD*在低盐胁迫下表达加强说明它的表达可能与渗透胁迫密切相关。在低盐胁迫下刺参的*MnSOD*活力均要显著高于正常状态下的*MnSOD*，这说明刺参的抗氧化、清除氧自由基的非特异性免疫在受到刺激的状态下上调表达，应对外界刺激。关于仿刺参在较低盐度海水中的耐受能力的研究发现，在盐度为15‰的海水中，仿刺参出现了不适状态，在72 h达到最低点，然后随着时间的推移，仿刺参逐步适应了盐度为15‰海水的环境；在盐度为20‰的海水中，也出现了类似情况，仿刺参在36 h内出现了不适状态，在36 h时达到最低点，然后随着时间的推移，仿刺参逐步适应了盐度为20‰海水的环境。发现仿刺参在盐度为15‰和40‰下生长一段时间后，就会逐步适应其所生长的环境；仿刺参对较低和较高盐度的海水的耐受能力随着时间的推移，呈现出一定规律性，其规律性表现为：不适应、最不适、逐步适应到适应的过程；这与我们的结果相符。凡纳滨对虾（*Litopenaeus vannamei*）和斑节对虾（*Penaeus monodon*）在低盐度15‰胁迫12 h后，SOD活性显著下降与本实验结果相符合。孙虎山在栉孔扇贝血淋巴中ACP和AKP活性及其电镜细胞化学研究中同样也发现盐度突降72 h内，栉孔扇贝血清中SOD活力快速下降后缓慢上升。杨健在温度和盐度对军曹鱼幼鱼生长与抗氧化酶活性的影响的实验中发现军曹鱼幼鱼肌肉抗氧化酶中超氧化物歧化酶活力随盐度降低而升高。

低盐度胁迫下，棘皮动物排氨率的升高被认为是在细胞内渗透压调节期间，游离氨基酸的分解作用导致了氨氮排泄量的净增加。有研究在盐度骤降对不同发育阶段仿刺参存活和生长的影响实验中设置盐度为20‰的实验组，发现由正常盐度33‰降到盐度20‰后，实验组存活率随时间的增加而升高。本实验刺参在低盐胁迫后不同组织 *MnSOD* 分别在48 h、72 h达到表达量的最高峰。这个结果与本实验中 *MnSOD* 基因表达量的结果相符合。

盐度是反映水中无机离子含量的指标，水生动物对环境的适应一般围绕其等渗点进行渗透压调节，而渗透压调节是一个需要耗费能量的生理过程。水生生物在环境盐度变化的过程中，伴随着形态和生理上的深层次的变化，主要通过渗透压调节机制来适应不同的盐度环境。不同温度和盐度会影响鱼类的渗透压调节能力，导致其对环境的不同的适应能力。刺参对盐度变化的适应能力较强，在正常范围之外，盐度胁迫带来的渗透压调节需要较多游离氨基酸分解，导致了其排氨率的升高。有研究将海参和海胆直接从纯海水放入50%海水，其排氨率升高。棘皮动物氨氮的排泄随着细胞内渗透压调节过程而改变，细胞内游离氨基酸水平的改变与渗透压调节密切相关。

海水养殖品种的淡化养殖，一方面可以减轻海水养殖对沿岸海洋环境的污染，避免病害传播，另一方面也促进了内陆水产养殖业的发展。目前，水生生物的淡化养殖已成为内陆养殖的一个亮点。而内陆养殖面临的首要问题就是对盐度的适应性。

5.1.3.7 高盐刺激下刺参 MnSOD 基因表达变化情况

在盐度胁迫下，水生生物体内进行血液渗透调节，引发一系列复杂的生物学效应，产生应激适应或应激损伤。生命体的正常生长发育需要一个适度的盐分环境，超过一定的阈值，生命体就会受到盐胁迫甚至盐伤害。在盐胁迫下，生命体内会发生一系列的生理生化反应来消除或降低盐分的伤害作用，即阻止、减少或抵偿盐分所诱导的生理生化过程。刺参自然生长的海水盐度范围为28.86‰～31.87‰。为了更深刻了解盐度增高后刺参生理指标变化的分子机制，我们设置了盐度为40‰的水生环境，对刺参生长过程进行胁迫。实时定量PCR实验证实，刺参在受到高盐胁迫后，最初的12 h时体内 *MnSOD* mRNA随盐胁迫时间的增加而升高，12 h时基因表达最强，在我们所选择的五个实验组织体壁、肠体腔液和肌肉中都达到最大表达量，管足在1.5 h时达到最大表达量。该结果说明在高盐胁迫的环境下，刺参的各项生理指标会进行调整，12 h后的生命状态在应急条件下会慢慢恢复正常。盐度降低对棘皮动物排泄的影响有许多报道。盐度升高对棘皮动物排泄影响的研究较少。有研究发现在盐度为40‰海水中，刺参在72 h内出现了不适状态，并在36 h时达到最低点，然后随着时间的推移，仿刺参逐步适应了盐度为40‰的海水环境。这与本次试验的结果相符合。有研究报道盐度31.5‰是刺参体液等渗点，此时刺参消耗能量最少并且转化生物能效率较高，表现为最高生长率。低于或者高于此盐度时，用于调节低渗透压或者高渗透压能耗呈梯度增加，表现为生长缓慢甚至出现负增长。

功能研究证明MnSOD能够增强机体对多种氧化胁迫的抗性，而且还发现其具有RNA结合特性，可能参与基因的表达与调控。SOD对于增强吞噬细胞防御能力和整个机体的免疫功能具有重要作用。许多研究表明SOD与生物体抵御病毒、细菌、寄生虫和物理、化学刺激密切相关，同时*SOD*基因还可以作为环境污染的有效生物学标记，用作检验水产动物健康和检测环境问题的一种重要的生化指标。最近有人提出*SOD*基因因其保守性可作为分类依据和生物进化的遗传学标记。许多研究结果表明MnSOD在提高生物的抗逆性方面发挥着重要的作用。

近几年由于养殖环境、海水水质变化及冰冻灾害，导致细菌性与病毒性疾病大面积发生，造成仿刺参养殖产业损失严重。开展仿刺参疾病防御及对环境的适应能力的研究工作已成为当务之急。深入开展仿刺参免疫相关基因及其机制研究，并在此基础上寻找仿刺参疾病防治的有效方法，对仿刺参的健康养殖有着重要的意义。通过研究该基因的表达强度与抗逆性的相关性，探讨其在免疫反应中的功能和作用机制，有望为仿刺参抗逆育种提供理论基础。

5.2 刺参免疫相关的基因溶菌酶基因结构及表达分析

5.2.1 材料与方法

5.2.1.1 实验材料

试验所用2龄刺参取自于辽宁省大连市海区，实验前在水温为18±1.0 ℃水族箱中充气暂养 7 天，使其适应实验室内养殖环境。取健康活体刺参，设置对照组（盐度 30‰）和低盐胁迫组（盐度 18‰）。在盐度 30‰正常海水中取 3 头健康活体刺参的体腔液、肠道、呼吸树、体壁，盐度 18‰的低盐胁迫组在刺激后的 1.5 h、3 h、6 h、12 h、24 h、48 h 和 72 h 分别取其体腔液、肠、呼吸树及体壁，每个时间点都取 3 头刺参。提取各组织的总 RNA，所提总 RNA 存于－80 ℃超低温冰箱中用于后续结构及基因表达分析。

5.2.1.2 实验方法

从 Genebank 上找到刺参 c 型溶菌酶基因序列 EST（GH550293.1），根据这段 EST 序列设计一条基因特异性引物（LYZ-GSP3）及用于巢式 PCR 的引物（LYZ-NGSP3），引物序列见表 5-4。实验中提取不同处理组刺参各组织的总 RNA，进行 cDNA 第一条链合成及检测，PCR 产物的回收及纯化，目的片段与 pMD19-T 载体连接，连接产物转化到 DH5α 中；挑单克隆及摇菌，进行阳性菌测序及序列分析，实时定量 PCR 反应来测定基因表达情况。

表 5-4　克隆刺参 c 型溶菌酶基因及定量表达的主要引物

引物	序列(5′-3′)
lyz-GSP3	ACCTGCGGCAGTGGAGGCGGTGTCG
lyz-NGSP3	ACTCCGACTCTTGTGGACCTTTC
3′-RACE	AAGCAGTGGTATCAACGCAGAGTAC$(T)_{30}$VN
UPM	CTAATACGACTCACTATAGGGCAAGCAGTGGTATCAACGCAGAGT CTAATACGACTCACTATAGGGC
NUP	AAGCAGTGGTATCAACGCAGAGT
lyz-y-F	catgCCATGGGCATGAAGGTTCTTCTAACGTTTC
lyz-y-R	ccgCTCGAGCAGACAAGCGGAGACCTTG
lyz-RT-F	CAGCCTATCAGGAGAATGCGTGC
lyz-RT-R	CCGGTTGGTTTATCGAAACAACA
LYZ-F-0	CAGCCTATCAGGAGAATGCGTGC
LYZ-R-0	CCGGTTGGTTTATCGAAACAACA
cytb-F-real	TGAGCCGCAACAGTAATC
cytb-R-real	AAGGGAAAAGGAAGTGAAAG

5.2.2 实验结果

5.2.2.1 仿刺参 c 型溶菌酶基因 cDNA 的全长序列

将仿刺参 c 型溶菌酶（LYZ）基因的 EST（GH550293）片段与 RACE 获得的 3′cDNA 序列进行拼接，获得的 cDNA 全长为 922 bp（图 5-20）。应用 NCBI 的 Open Reading Frame Finder（ORF）分析找到其开放阅读框，共 759 bp，编码 252 个氨基酸，推导的氨基酸分子量为 26.7 kDa，等电点为 4.66。其中 5′非编码区为 62 bp，3′非编码区为 101 bp（包含 27bp 的 Poly A 尾）。

```
1   GG GGA CAA CAA TTT TAG TCT TTG AAG GAT ACT GAT CAG CTC CTT ACT TTT CAC TTT CTC AAT   62
63  [ATG] AAG GTT CTT CTA ACG TTT CTT GTG GTA GTC GTC GCT GTG GAA GCA GCC TAT CAG GAG AAT GCG TGC TCC TCC TAC GAA CAC AGT GAC   152
     M  K  V  L  L  T  F  L  V  V  V  V  A  V  E  A  A  Y  Q  E  N  A  C  S  S  Y  E  H  S  D
153 TAC GGT TGT ACT GGA CAA TGT ATG GAC AAT GGT GCG ACC GCC TGC CCC GGA GGG AAT ACC ATC AGT GGT TTG TGC CCA CAG CAA GCA AAC   242
     Y  G  C  T  G  Q  C  M  D  N  G  A  T  A  C  P  G  G  N  T  I  S  G  L  C  P  Q  Q  A  N
243 CAT GTG AAA TGC TGC TTT ACA GCT GAT TCG GAC ACA GAG TGC ACC AGT TAT AAC CAC CCC ACT GCT GGT TCA GTT GGT CAT TGT ATT GAT   332
     H  V  K  C  C  F  T  A  D  S  D  T  E  C  T  S  Y  N  H  P  T  A  G  S  V  G  H  C  I  D
333 ACA TCA TCT TGT CCC AAT GGT TAC TAC ATC TCT GGG TTG TGT CCA ACA AAA GCT GCC GGT ATC AAG TGT TGT TTC GAT AAA CCA ACC GGA   422
     T  S  S  C  P  N  G  Y  Y  I  S  G  L  C  P  T  K  A  A  G  I  K  C  C  F  D  K  P  T  G
423 ACC TGC GGC AGT GGA GGC GGT GTC GGA ACG CAA CCT GGT CCA GTA CCA AGC GAT TGC ATG GCC TGC ATC TGT GAG GTC GAA AGT AAT TGT   512
     T  C  G  S  G  G  G  V  G  T  Q  P  G  P  V  P  S  D  C  M  A  C  I  C  E  V  E  S  N  C
513 AAC GAA AAT ATT GGA TGC AGA TGG GAT GTT AAC TCC GAC TCT TGT GGA CCT TTC CAA ATC AAA AAT GAC TAC TAC AGT GAT GCT AAA CTG   602
     N  E  N  I  G  C  R  W  D  V  N  S  D  S  C  G  P  F  Q  I  K  N  D  Y  Y  S  D  A  K  L
603 ATG AGT AAC AAC TTG GGT ACA GAT TGG GTA TCT TGT ACC ACG GAG CAG GAG TGT GCT GAA AGG ACA GTA CAA GCA TAC ATG TCC CGC TAC   692
     M  S  N  N  L  G  T  D  W  V  S  C  T  T  E  Q  E  C  A  E  R  T  V  Q  A  Y  M  S  R  Y
693 GCA ACA TCC TCT AGG ATT GGG TAC ACC CCT GGT TGC GAA GAG TTC GCC CGT ATT CAC AAC GGA GGA CCT AAC GGG TAC CTC TAC TCG TCA   782
     A  T  S  S  R  I  G  Y  T  P  G  C  E  E  F  A  R  I  H  N  G  G  P  N  G  Y  L  Y  S  S
783 ACC GAT GGC TAT TGG AGC AAG GTC TCC GCT TGT CTG [TGA] TAG ATG TGA AGA AAT TAT GCT TTA CAG AAA GAA AAC CCC TTA AAG TAA AAG   872
     T  D  G  Y  W  S  K  V  S  A  C  L  *
873 TCA CGA ATC TCC AGT [AAT AAA] GCA AAA AAA AAA AAA AAA AAA AAA AAA AA   922
```

图 5-20　刺参溶菌酶基因核苷酸及推导的氨基酸序列

5.2.2.2 仿刺参 c 型溶菌酶的氨基酸组成及序列分析

刺参 c 型溶菌酶氨基酸组成中，在编码的 252 个氨基酸中，酸性氨基酸（D，E）25 个，碱性氨基酸（K，R，H）18 个，非极性氨基酸（G，A，L，I，V，P，F，M，W）103 个，不带电荷的氨基酸（N，C，Q，S，T，Y）106 个。根据信号肽序列特征，采用 SignalP4.0 在线软件对仿刺参 c-型溶菌酶氨基酸序列的信号肽位置及切割位点进行预测。如图 5-21 所示，推测仿刺参 c-型溶菌酶的信号肽为 16 个氨基酸。即从起始氨基酸（M）到第 16 位氨基酸（A）为信号肽序列，从第17位氨基酸（M）到终止氨基酸为成熟肽部分，共236个氨基酸。刺参c-型溶菌酶氨基酸序列的疏水性/亲水性结果表明（图5-22），其氨基酸序列有部分位点和区域的疏水性较强，但从整体来看亲水区域的面积都略大于疏水区域，可以预测此c-型溶菌酶编码蛋白具有部分疏水核，但整体表现为亲水蛋白的可能性较高。利用在线工具TMHMM Server v. 2.0预测仿刺参c-型溶菌酶氨基酸序列不存在跨膜结构域，说明仿刺参c-型溶菌酶不属于跨膜类蛋白。采用GOR在线工具分析了仿刺参c型溶菌酶氨基酸序列的蛋白二级结构，结果表明其二级结构主要由α-螺旋、折叠和无规则卷曲三种二级结构原件组成，其中无规则卷曲所占的比例最高，占58.73%，延伸链（反平行的折叠形态）占37.30%，α-螺旋最少，仅占3.97%。

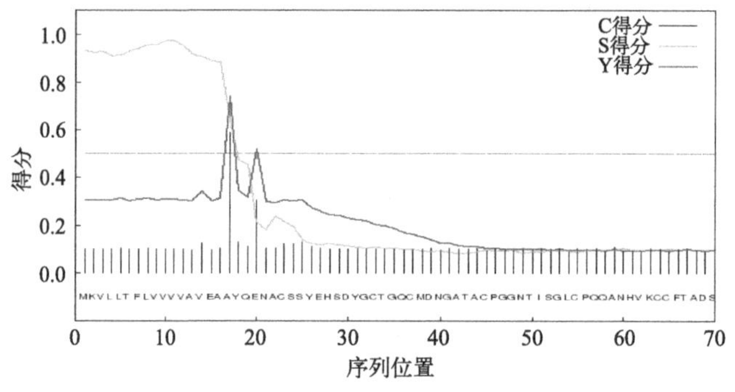

图5-21 刺参溶菌酶序列的信号肽分析结果

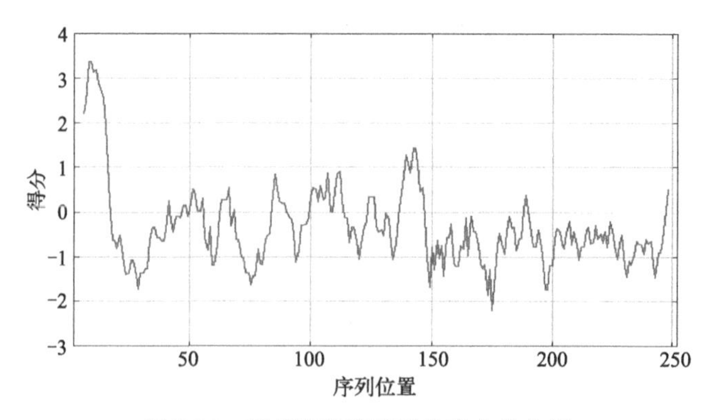

图5-22 刺参溶菌酶序列的疏水性分析

5.2.2.3 仿刺参c型溶菌酶氨基酸与其他物种序列同源性分析及系统进化树构建

对AjcLYZ与其他物种序列同源性分析显示，与紫色球海胆（c型溶菌酶）的相似性为54%，与囊舌虫（c型溶菌酶）的相似性为52%，与太平洋牡蛎（c型溶菌酶）的相似性为47%，与丽蝇蛹集金小蜂（c型溶菌酶）的相似性为37%；与紫色球海胆（i型溶菌酶）、盘鲍（i型溶菌酶）、文蛤（i型溶菌酶）、豌豆蚜（i型溶菌酶）的相似度分别为55%、47%、42%和27%。根据多重比对的结果，利用Mega 4.0以邻接法构建基于LYZ氨基酸序列的分子系统进化树，进化树见图5-23，刺参溶菌酶c型基因与紫色球海胆聚到了一起，说明亲缘关系最近，与美洲牡蛎及近江牡蛎i型溶菌酶聚在一起，说明它们同为无脊椎动物亲缘性较近；且与美洲大蠊、黑脉金斑蝶及白蚁i型溶菌酶聚为一大类，而其他动物的g型溶菌酶单独归为一支。

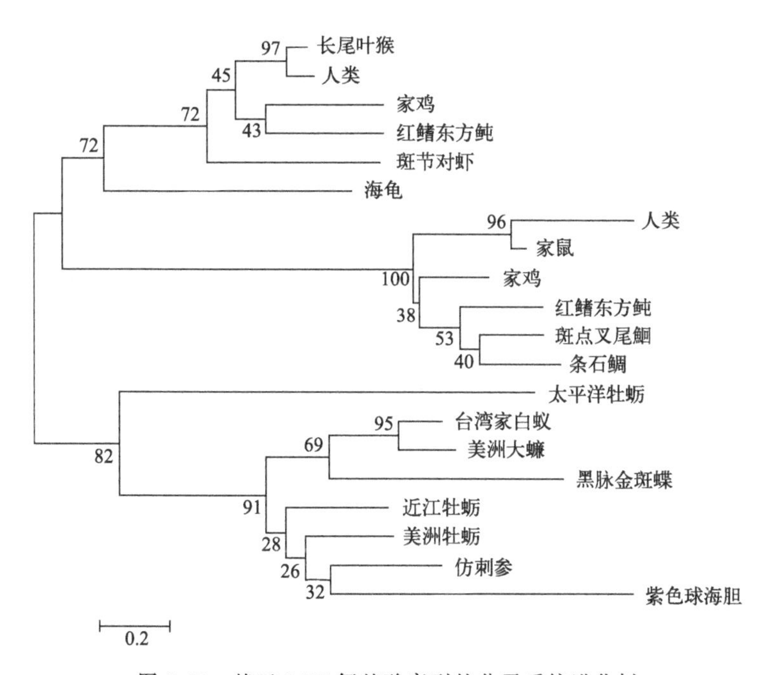

图5-23 基于LYZ氨基酸序列的分子系统进化树

5.2.2.4 刺参溶菌酶基因在盐度胁迫后不同组织中的表达状况

溶菌酶基因在低盐胁迫后刺参体腔液不同时间点的表达呈现波动性的规律，各时间点表达量与对照组表达量均表现出极显著差异（$P<0.01$），12 h表达量达到最低，6 h表达量最高（图5-24）。

溶菌酶基因在低盐胁迫后刺参肠组织不同时间点的表达也是呈现先下降后上升的规律，各时间点表达量与对照组表达量均差异极显著（$P<0.01$），6 h表达

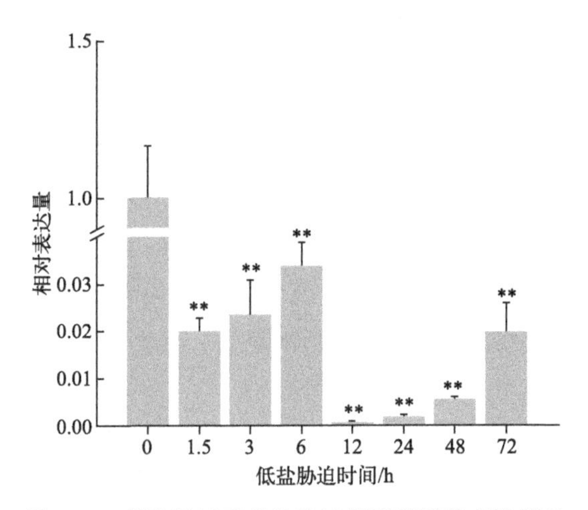

图 5-24　低盐胁迫下体腔液溶菌酶基因的表达情况

量达到最低，且各个时间点的表达量均低于对照组（0 h）（图 5-25）。溶菌酶基因在低盐胁迫后呼吸树组织中不同时间段的表达差异情况见图 5-26，除 12 h 外其余时间点的表达量均显著高于对照组，并在 3 h 表达水平达到最高，是对照组（0 h）的 10 倍（$P<0.01$）。

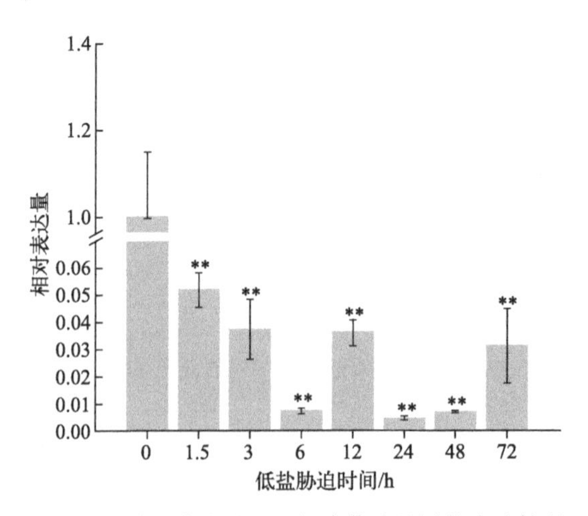

图 5-25　低盐胁迫后肠组织溶菌酶基因的表达情况

低盐胁迫后，刺参体壁中溶菌酶基因在不同时间段的表达差异情况见图 5-27，1.5 h 的表达量显著高于对照组（$P<0.01$）；3 h、6 h、12 h 和 48 h 的表达量显著低于对照组（$P<0.01$）；72 h 的表达量显著低于对照组（$P<0.05$）；24 h 的表达量与对照组相比并没有显著差异。

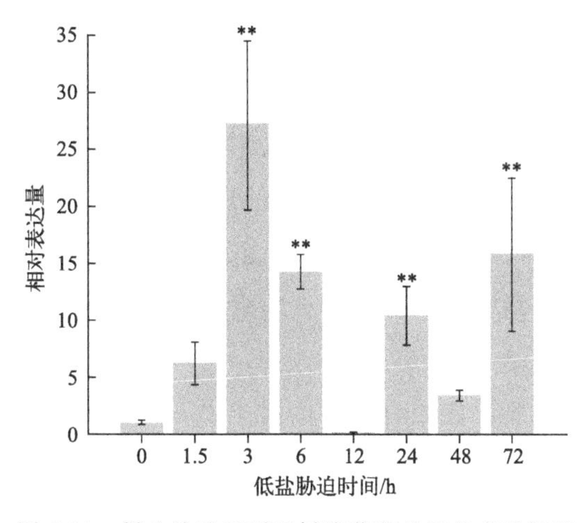

图 5-26 低盐胁迫后呼吸树溶菌酶基因的表达情况

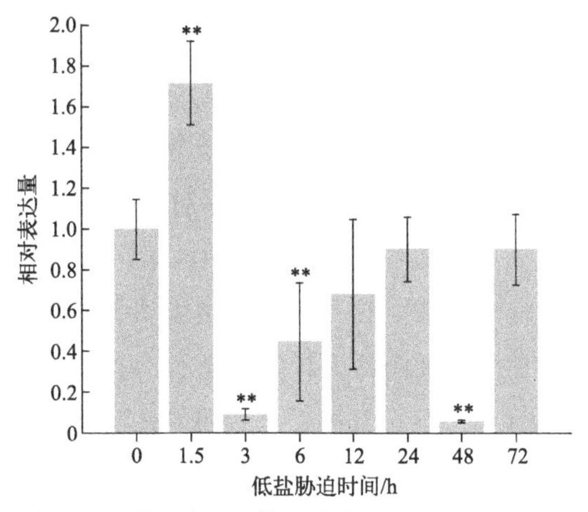

图 5-27 低盐胁迫后体壁溶菌酶基因的表达情况

5.2.3 讨论

本研究通过将仿刺参c型溶菌酶（*LYZ*）基因的EST（GH550293）片段利用RECE技术获得了其cDNA全长，为922bp。应用NCBI的Open Reading Frame Finder（ORF）分析找到其开放阅读框，共759 bp，编码252个氨基酸，推导的氨基酸分子量为26.7 kDa，等电点为4.66。其中5′非编码区为62 bp，3′非编码区为101 bp（包含27bp的Poly A尾）。AjcLYZ与其他c型溶菌酶在一级结构上相类似，即具有c型溶菌酶典型的8个半胱氨酸残基与两个保守的活性位点（Glu^{147}，Asp^{159}），这与奥利亚罗非鱼、斑节对虾、牙鲆的c型溶菌酶结构一致。这说明克隆出的基因为c型溶菌酶。有研究人员认为，c型溶菌酶的8个半胱氨酸残基形成4个分子的二硫键，呈紧密椭球形；且c型溶菌酶还具有信号肽，使椭球形的溶菌酶分泌到细胞外。与其他物种序列同源性分析和系统进化树分析显示，*AjcLYZ* 与紫色球海胆（c型溶菌酶）的相似性为54%，且聚为一支，其亲缘关系较近；与美洲牡蛎、近江牡蛎、美洲大蠊、黑脉金斑蝶及白蚁等的i型溶菌酶聚为一大支，说明c型溶菌酶和i型溶菌酶可能来自同一个祖先。

盐度是影响水生生物生理的重要环境因子之一，与水生动物体液渗透压密切相关，盐度变化作为一种外源刺激和胁迫因子，可以引起水生动物相关免疫指标及机体免疫力的变化。棘皮动物缺乏专门的排泄器官，不能进行细胞外渗透调节，由于其管足和体壁对盐度和水分具有高渗透性，体内的渗透压会随着环境盐度的变动而迅速改变。研究人员探究了盐度对欧洲海星（Asterias rubens）的免疫机制的影响，结果表明：随着盐度的升高（28‰～35‰），海星体内的变形细胞产生的ROS有明显下降趋势。我们推测盐度胁迫后刺参体腔液、肠、体壁和呼吸树中溶菌酶表达量表现出的波动性变化规律，正是刺参对低盐环境适应过程的内在表现。基因表达量的不同变化是因为随着盐胁迫时间的增加，使刺参不断应激低盐条件，降低或消除盐胁迫对机体的伤害，这与渗透胁迫密切相关。李晓英等研究了温度骤然升高后，青蛤肝胰腺中溶菌酶活力，结果显示：0～3 h溶菌酶的比活力显著下降，3～5 h溶菌酶的比活力显著升高，之后酶的比活力缓慢下降，11 h达到最低值，呈现出一定的波动性规律。我们发现这些基因在受到盐胁迫后，基因表达量出现大幅度变化，这说明刺参的非特异性免疫在受到低盐刺激的状态下通过表达量的改变积极应对低盐对其的作用。

5.3　刺参盐度消减文库的构建及差异表达基因的分析

5.3.1　材料与方法

5.3.1.1　实验材料

实验材料为2龄刺参，选取规格一致，体重为（20±0.5）g的健康刺参

36头，分为3组，每组有12头刺参，用于实验分析。实验以正常盐度的刺参为对照组，盐度为18‰的各个时间点的刺参为实验组，分别在正常盐度和胁迫后1.5 h、6 h、12 h进行取样，每个时间点分别各取5头刺参的肠、呼吸树、体腔液，正常组作为对照组，取样组织保存于－80 ℃冰箱中用于后续文库的构建。

5.3.1.2 消减文库构建的实验方法

实验采用Trizol法提取总RNA，采用分离试剂盒进行mRNA的分离，以cDNA合成引物进行cDNA第一链和第二链的合成，合成产物经Rsal酶切、接头连接。连接产物进行第一轮和第二轮消减杂交，产物通过抑制PCR进行扩增，扩增产物进行载体连接、转化，最后进行消减文库的鉴定、测序及分析。

5.3.1.3 低盐胁迫模式实验设计

第一种：设置盐度为18‰，在盐度胁迫下1.5 h、3 h、6 h、12 h、24 h、48 h、72 h分别取刺参的肠、呼吸树、体腔液3种组织保存在－80 ℃冰箱里备用，取样时间点依次记为0 h、1.5 h、3 h、6 h、12 h、24 h、48 h、72 h。

第二种：模拟暴雨导致刺参养殖池塘盐度的变化，实验分为3个阶段取样，第一阶段盐度由32‰以每6 h 2.5‰的速度下降至18‰，其中在盐度为32‰时取一次样（对照组），盐度降到24‰时取一次样（24X），盐度降到18‰时取一次样（18X）。第二阶段盐度在18‰时保持96 h，在96 h后取一次样（18S）；第三阶段盐度由18‰以每6 h 2.5‰的速度上升至30‰，在此期间，当盐度上升到24‰时取一次样（24S）。在本实验中共取5次样，取样时间点依次记为0 h、24X、18X、18S、24S。

5.3.1.4 低盐胁迫下差异基因定量表达的引物

应用Primer Premier 5.0软件结合DNAstar分析软件以及BLAST程序，对所选基因设计引物，用于实验的基因分别记作水孔蛋白（引物1）、电压门控性K^+运输通道（引物2）、Na^+/K^+-ATP酶（引物3）、H^+-ATP酶（引物4）、甜菜碱同型半胱氨酸甲基转移酶（引物5）、磷酸丝氨酸转氨酶（引物6）、半胱氨酸合酶（引物7）、谷氨酸脱羧酶（引物8）、醛脱氢酶（引物9）、热休克蛋白70（引物10）、泛素连接酶（引物11）、补体C9肿瘤坏死因子相关蛋白（引物12）、丝氨酸蛋白酶（引物13）、纤维凝胶蛋白A（引物14）、磷脂酶A2（引物

15)、半胱氨酸蛋白酶抑制剂（引物16)、受体丝氨酸/苏氨酸蛋白激酶（引物17)、双特异性蛋白磷酸酶10（引物18)，引物由invitrogen公司合成。引物序列见表5-5。

表5-5 差异表达基因荧光定量PCR所用到的引物序列

引物	序列(5′-3′)	片段长度
F1-real	TAGACTTACGGCTGGGTTTACG	87bp
R1-real	GCTTTTGGAGTTGGGTTTGC	
F2-real	TGTCGGCGGTAACTTCTA	197bp
R2-real	TTGTGGGTACGATGAGCT	
F3-real	TGGAGTTACGTCGGGTCT	81bp
R3-real	CCTGCCATACTGCTTTCTT	
F4-real	CACATCGTCTATGCGAGAA	174bp
R4-real	CTTGAACCACTGGCTGAAA	
F5-real	GTTCCAGGACAAACCGACA	146bp
R5-real	GCAAATACATAGCCACCATCA	
F6-real	CACAGGTCTGTCGGTGGGTT	142bp
R6-real	TGCTCTTTAGGAGATGGTCGG	
F7-real	TGAATGCCTTGACTACTCTGG	109bp
R7-real	TCTCGCTCTTCTGCGTATCT	
F8-real	TTTTAGGCGGCGACCCT	111bp
R8-real	TCATTCTAACAGCCCCATCTT	
F9-real	TGCCTCTGAACGGGGAAAC	166bp
R9-real	CCAGCCAGCATAGTACCTGTAA	
F10-real	GCAGGGAAACCAGTCCTA	181bp
R10-real	TGGCTTGTCGCTGTGAAT	
F11-real	TTTGATGACGACGGATGA	170bp
R11-real	GAACGGGAGTTGGAGACA	
F12-real	TCTGTGGCGTCCAGTAAA	97bp
R12-real	CGTCAAAGTCGTTGCCGATA	
F13-real	AAATACCACCAACGATACGGG	88bp
R13-real	GCAGGCAATGAGGACGAGA	
F14-real	GACCTGAGTCGTCCGTTAG	114bp
R14-real	TGATCCTCTTGTCCCGTAT	
F15-real	CCACTGATAAATGGAGGAT	82bp
R15-real	CGAGTTGGAAGAGGGATA	

续表

引物	序列(5′-3′)	片段长度
F16-real	CCCTGAACAACCTGAAAG	167bp
R16-real	AACATGAGTGAGCAACCC	
F17-real	TGTTCCGCCAGATCGTCT	180bp
R17-real	CGTGCTTGTCTTGTAAGGTGT	
F18-real	TGCCTCCAGCAGTCTCAC	184bp
R18-real	CGTATCGCCCTATTCGTC	
cytb-F-real	TGAGCCGCAACAGTAATC	128bp
cytb-R-real	AAGGGAAAAGGAAGTGAAAG	

5.3.2 结果

5.3.2.1 消减文库的结果

在正向与反向两个差减文库共得到4800个阳性克隆，从中挑取部分阳性克隆进行测序，除去低质量与冗余序列后，共获得999条高质量ESTs序列。所得ESTs核苷酸长度分布在121～1190 bp，以200～800 bp居多。将得到的ESTs进行拼接和聚类分析共得到725条非冗余序列（uniEST），其中包括632个单一序列（singlets），93个拼接序列（contigs），uniESTs在正向文库中的平均长度为641.99 bp，反向文库中的平均长度为589.4bp（表5-6）。

表5-6 消减文库中ESTs的分布

EST分布	正向文库	反向文库
EST数量	497	502
非冗余序列	364	361
拼接序列	44	49
单一序列	320	312
冗余率	73.23	71.91
平均长度/bp	641.99	589.4

将正向文库364条、反向文库361条共计725条ESTs序列在SwissProt、KEGG、COG、Interpro以及Gene ontology（GO）数据库中进行比较注释，结果见表5-7。文库ESTs分析结果显示，多数序列在Nt比对中有匹配序列，共有221条ESTs与已知基因匹配，达到31.3%，在Nr比对中有314条序列有匹配基因，

达到45.4%。

表5-7 ESTs在各数据库注释结果

数据库	正向文库		反向文库	
	注释数	百分比/%	注释数	百分比/%
Nt	108	29.7	113	31.3
Nr	150	41.2	164	45.4
Swissprot	109	29.9	129	35.7
COG	55	15.1	83	23
KEGG	123	33.8	136	37.7
Interpro	109	29.9	135	37.4
GO	94	25.8	117	32.4

测序结果经NCBI数据库blast同源性检索后，将序列拼接后共获得156条ESTs序列（正向文库69条，反向文库87条）。以紫海胆的ID为参照，用DAVID软件对ESTs序列进行功能分类分析，结果从正向文库得到功能基因片段51条，反向文库得到功能片段74条。按COG功能将其分为13类（表5-8）：翻译、核糖体结构和发育（38.4%）、能量与基础代谢（22.4%）、细胞骨架（9.6%）、转录翻译、伴侣（6.4%）、功能预测（6.4%）、无机离子运输与代谢（3.2%）、信号转导（3.2%）、氨基酸运输与代谢（3.2%）、脂质运输与代谢（3.2%）、碳水化合物运输与代谢（1.6%）、次生产物合成、运输与代谢（0.8%）、核苷酸运输与代谢（0.8%）、复制、重组和修复（0.8%）。其中上调表达基因中能量与基础代谢（27.45%）、转录翻译、伴侣（11.76%）和无机离子运输与代谢（3.92%）相关基因分布较多，在下调表达基因中翻译、核糖体结构和发育（43.24%）、细胞骨架（10.81%）、氨基酸运输与代谢（4.05%）相关基因分布较多。而信号转导（7.84%）和次生产物合成、运输与代谢（1.96%）仅在正向文库中存在，脂质运输和代谢（5.41%）、碳水化合物运输与代谢（2.7%）、核苷酸运输与代谢（1.35%）、复制、重组和修复（1.35%）仅在反向文库中存在。

表5-8 抑制消减文库获得的差异表达的功能基因结果

功能	克隆名称	上调/下调
能量与基础代谢	细胞色素c氧化酶亚基3	上调
	NADH脱氢酶亚基4	上调
	六磷酸肌醇激酶2	上调
	H^{+}-ATP酶α亚基	下调
	组织蛋白酶L	上调

续表

功能	克隆名称	上调/下调
细胞结构与运动	肌动蛋白	上调
	原肌球蛋白	下调
细胞防御	铁蛋白	上调
	补体成分 C3	上调
	微管蛋白 α	下调
信号转导	兰尼碱受体	上调
	类似谷氨酸受体	上调
	丝氨酸/苏氨酸蛋白激酶 PAK 3	上调
	成纤维细胞生长因子受体 2	下调
转录翻译	翻译延伸因子	上调
	翻译控制肿瘤蛋白	下调
	真核翻译起始因子 2	下调
	丙氨酸氨基转移酶	下调
	60S 酸性核糖体蛋白 P1	上调
	酸性核糖体磷蛋白 P0	下调
	核糖体蛋白 L8	下调
	丝氨酸蛋白酶抑制剂	下调
催化活性	Na^+/ K^+-ATP 酶 α 亚基	下调
	变性抑制家族成员	上调
	IMP 脱氢酶/GMP 还原酶	下调
	左旋门冬酰胺酶	下调
	乙醛脱氢酶 9 的家族	上调
糖和蛋白代谢	前蛋白转化酶枯草溶菌素 9	上调
	主要卵黄蛋白	下调
	载脂蛋白 B	上调
	肿瘤蛋白	下调
	再生相关蛋白	下调
	室管膜蛋白相关蛋白前体	下调
	14-3-3 样蛋白	下调
应激发应	热应激同源蛋白 70	上调

基于 GO 数据分析软件对获得的基因进行功能注释，结果显示文库中的基因主要包括三类不同的功能，分别为生物过程（Biological process）、细胞组分（Cell component）和分子功能（Molecular function），这些不同功能基因共同作用

参与机体多个调节功能。对正向文库与反向文库中不同功能基因数量进行比较发现，生物调节和信号转导活性在正向文库里呈升高趋势，而新陈代谢、细胞调节过程、酶调节活性相关基因的数量在反向文库中显著升高，同时细胞外区域部分基因只在正向文库中出现（图 5-28）。说明盐度胁迫会导致刺参机体不同基因表达的改变，刺参生理生化机能的改变是由基因表达调控。

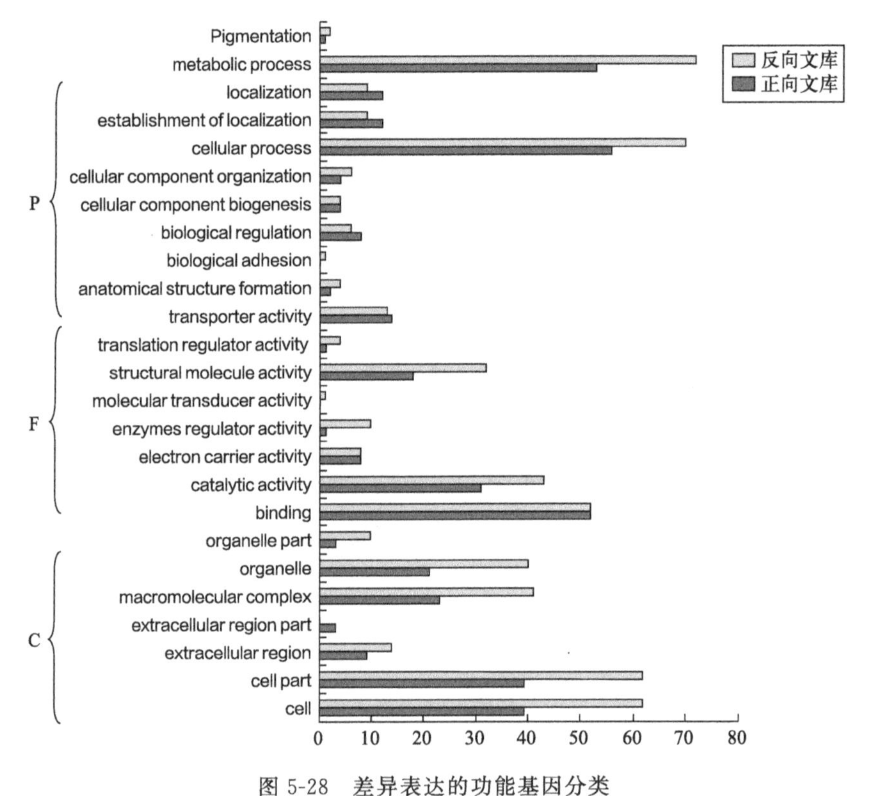

图 5-28　差异表达的功能基因分类

图中 P 代表生物过程，C 代表细胞组成，而 F 代表分子功能。

通过对文库中得到的有效 EST 进行 KEGG 数据库同源比对，发现文库中涉及的主要代谢通路有：氧化磷酸化、核糖体、转运 RNA、氨基酸代谢、糖酵解、丙酮酸代谢、钙信号通路、磷脂酰肌醇信号系统、磷酸肌醇代谢、鞘脂类代谢等。由此可见，低盐下刺参盐度调节适应机制需要多个代谢和信号通路参与。

5.3.2.2 差异表达的功能基因在刺参受到低盐胁迫后的表达规律

筛选差异表达的基因进行盐度胁迫后表达规律的研究，主要功能基因包括功能蛋白类：膜转运蛋白（水孔蛋白、电压门控性 K^+ 离子通道、Na^+/K^+-ATP 酶、H^+-ATP 酶）、参与甘氨酸、丝氨酸和苏氨酸代谢蛋白（甜菜碱同型半胱氨酸甲基转移酶、磷酸丝氨酸转氨酶)、参与半胱氨酸代谢蛋白（半胱氨酸合酶、甜菜碱同型半胱氨酸甲基转移酶)、参与脯氨酸代谢蛋白（谷氨酸脱羧酶、醛脱氢酶)、伴侣蛋白（热休克蛋白70、泛素连接酶)、免疫相关蛋白（补体C1q肿瘤坏死因子、丝氨酸蛋白酶、纤维凝胶蛋白A)、脂代谢相关蛋白（磷脂酶A2、半胱氨酸抑制剂)；调控蛋白类：受体丝氨酸/苏氨酸蛋白激酶、双特异性磷酸酶10。

（1）伴侣蛋白

① 热休克蛋白70　利用qRT-PCR方法分析热休克蛋白70基因在低盐胁迫后不同时间段在肠组织、体腔液、呼吸树中的表达差异情况。在肠组织中12 h、24 h、72 h的表达量显著高于对照组的表达量，并在12 h表达水平达到最高，是对照组（0 h）的6倍（$P<0.01$)。在体腔液中各时间点都存在极显著差异，从图5-29中可以看出在1.5 h、48 h表达水平高于对照组，在6 h、12 h、24 h都显著低于对照组（0 h)（$P<0.01$)。在体腔液和呼吸树中的最高表达量均出现在48 h。

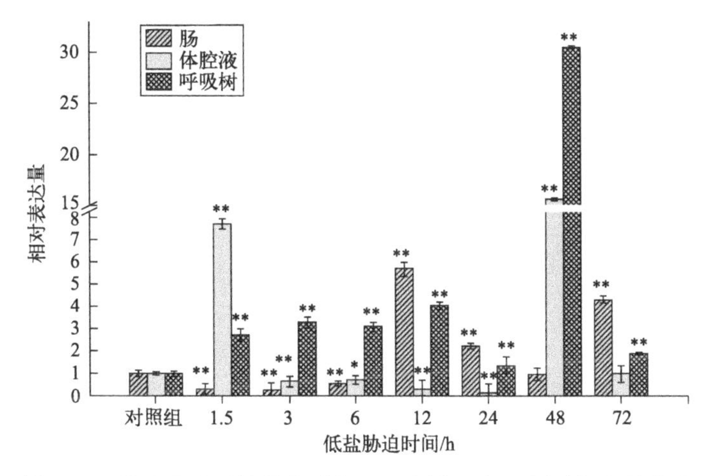

图5-29　低盐胁迫下热休克蛋白70基因各组织不同时间段的表达

[*表示对照组与实验组之间差异显著（$P<0.05$)，**代表实验组与对照组之间差异极显著（$P<0.01$)]

② 泛素连接酶　泛素连接酶在受到盐度胁迫后三种组织的表达量均在6 h和12 h达到最高表达量，随着胁迫时间的增长，表达量开始降低，但均高于对照组（图5-30)。

（2）膜转运相关蛋白基因

① 水孔蛋白　水孔蛋白基因在体腔液中不表达，在肠中表达极显著，在18小时，表达量是对照组的62倍（$P<0.01$)，该基因在呼吸树中不存在明显差异（图5-31)。

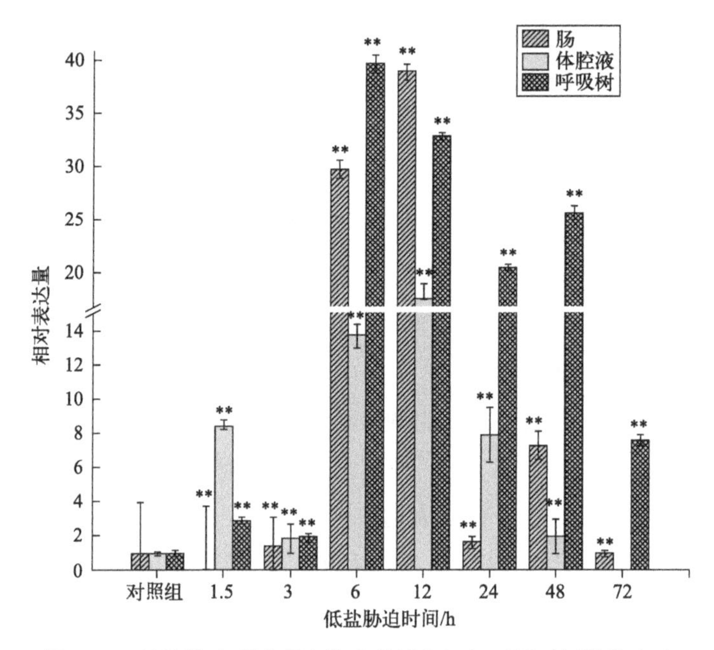

图 5-30 低盐胁迫下泛素连接酶基因各组织不同时间段的表达

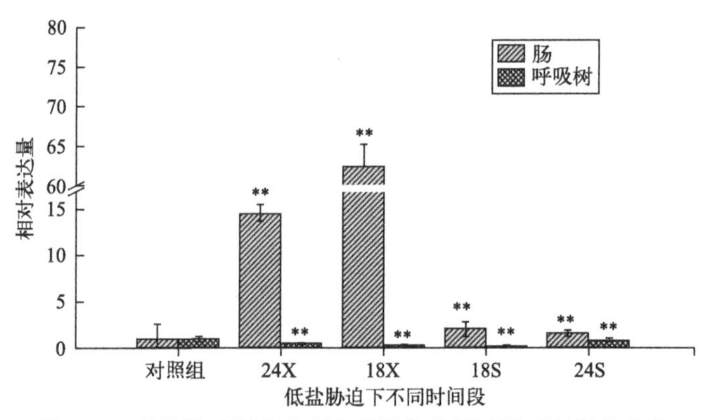

图 5-31 低盐胁迫下水孔蛋白基因各组织不同时间段的表达

② 电压门控性钾离子通道　钾离子通道在低盐胁迫后不同时间段在肠组织、体腔液、呼吸树中的表达情况见图 5-32，在三种组织中，钾离子通道蛋白基因在胁迫 1.5 h 时都呈现上升的趋势，尤其是在呼吸树中，能达到对照组的 80 倍（$P<0.01$）。

③ Na^+/K^+-ATP 酶　Na^+/K^+-ATP 酶在三种组织胁迫 3 h 时均处于下调表达，并且在肠组织中的各个时间点都是下调表达，在体腔液中表达波动性不大，和对照组相差不大，但在低盐胁迫 72 h 时在呼吸树达到最高表达量，为对照组的 21 倍（$P<0.01$）（图 5-33）。

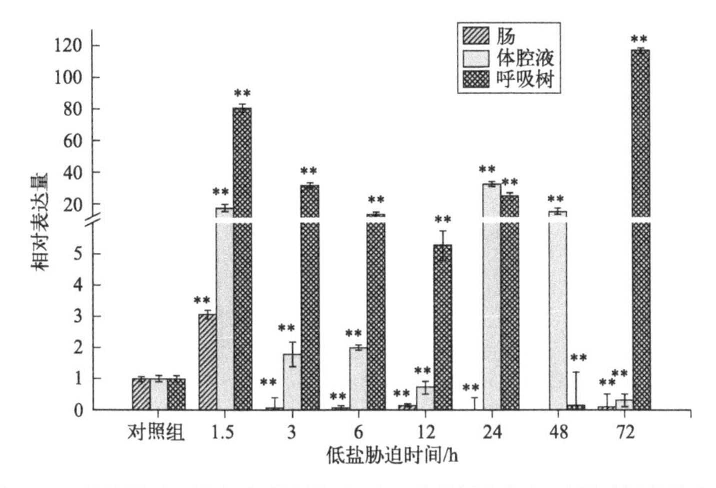

图 5-32 低盐胁迫下电压门控性钾离子通道基因各组织不同时间段的表达

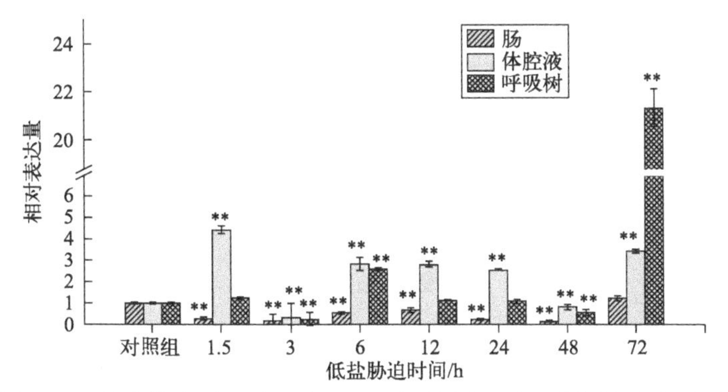

图 5-33 低盐胁迫下 Na^+/K^+-ATP 酶基因各组织不同时间段的表达

④ H^+-ATP 酶 由图 5-34 可见，H^+-ATP 酶在各个组织中的表达量和 Na^+/K^+-ATP 酶基本一致，也是在低盐胁迫 72 h 时在呼吸树达到最大表达量，为对照组的 106 倍（$P<0.01$）。但在其他组织和其他时间段均和对照组保持平衡，波动性不大。

(3) 游离氨基酸代谢

① 半胱氨酸合酶 半胱氨酸合酶在三种组织中均处于下调表达，但在肠组织中最为明显，在 24X 为对照组的 0.001 倍（$P<0.01$）（图 5-35）。

② 甜菜碱同型半胱氨酸甲基转移酶 由图 5-36 可以看出，同型半胱氨酸甲基转移酶在呼吸树中的表达最高。最高表达量是 24S，是对照组的 171 倍（$P<0.01$），其次是在体腔液中的表达，最高表达量也是在 24S，是对照组的 13.9 倍（$P<0.01$），在肠组织中表达量和对照组几乎持平。

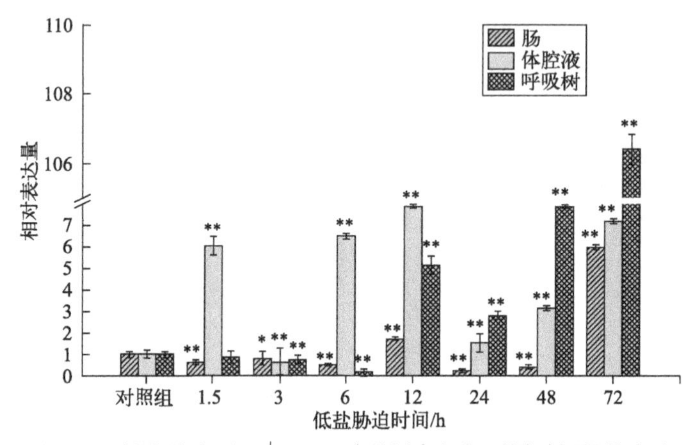

图 5-34 低盐胁迫下 H^+-ATP 酶基因各组织不同时间段的表达

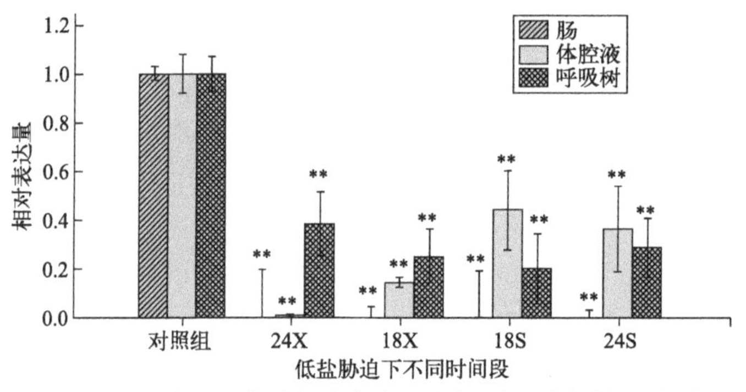

图 5-35 低盐胁迫下半胱氨酸合酶基因各组织不同时间段的表达

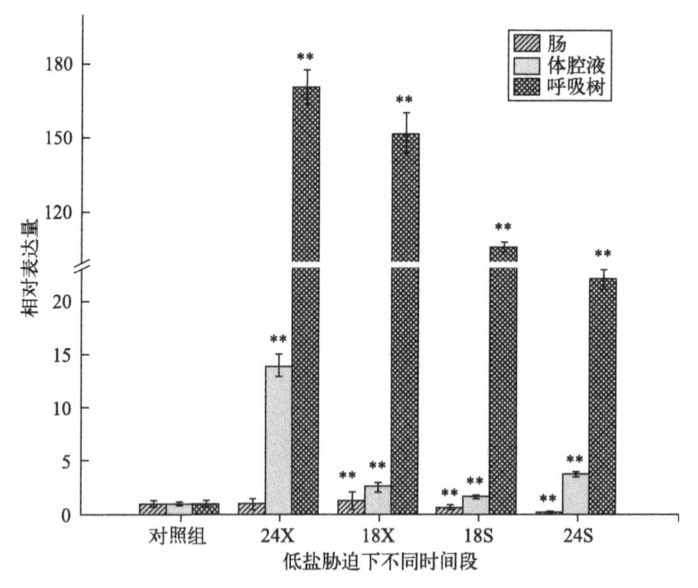

图 5-36 低盐胁迫下甜菜碱同型半胱氨酸甲基转移酶基因各组织不同时间段的表达

③ 磷酸丝氨酸转氨酶　磷酸丝氨酸转氨酶在三种组织中，呈现不同形式的表达模式，其中在肠组织中全部时间点为下调表达，由于数值太低，在图中无显示。在体腔液和呼吸树中均属于上调表达，并且体腔液在24S时达到最高表达量（$P<0.01$），呼吸树在18X时达到最高表达量（$P<0.01$）（图5-37）。

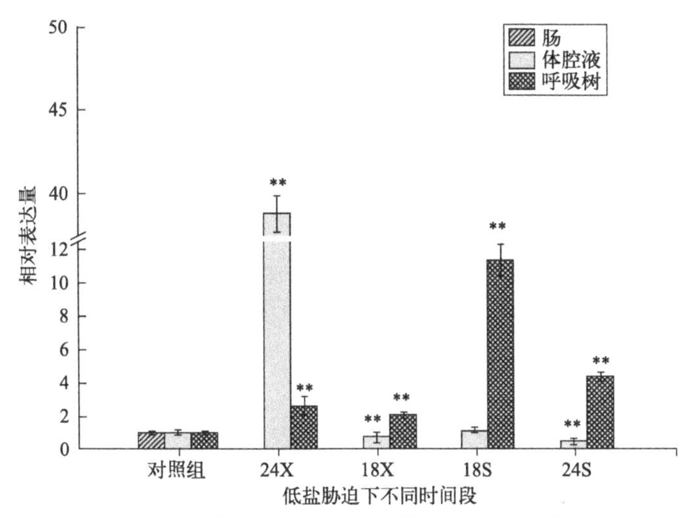

图5-37　低盐胁迫下磷酸丝氨酸转氨酶基因各组织不同时间段的表达

④ 谷氨酸脱羧酶　谷氨酸脱羧酶在呼吸树中不表达，在肠中均处于下调表达，在18S表达量接近于对照组，在体腔液中只有24X时表达量达到最大值，但是和对照组的表达水平基本一致（图5-38）。

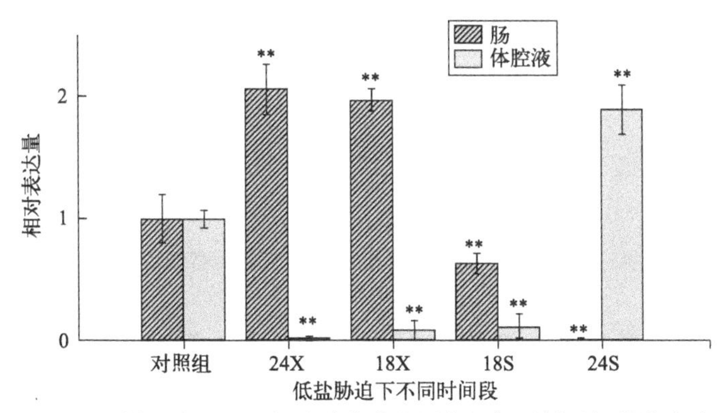

图5-38　低盐胁迫下谷氨酸脱羧酶基因各组织不同时间段的表达

⑤ 醛脱氢酶　醛脱氢酶在三种组织中均处于下调表达（图5-39），这与转录组中的结果一致，肠组织在受到盐度胁迫后表达量开始减少，在18小时，表达量为对照组的0.0013倍，在18X表达量开始上升，为对照组的0.0016倍（$P<$

0.01)，到 24 小时，表达量为对照组的 0.0022 倍（$P<0.01$）。

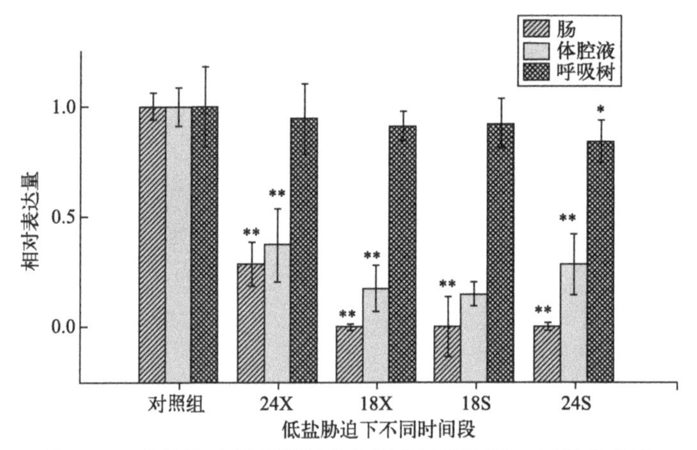

图 5-39　低盐胁迫下醛脱氢酶基因各组织不同时间段的表达

（4）蛋白激酶

① 受体丝氨酸/苏氨酸蛋白激酶　受体丝氨酸/苏氨酸蛋白激酶在肠和呼吸树中均处于下调表达，最低表达量 24X 和 24S，在呼吸树中上调表达，在 24S 表达量最高，为对照组的 3.7 倍（$P<0.01$）（图 5-40）。

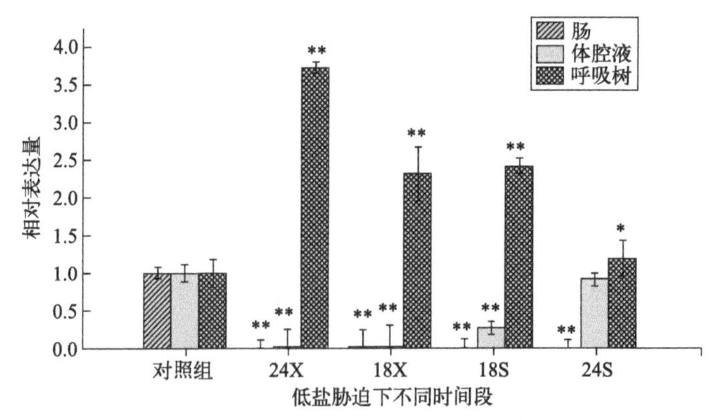

图 5-40　低盐胁迫下受体丝氨酸/苏氨酸蛋白激酶基因各组织不同时间段的表达

② 双特异性磷酸酶 10　双特异性磷酸酶 10 在体腔液中不表达，在肠组织出现下调表达，在 72 h 达到最低值，为对照组的 0.004 倍。在呼吸树中均呈现上调波动性表达，在 72 h 达到最高值，为对照组的 438 倍（$P<0.01$）（图 5-41）。

（5）参与脂代谢相关蛋白

① 磷脂酶 A2　磷脂酶 A2 在三种组织中的表达均属于上调表达，与转录组中的结果一致。在呼吸树 72 h 达到最大表达量，为对照组的 96 倍（$P<0.01$）(图 5-42)。

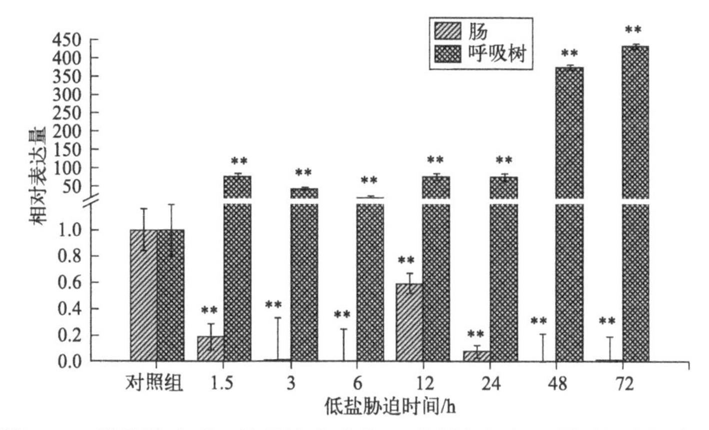

图 5-41 低盐胁迫下双特异性磷酸酶10基因各组织不同时间段的表达

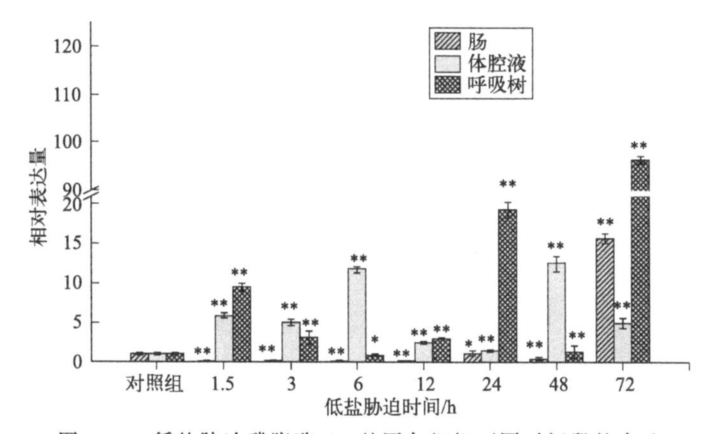

图 5-42 低盐胁迫磷脂酶A2基因各组织不同时间段的表达

② 半胱氨酸蛋白酶抑制剂　半胱氨酸蛋白酶抑制剂在肠组织中呈下降—上升的趋势，在72 h达到最大表达量，为对照组的19倍；在体腔液中呈上升—下降—上升的趋势，在6 h达到最大表达量，为对照组的10倍（$P<0.01$）；在呼吸树中，也是呈现波动趋势，在3 h达到最大值，为对照组的18倍（$P<0.01$）（图5-43）。

（6）免疫防御相关基因

① 补体C1q肿瘤坏死因子相关蛋白　补体C1q肿瘤坏死因子相关蛋白在肠组织中表达变化不明显，但在体腔液中各个时间点均比对照组高出10～20倍，在呼吸树中，只有胁迫72 h时，出现了极显著差异，表达量是对照组的68倍（图5-44）。

② 丝氨酸蛋白酶　丝氨酸蛋白酶在体腔液中不表达，肠组织在3 h以后出现

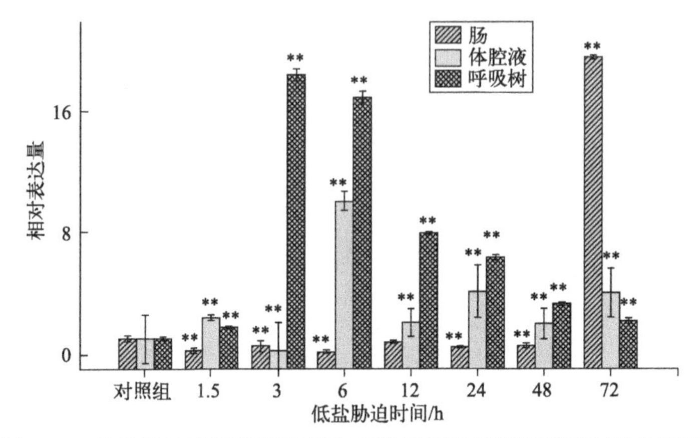

图 5-43 低盐胁迫下半胱氨酸蛋白酶抑制剂各组织不同时间段的表达

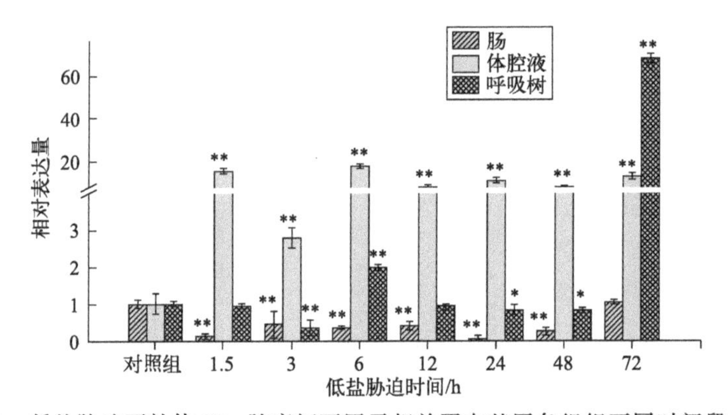

图 5-44 低盐胁迫下补体 C1q 肿瘤坏死因子相关蛋白基因各组织不同时间段的表达

低表达，12 h 达到最低表达量，但 72 h 后又出现上升趋势，比对照组表达量高。在呼吸树中的表达趋势和在肠中一致（图 5-45）。

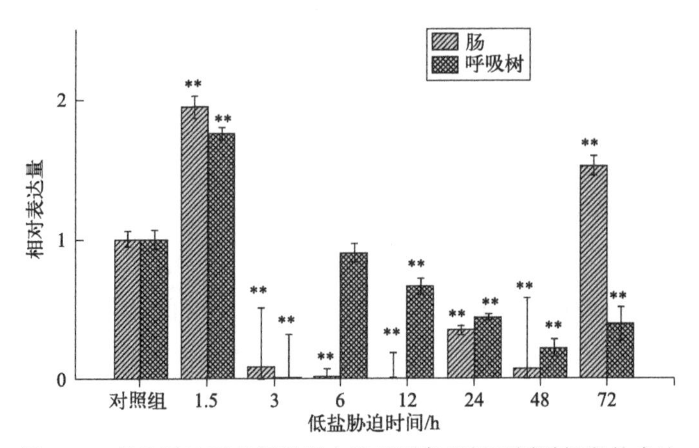

图 5-45 低盐胁迫下丝氨酸蛋白酶基因各组织不同时间段的表达

③ 纤维胶凝蛋白A 纤维胶凝蛋白A基因在肠组织中几乎不表达，在体腔液中呈现波动性变化，在1.5 h达到最大表达量，为对照组的44倍，在呼吸树中72 h达到最大表达量，为对照组的53倍，在其他时间点均处于下调表达（图5-46）。

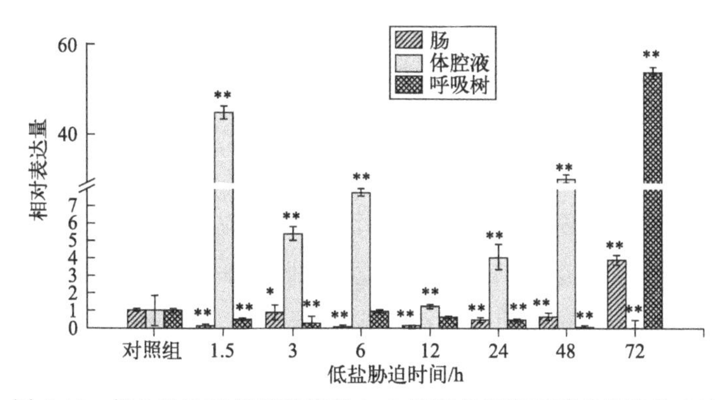

图5-46 低盐胁迫下纤维凝胶蛋白A基因各组织不同时间段的表达

5.3.3 讨论

盐度是一个非常重要的水体环境生态因子，当盐度发生改变时会使水生生物的生理状态发生一系列的变化，如体内外渗透压失衡、生长及呼吸代谢发生变化等。这些变化属于生理生化上的调节。本实验主要研究的是分子水平上的调控，当盐度降低时，刺参体内的细胞能够瞬间感受胁迫信号，然后将胁迫信号进行传递，在此期间第二信使起到关键性作用，它能激活一些相关的转录因子，被激活后的转录因子会与顺式元件相互作用来诱导基因的表达。基因表达的产物有两方面的作用，一方面作为转录因子进一步启动另外一些基因的表达，另一方面则可以直接作为功能蛋白保护细胞免受盐度胁迫带来的影响。机体最终表现为对盐度胁迫的适应或产生抗性。

刺参属于狭盐性生物，当盐度超过正常生长所需的盐度范围时，细胞开始出现肿胀，机体就会进行渗透压调节，这时无机离子（Na^{+}、K^{+}、Cl^{-}等）和有机溶质就会作为渗透调节的主要物质参与调控。其中有机溶质性物质主要有三类：第一类为游离态氨基酸类，如脯氨酸等；第二类为季胺类化合物，如甜菜碱、多胺等；第三类为糖醇类化合物，如甘露醇、山梨醇和海藻糖等。很多参与渗透物质合成的关键酶类已经被发现，例如有研究发现在动物体内脯氨酸合成需要两种关键酶，分别为 P5CS 和 P5CR，这两种酶的功能是催化谷氨酸变为脯氨酸。P5CS 和 P5CR 在牡蛎盐度胁迫下表达上调。本小节就从与盐度调节相关的几种途径来阐述在组织中表达的时序性。

5.3.3.1 伴侣蛋白在低盐胁迫下表达

热休克蛋白 70（Hsp70）和泛素连接酶在盐度胁迫调节中被认为是伴侣蛋白。首先热休克蛋白在生物体对环境胁迫响应中，常被认作为标志物。作为 Hsp 家族的重要成员之一的 Hsp70，在维持细胞内动态平衡以及调节环境胁迫的影响过程中发挥了重要作用。通过设计模拟野外盐度变化对刺参 *Hsp70* 基因表达的影响，最终结果表明 Hsp70 是刺参在盐度胁迫下的重要响应因子。研究发现将大西洋鲑从淡水转移到海水中，随着盐度的不断增加，Hsp90 mRNA 表达量也呈现逐渐增高的趋势；研究发现 Hsp90 mRNA 的表达量在盐度为 25‰的海水中要高于淡水，但在盐度为 35‰的海水中的表达量要低于淡水。盐度胁迫会对细胞内离子调控产生不利的影响，*Hsp* 基因随即诱导表达，指导热休克蛋白合成，参与细胞功能修复。本研究发现当盐度胁迫后 *Hsp70* 基因在呼吸树、体腔液和肠的表达量均出现不同程度的升高，推测 *Hsp70* 基因在刺参长时间处于不适宜的低盐生存环境下，对低盐环境做出相关的响应，说明低盐胁迫下，*Hsp70* 基因会参与刺参盐度调节适应机制，从而提高刺参对盐度胁迫条件的适应能力。*Hsp70* 基因在呼吸树和体腔液的表达量在 1.5 h 时达到最大，而在肠中在 12 h 达到最大。推测在盐度适应过程中，不同组织的作用及调节适应响应时间存在差异。

泛素化标记作为一种常见的蛋白质翻译后修饰方式，参与了蛋白质的降解、胞吞、跨膜转运等生物学过程。泛素化反应主要是由泛素激活酶（E1）、泛素偶联酶（E2）和泛素连接酶（E3）参与的多级联反应。其中，E3 是泛素化反应的关键限速酶，主要负责泛素化标记和底物的识别。在植物中，E3 涉及对植物生长发育和逆境胁迫响应等过程中关键步骤的控制，如激素信号转导、植物细胞程序化死亡等。本研究发现，刺参在盐度胁迫 1.5 h 时，该基因在各组织中的表达量与热休克蛋白 70 相似，在肠中表达量下降，在呼吸树和体腔液中均上升。在肠组织中，热休克蛋白 70 和泛素连接酶均在 12 h 时达到了最高表达量。泛素连接酶在体腔液胁迫 12 h 时达到最高表达量，呼吸树则是在 6 h 表达量最高。该基因的总体表达趋势和热休克蛋白 70 基本一致，说明这两个基因在盐度调节过程中相辅相成，共同起到保护作用。

5.3.3.2 膜转运相关蛋白

膜转运相关蛋白主要有水孔蛋白和离子通道等。水孔蛋白又称水通道蛋白，是作为跨膜通道的主嵌入蛋白家族中具有运输水分功能的一类蛋白质。在生物体中，水孔蛋白是质膜和液泡膜丰富的组分，可以调节细胞的胀缩。水通道蛋白表达具有组织特异性，并受发育阶段和环境因素的调节。在刺参转录组中也发现了编码水孔蛋白的基因，暗示了这些蛋白可能参与刺参渗透压调节过程。本实验中，水孔蛋白在体腔液中不表达，从而证实了该基因具有组织特异性，在呼吸树中的表达也均属于下调表达，只有在肠中，在盐度降到 18‰时，达到最高表达量。

电压门控性离子通道，或称电压依赖性和电压敏感性离子通道，是迄今为止所了解的参与信号转导过程中最复杂的超家族之一，目前成员已超过 140 个。Meng 等研究盐度胁迫下对牡蛎的适应机制中发现，牡蛎在盐度胁迫 7 天后，水通道蛋白受到抑制而 K^+ 通道和 Ca^{2+} 通道则被激活。本研究中 K^+ 通道除了在肠组织被盐度胁迫 3 h 后处于下调表达，其他各组织和各时间点均处于上调表达，与 Meng 等得到的结果基本一致。

Na^+/K^+-ATP 酶在水生动物渗透压调节中具有重要的作用，它广泛存在于细胞膜上，主要功能是进行细胞中离子调节，维持细胞内外的离子平衡。Na^+/K^+-ATP 酶主要参与 Na^+ 和 K^+ 跨膜运输，即将 Na^+ 转运到细胞外，将 K^+ 转移至细胞内，以维持细胞外高 Na^+、细胞内高 K^+ 的跨膜离子浓度梯度，同时催化 ATP 水解成 ADP，释放能量。当环境盐度发生变化时，水生动物体内的 Na^+/K^+-ATP 酶的活性也会发生适应性的变化。盐度降低时，紫食草蟹体内的 Na^+/K^+-ATP 酶活性会增加，从鳃细胞中排出 Na^+ 进入血淋巴，以增加 Na^+ 在血淋巴中的浓度，对 Na^+ 的流失进行补偿。有研究发现 H^+-ATP 酶具有水解 ATP、跨膜运输 H^+、维持膜电化学势梯度、推动离子吸收等作用。在植物中，盐胁迫对其的伤害除渗透胁迫外，还存在着离子毒害，通过作为质子泵的 H^+-ATP 酶来控制 K^+ 和 Na^+ 等离子的吸收、排出和固定，进而使植物产生耐盐性作用。本实验结果显示，Na^+/K^+-ATP 酶和 H^+-ATP 酶在整个胁迫过程中均在体腔液中表达较明显。可能是由于这两个基因都可调节渗透压，而体腔液又是渗透压调节的主要场所，所以表达量比较高。

5.3.3.3 蛋氨酸代谢相关蛋白

甜菜碱同型半胱氨酸甲基转移酶也被称为甜菜碱同型半胱氨酸 S-甲基转移酶

([EC：2.1.1.5])，该酶属于转移酶家族，特别是转移那些含碳基团的甲基，是一种含金属锌的催化酶，催化将甲基从甜菜碱（Betaine）转移到同型半胱氨酸（Homocysteine）的反应，以分别产生二甲基甘氨酸（Dimethylglycine）和蛋氨酸（Methionine）。现在已确定该酶能够和微管蛋白相结合，并链接到自噬体（Autophagosome）。此外最近的研究表明该酶能够调节载脂蛋白 B（Apolipoprotein B）的表达，导致相关脂蛋白水平的增加。同型半胱氨酸为含硫氨基酸，是蛋氨酸循环的中间代谢产物。体内同型半胱氨酸的产生有两条必经途径：复甲基化形成蛋氨酸，转硫基与丝氨酸缩合生成胱硫醚。而半胱氨酸合酶（[EC：2.5.1.47]）是一种生物体内常见的氨基酸，可由体内的蛋氨酸转化而来，与胱氨酸互相转化半胱氨酸。在本研究中，甜菜碱同型半胱氨酸甲基转移酶表达均上调，这是由于当受到盐度胁迫时，甜菜碱作为渗透压调节物质会增多，该酶具有将甲基从甜菜碱上催化的功能，所以该酶的表达量也增加。但是蛋氨酸合酶在各组织的表达过程中呈现下调的趋势，可能是由于代谢中复杂的互作关系引起的，盐度胁迫均导致两种酶都发生了差异性表达，这两种酶都参与蛋氨酸的代谢。

5.3.3.4 甘氨酸、丝氨酸和苏氨酸代谢相关蛋白

在 L-丝氨酸的合成中磷酸丝氨酸转氨酶（[EC：2.6.1.52]）作为关键酶，能够催化 3-磷酸羟基丙酮酸和谷氨酸反应生成磷酸丝氨酸和 α-酮戊二酸。磷酸丝氨酸转氨酶（[EC：2.6.1.52]）和甜菜碱同型半胱氨酸甲基转移酶（[EC：2.1.1.5]）这 2 种酶也参与了甘氨酸、丝氨酸和苏氨酸代谢。在本实验中这两种基因作为甘氨酸、丝氨酸和苏氨酸代谢中的重要酶在盐度胁迫下也均有差异表达。谷氨酸脱羧酶（EC4.1.1.15）是生物体内广泛存在的一种酶，有重要的生理学作用，能催化谷氨酸脱羧生成重要的抑制性神经递质 γ-氨基丁酸（GABA）。

醛脱氢酶基因家族在动植物中都存在，在动物中醛脱氢酶除了具有酶催化性质外，还能作为激素结合蛋白，并且与维生素 A 和氨基酸代谢相关。在植物中，通过对斑茅水分胁迫基因芯片的分析中发现了醛脱氢酶家族基因成员 *SSADH* 的 4 个 EST 序列均呈现上调表达，对这四个序列进行实时 PCR 分析，发现在幼苗叶片中，线粒体脱氢酶基因对水分胁迫响应很灵敏，在 1 h 上调表达，7 h 明显上调，在中度胁迫整个时期都呈明显在上调，也再次确定醛脱氢酶是水分胁迫过程响应上调基因。但是在本研究中，该基因在三种组织的任何时间点都处于下调表达，我们可以认为该基因在盐度胁迫过程中是响应下调的基因。

5.3.3.5 参与免疫相关的酶

丝氨酸蛋白酶超家族的胰蛋白酶家族（又称 S1 肽酶家族）的丝氨酸蛋白酶及其抑制因子在无脊椎动物的免疫应答中起着核心作用，它们的协同作用不但与信号转导和级联放大有关，还可导致特异性的免疫防御机制的激活和抗菌肽的合成。

棘皮动物中也存在和脊椎动物类似的补体途径，它对无特异性免疫的棘皮动物而言无疑是一种重要的防御机制。补体 C1q 不但能与 GlcNAc 结合，还可以像凝集素一样通过凝集素途径激活补体系统。在软体动物栉孔扇贝和海湾扇贝中也发现了含 C1q 结构域的蛋白，这些蛋白具有凝菌活性，在微生物或者脂多糖的刺激下表达量上调。随着对越来越多的无脊椎动物进行基因组和转录组测序，含有 C1q 结构域的大量蛋白被发现，例如在文昌鱼存在 50 个，在地中海贻贝中存在 168 个，在长牡蛎基因组中也发现了 321 个，这些分子被统称为含 C1q 结构域蛋白。目前关于无脊椎动物 C1q 蛋白的研究还比较少，在原始补体系统的激活中是否有补体 C1q 的参与还需要进一步研究。本实验中，盐度胁迫后的刺参与对照组存在较大的表达差异，尤其是在体腔液中，表现极显著。

纤维胶凝蛋白（Ficolin）是一组存在于人的不同组织中含有胶原样结构域和纤维蛋白原样结构域的糖蛋白。人血清中的 Ficolin 通过胶原样结构域与病原微生物表面的寡聚糖结合后，激活补体凝集素途径，并起调理作用，在非特异性免疫中起着重要作用。本研究在刺参转录组里也发现了该基因，经过实时荧光定量检测，该基因在体腔液中表达上调显著，在 72 h 时表达突然下调，我们推测可能由于刺参属于无脊椎动物，没有完整的免疫调节系统，只能进行非特异性免疫调节，该基因表达上调，到胁迫 72 h，或许由于长时间的胁迫，海参个体已经处于胁迫倦怠期，免疫功能不再发挥作用。

5.3.3.6 参与脂代谢相关蛋白

磷脂酶 A2 既是一种水解酶，又是花生四烯酸等生物活性物质生成的限速酶。其生理功能包括细胞信号传递及产生 20 多种类脂质介质，改造磷脂结构，促进机体坏死组织自动消失及活性物质代谢等。在本研究中，磷脂酶 A2 在肠组织中一直处于下调表达，直到胁迫 72 h 后才表现出极显著上调表达，而在肠和呼吸树中一直都处于上调表达。

半胱氨酸蛋白酶抑制剂也称巯基蛋白酶抑制剂，是一类广泛存在于动植物体内的蛋白质超家族，它能保护蛋白质的二硫键不被半胱氨酸酶破坏，从而阻止蛋白质的降解。并且也能抑制其他半胱氨酸酶如木瓜蛋白酶、组织蛋白酶的活性。机械损伤和茉莉酸甲酯处理，能够诱导植物叶片中半胱氨酸蛋白酶抑制剂的积累，证明该类蛋白与植物的防御机制相关。本实验中，半胱氨酸蛋白酶抑制剂的表达模式和磷脂酶 A2 基本上一致。

5.3.3.7 调控蛋白激酶相关的基因在盐度胁迫下的表达情况

受体丝氨酸/苏氨酸激酶是单次跨膜蛋白受体，在胞内区具有丝氨酸/苏氨酸蛋白激酶活性，该受体以异二聚体行使功能。主要使下游信号蛋白中的丝氨酸或苏氨酸磷酸化，把细胞外的信号传入细胞内，再通过影响基因转录来达到多种生物学功能。双特异性磷酸酶是酪氨酸磷酸酶中最近发现的一个新的亚类，这个家族中的成员既能对磷酸化酪氨酸去磷酸化，也能对磷酸化丝氨酸/苏氨酸去磷酸化。目前已知，大部分双特异性磷酸酶都在有丝分裂原激活蛋白磷酸酶信号途径（MAPK）中行使重要生理功能。这两个基因作为调控蛋白参与机体的信号转导，本实验结果显示双特异性磷酸酶在体腔液中不表达，在肠中呈现下调表达，只有在呼吸树中出现了显著性表达；受体丝氨酸/苏氨酸激酶在肠和体腔液中处于低表达，在呼吸树中处于高表达。与受体丝氨酸/苏氨酸激酶基因相比，双特异性磷酸酶基因表达波动大得多。

5.4 盐度胁迫与离子通道相关基因时空表达模式分析

为进一步探索刺参盐度适应相关的分子机理，结合分子生物学手段，开展了刺参低盐胁迫转录组文库的构建及测序工作，选取盐度适应过程中，与物质跨膜转运有关的基因，对这些基因在低盐条件（18‰）下的时空表达模式进行研究，为解析盐胁迫下刺参体内复杂的生理变化过程提供分子水平上的信息。本实验研究的基因主要按其在组织细胞上的定位来划分成以下几个部分。①存在于细胞质膜上：钙转运 ATP 酶（Ca^{2+}-ATPase）、电压门控型钾离子通道（KCTD）、钠/钾转运 ATP 酶（NKA）；②存在于线粒体内膜上：F 型-氢离子转运 ATP 酶（F-type H^{+}-ATPase）、烟酰胺腺嘌呤二核苷酸（NADH）；③神经传导相关：钠离子通道-乙酰胆碱受体 α-9 亚基、氯离子通道中的钠-氯依赖性 SNF 家族；④广泛存在于机体与液体吸收分泌有关的上皮细胞和内皮细胞中的水通道蛋白（APR）、钙激活氯通道调节蛋白、甘氨酸受体α亚基。利用实时荧光定量PCR检测了以上基因在刺参机体在急性低盐胁迫（0 h，1.5 h，3 h，6 h，12 h，24 h，48 h，72 h）下，在4种组织中的表达量。

5.4.1 材料和方法

5.4.1.1 实验材料

实验刺参选择体重为（25±3.4）g的刺参，暂养期间水温保持（16.8±0.2)℃，pH为8.35，每日换水投饵1次，实时检测水质。

5.4.1.2 实验设计

本实验选取刺参盐度耐受下限18‰为目标盐度，盐度18‰的海水由天然滤砂海水和曝气除氯的淡水配制而成。正常盐度32‰的刺参作为对照，分别在胁迫1.5 h、3 h、6 h、12 h、24 h、48 h和72 h时进行取样，每个时间点取3头刺参迅速解剖取其管足、呼吸树、肠、触手置于液氮中，保存于−80 ℃冰箱中备用。

5.4.1.3 实验方法

分别取正常盐度养殖条件下的健康刺参以及各时间点的3头刺参的肠、呼吸树、管足和触手组织，分别提取RNA，将同一条件下同一种组织的3个RNA样品，按每个样品300ng共同反转录成900ng的cDNA第一链，从刺参盐胁迫表达谱中筛选出与离子通道有关的基因，通过BLAST比对序列，应用Primer Premier5.0软件对所选基因设计荧光定量用引物，所得到的引物及内参基因的引物序列见表5-9。定量表达分析采用荧光定量PCR，使用ABI7500 Real-TimePCR扩增仪，采用SYBR Green I嵌合荧光法，进行实时定量PCR扩增反应。

表5-9 荧光定量RT-PCR引物序列

目的基因	上游引物序列	下游引物序列
钙转运ATP酶	5′CGGTACTGGTGACAATAGAA3′	5′GAGGATGACAAAGTGGAGC3′
ATP合成酶	5′AGAATATCCGAGTCCACG3′	5′ACAAGACCACATCCCAAC3′
乙酰胆碱受体α-9亚基	5′ACTCCCTCTACAGATGCG3′	5′TGGTGCCACTAAGGTGAA3′
钠-氯依赖性SNF家族	5′GACCAAAGTTACTGCTCCAC3′	5′TTACCGTTTACCCGTGCC3′

续表

目的基因	上游引物序列	下游引物序列
水通道蛋白 9	5′AGGCACCGACTACAGAAC3′	5′CACCTCTTAATCCAGCAC3′
钠-钾转运 ATP 酶	5′GTCCAACAGGGCATGAGT3′	5′TGAGTGGGTACATACGAAGT3′
钙激活氯通道调节	5′CGTATGTTCGTATTTCTCCCTC3′	5′ATGGCTACCATCCGGTCT3′
甘氨酸受体 α 亚基	5′AACCCGTGGTAGTGGTGG3′	5′TTCCCTGCTGGTCCTCAT3′
电压门控型钾离子通道	5′TGTCGGCGGTAACTTCTA3′	5′TTGTGGGTACGATGAGCT3′
烟酰胺腺嘌呤二核苷酸	5′TGCCTCTGAACGGGGAAAC3′	5′CCAGCCAGCATAGTACCTGTAA3′
细胞色素 b	5′TGAGCCGCAACAGTAATC3′	5′AAGGGAAAAGGAAGTGAAAG3′

5.4.1.4 数据处理

数据处理时，以正常盐度对照组的样品作为参照，对于任意一个样品，目标基因和内参基因（细胞色素 b 基因）扩增时加入等量的模板，可以分别对其计算 ΔΔCt 值，这些值取平均后再进行 $2^{-\Delta\Delta Ct}$ 计算基因的相对表达量。用 SPSS 软件对数据进行显著性检验，差异显著水平为 $P<0.05$，对存在显著差异的数据用 Duncan 法进行数据间差异的比较分析。

5.4.2 结果

5.4.2.1 低盐胁迫下离子通道相关基因在刺参不同组织中的时空表达规律

（1）水通道蛋白 9　水通道蛋白基因在低盐胁迫下不同时间点各组织中的表达结果如图 5-47 所示，在肠组织中，水通道蛋白基因在 48 h 和 72 h 时显著高于对照组，其他时间点的表达量与对照组相比差异不显著，随时间的延长表达量呈现逐渐增高趋势，72 h 表达量达到最高。在呼吸树组织中，在胁迫后 3 h 这个时间点该基因的表达量显著增高，比对照组高 2 倍，在 6 h、12 h、24 h 和 48 h 表达量呈现下降趋势，且各取样时间点的表达量均显著低于对照组。在触手与管足组织中该基因表达量均在 3 h 达到最高，显著高于对照组，其余时间点与对照组间不存在显著差异。

（2）钙转运 ATP 酶　利用 qRT-PCR 方法分析钙转运 ATP 酶基因在低盐胁迫后不同时间点在肠组织、呼吸树、触手、管足中的表达差异情况（图 5-48）。在肠组织中 1.5 h、3 h、6 h、24 h、48 h 的表达量显著高于对照组的表达量，并在

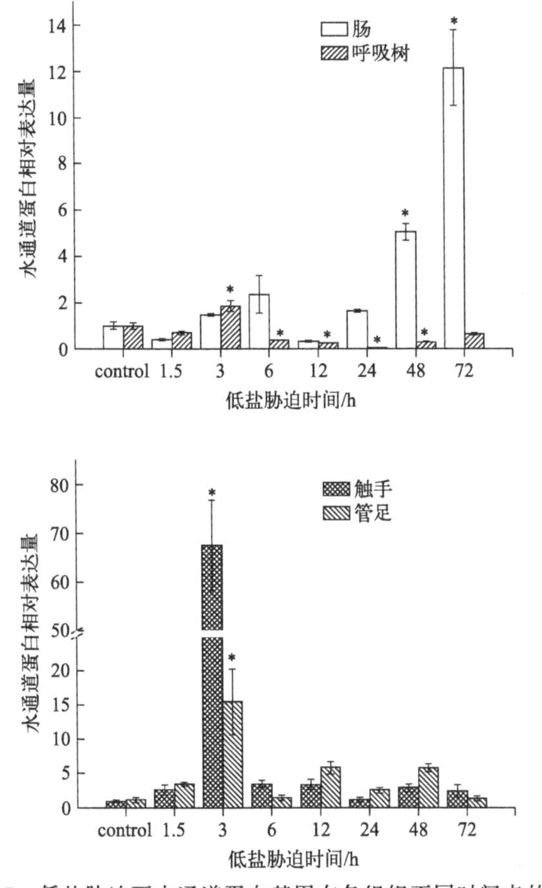

图 5-47 低盐胁迫下水通道蛋白基因在各组织不同时间点的表达

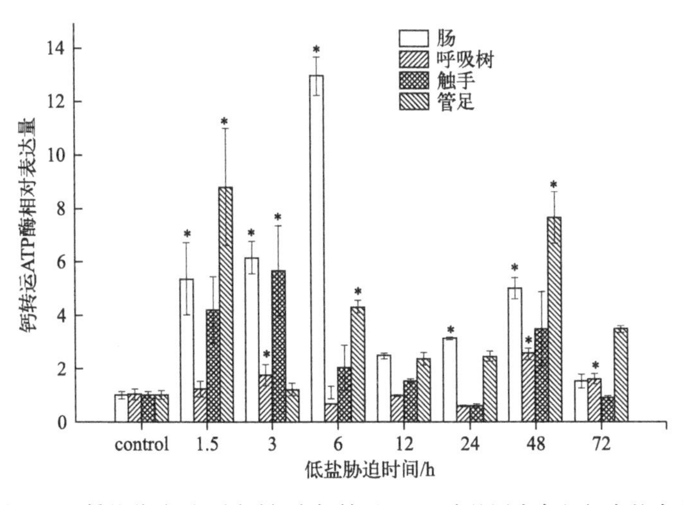

图 5-48 低盐胁迫下不同时间点钙转运 ATP 酶基因在各组织中的表达

6 h 表达水平达到最高，是对照组（0 h）的 13 倍（$P<0.05$）。在呼吸树组织中，在胁迫后 3 h、48 h 和 72 h 时，钙转运 ATP 酶基因的表达量显著高于对照组（$P<0.05$），在呼吸树中的最高表达量出现在 48 h。胁迫 3 h 后触手组织中钙转运 ATP 酶基因的表达量达到最大且显著高于对照组，其他各时间点均不存在显著差异，从图 4-3 中可以看出在管足组织中，该基因在 1.5 h、6 h、48 h 的表达量显著高于对照组（$P<0.05$）。

（3）F 型 H^+-ATP 合成酶　H^+-ATP 合成酶在低盐胁迫下不同时间点各组织中的表达量情况见图 5-49，从图中可以看出：盐胁迫 6 h 后，该基因在肠组织中表达量显著增高，与对照组相比较，差异显著，其变化特点与钙转运 ATP 酶有相同之处，二者均在 3 h 和 6 h 表达量增加显著。在呼吸树组织中，在胁迫 3 h 时，ATP 合成酶基因表达量显著升高（$P<0.05$），其他时间点均下调表达，在 12 h 和 24 h 表达量较低。在触手组织中 H^+-ATP 合成酶基因表达量随胁迫时间延长的变化规律与 Ca^{2+}-ATP 酶基因的变化规律基本一致，均在胁迫后 3 h 达到最高值。在管足组织中，胁迫后 3 h 与对照组差异不显著，而后表达量低于对照组，在 48 h 时表达量增至对照组的 1.5 倍，在 72 h 再次下降至低于对照组。

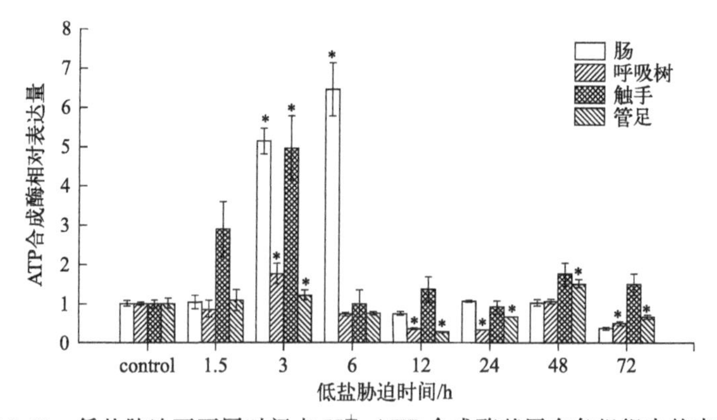

图 5-49　低盐胁迫下不同时间点 H^+-ATP 合成酶基因在各组织中的表达

（4）Na^+/K^+-ATP 酶　由 Na^+/K^+-ATPase 基因在低盐胁迫下不同时间点各组织中的表达量结果（图 5-50）可以看出：胁迫 1.5 h 后，Na^+/K^+-ATPase 基因在肠组织中的表达量逐渐增高，并在 6 h 达到最大值，表达量为对照组的 28 倍，后开始骤然下降，在 48 h 时回落至对照组的 5 倍。在呼吸树中的表达量经过一次上升下降后逐渐上升，在 72 h 达到最高值。在触手组织中，盐胁迫 6 h 前该基因的表达量与对照组相比变化不大，自胁迫 6 h 后显著下降。Na^+/K^+-ATP 酶基因在管足组织中的表达量较高，在 1.5 h、6 h、48 h 和 72 h 时表达量显著增高。

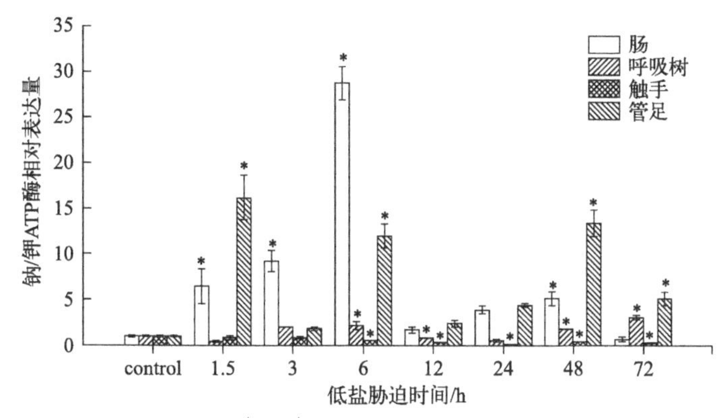

图 5-50 低盐胁迫下 Na^{+}/K^{+}-ATPase 基因在各组织不同时间点的表达

（5）电压门控型钾离子通道 由电压门控型钾离子通道基因在低盐胁迫下不同时间在各组织中的表达量结果（图 5-51）可以看出：在肠道组织中，除 48 h 与对照组相比表达量差异不显著外，其余各时间点表达量均显著低于对照组。该基

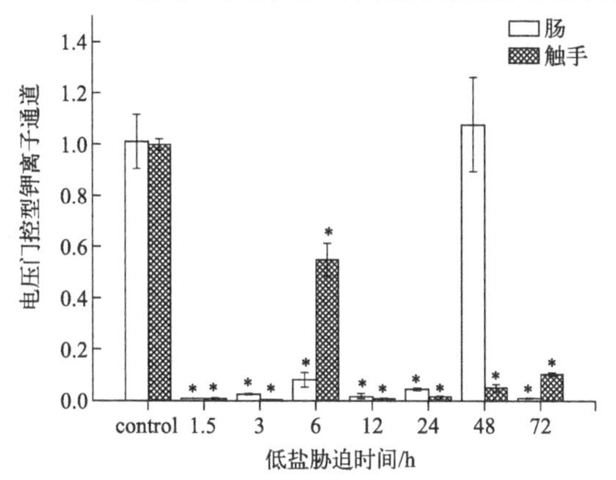

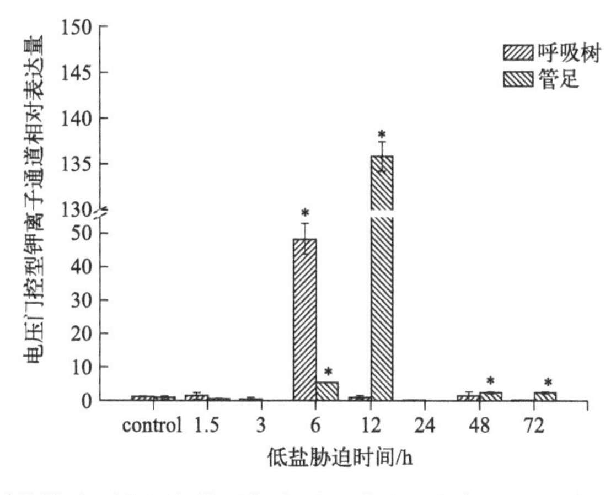

图 5-51 低盐胁迫下电压门控型钾离子通道基因在各组织不同时间点的表达

因在呼吸树中的表达量在 3 h 时显著增高，为对照组的 48 倍，其他时间点差异均不显著。触手组织在胁迫下的各时间点表达量均显著低于对照组。在胁迫后的 6 h、12 h、48 h 和 72 h 在管足组织中的表达量显著高于对照组，其余时间点差异不显著。在低盐胁迫 24 h 时，该基因在呼吸树和管足组织中不表达。

（6）钙激活氯通道调节基因　由钙激活氯通道调节基因在低盐胁迫下不同时间点各组织中的表达量结果（图 5-52）可以看出：该基因在肠道组织中的表达量在 3 h 时达到最高，且与对照组相比差异显著。在呼吸树中该基因表达下调，各时间点与对照组相比差异显著。在触手组织中，该基因在 3 h 时显著增高，6 h 后开始显著下调，随时间的推移表达量降低，到 72 h 表达量最低。在管足中，该基因在盐度胁迫开始 1.5 h 的表达量达到最大，随后增加变缓，到 12 h 后与对照组相比差异不显著。

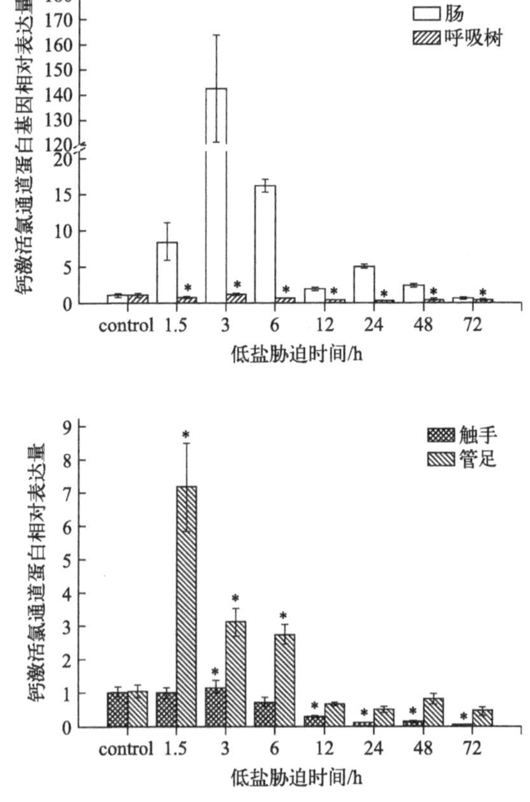

图 5-52　低盐胁迫下钙激活氯通道调节基因在各组织不同时间点的表达

（7）乙酰胆碱受体 α-9 亚基　从图 5-53 中可以看出，神经递质乙酰胆碱受体 α-9 亚基基因在肠和管足中上调表达，在呼吸树和触手组织中下调表达。肠组织中表达活跃，胁迫后表达量上调，并在 3 h 时表达量最高，达到对照组（0 h）的 18 倍；而后降低，在 12 h 至 24 h 差异不显著，48 h 时再次升高达到差异显著。在呼吸树组织中先下降，3 h 时不表达，后一直下降，最低点出现在 24 h，后上升。触手组织中神经乙酰胆碱受体的表达量呈连续下降趋势。在管足除 1.5 h 时该基因高表达，其余各时间点的基因相对表达量与对照组相比均不显著。

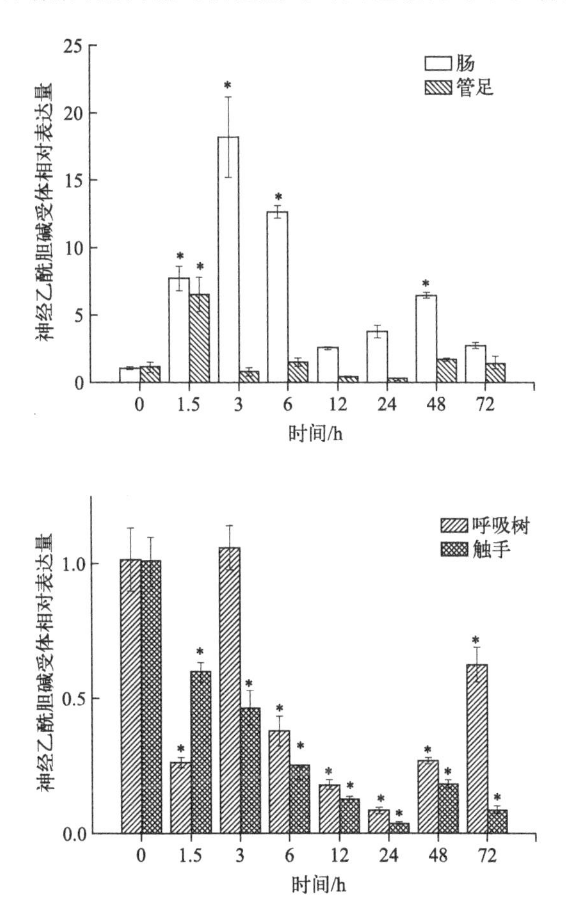

图 5-53　低盐胁迫下乙酰胆碱受体 α-9 亚基基因在各组织不同时间点的表达

（8）钠-氯依赖性 SNF 家族基因　由钠-氯依赖性 SNF 家族基因在低盐胁迫下不同时间点各组织中的表达量结果（图 5-54）可以看出：钠-氯依赖性 SNF 家族基因在刺参的肠和呼吸树组织中表达量很高。在肠组织中，除 3 h 和 12 h 差异不显著外，其余各时间点显著升高，呈先波动后趋于稳定的趋势。呼吸树组织中该基因的表达量在 6 h 之前没有显著变化，6 h、24 h、48 h 及 72 h 均显著高于对照组。在触手组织中呈现先升高后降低的波动趋势，1.5 h、6 h 和 48 h 显著高于对照组。在管足中各个不同时间点该基因表达量显著低于对照组。

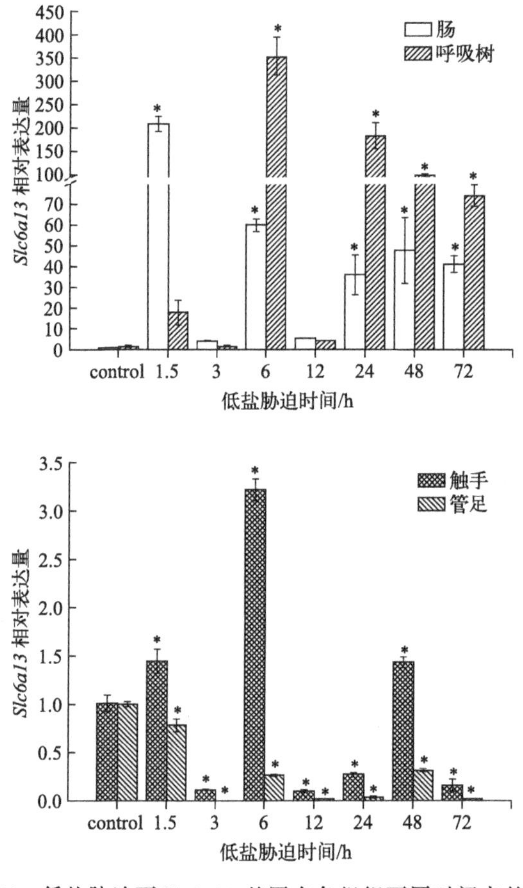

图 5-54 低盐胁迫下*Slc6a13* 基因在各组织不同时间点的表达

(9) 甘氨酸受体 α 亚基 由甘氨酸受体 α 亚基基因在低盐胁迫下不同时间点各组织中的表达量结果（图 5-55）可以看出，在受到胁迫 1.5 h、3 h、6 h、12 h、24 h 及 48 h，肠道组织中的甘氨酸受体表达量显著高于对照组，在 6 h 时达到最高值，为对照组的 7 倍，在 72 h 表达水平降到与对照组相比差异不显著。在呼吸树组织中的表达，1.5 h 显著下降到最低，在 3 h 上升后一直下调表达。在触手组织中呈现波动变化趋势。在管足组织中，在 1.5 h、6 h 和 48 h 时表达量显著增高，其他时间点与对照组相比差异不显著，总体呈现波动趋势。该基因的变化趋势与钙转运 ATP 的变化趋势基本一致。

(10) 烟酰胺腺嘌呤二核苷酸 由烟酰胺腺嘌呤二核苷酸基因在低盐胁迫下不同时间点各组织中的表达量结果（图 5-56）可以看出：在 4 种组织中，该基因在肠道组织中的表达量最高，呈现先增高后降低又增加的变化趋势，在 3 h 达到最高值，为对照组的 18 倍。呼吸树组织中的表达量在 6 h 前下降一次，后一直显著

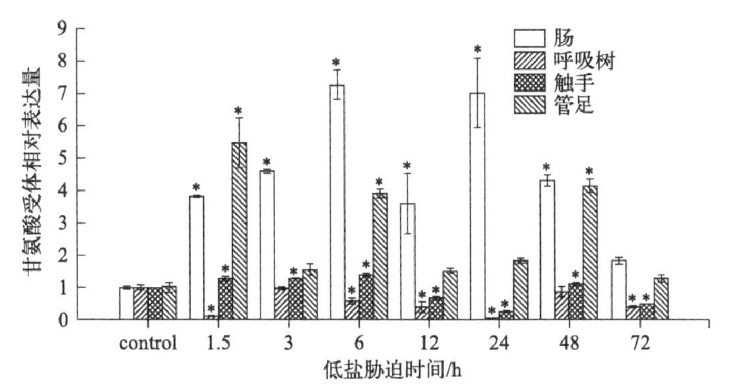

图 5-55 低盐胁迫下甘氨酸受体 α 亚基基因
在各组织不同时间点的表达

低于对照组。在触手组织中各时间点均显著低于对照组的基因表达量，在管足组织中差异不显著。

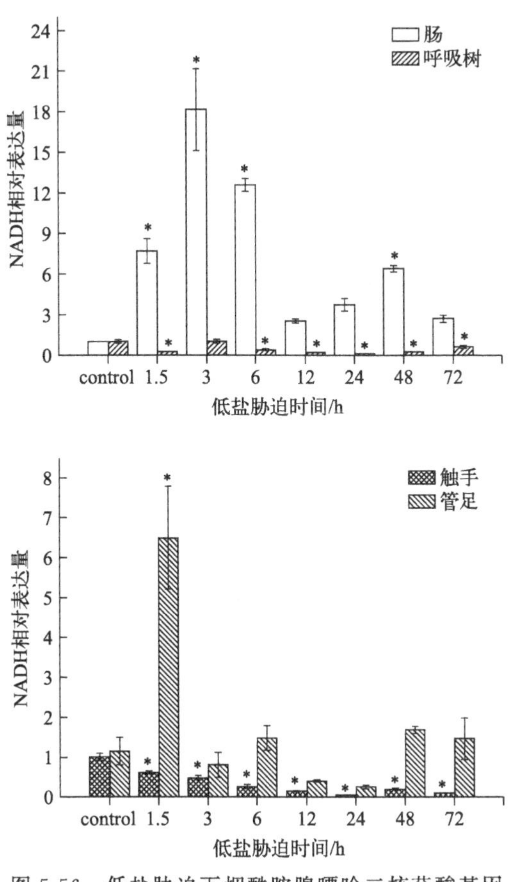

图 5-56 低盐胁迫下烟酰胺腺嘌呤二核苷酸基因
在各组织不同时间点的表达

基于基因的功能及表达模式，我们模拟了刺参盐度响应有关的离子通道相关基因在盐度变化中可能参与的过程，其模拟图见图 5-57。

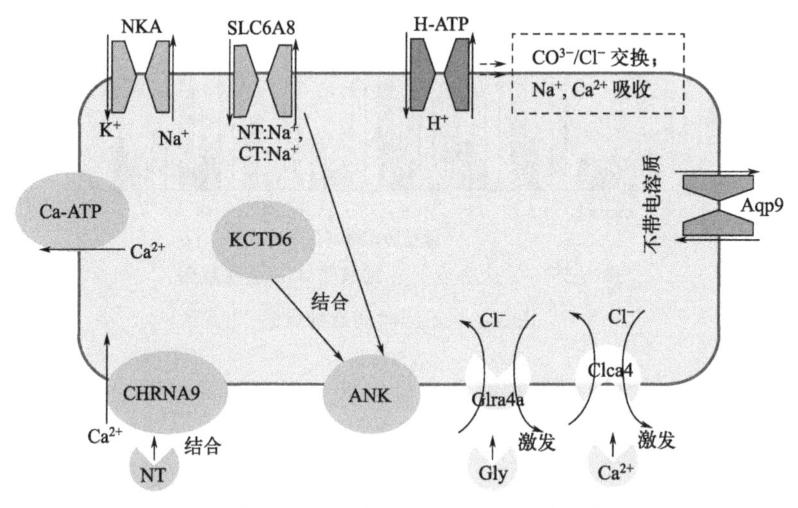

图 5-57 离子通道相关基因在盐度响应中的模式图

5.4.3 讨论

盐度是影响海洋无脊椎动物生理生态学最重要的环境因子之一，当海洋生物生活在不适宜的盐度环境中时，将会导致其体内外渗透压失衡，生长减缓，呼吸代谢受到不同程度的影响。本实验通过盐度相关基因的定量表达情况，分析其定量表达模式，为刺参盐度适应性状的研究奠定重要的基础。

Ca^{2+}-ATP 酶是细胞膜上一种重要的酶，其基本功能是将 Ca^{2+} 主动转运到细胞外，维持胞质内的低钙水平。对神经细胞动作电位的传导、细胞分泌及繁殖均有重要影响。目前，对于 Ca^{2+}-ATPase 基因调控机理方面的研究对象多为植物。对盐胁迫下碱茅幼苗叶片部分信号分子及相关蛋白进行测定分析，结果表明，内源激素 ABA 作为盐胁迫下植物调节其生长的信号物质，传导胁迫信号至胞内，导致胞内第二信使 Ca^{2+} 浓度增加，质膜 Ca^{2+}-ATPase 活性增加，将盐胁迫所诱导的胞内 Ca^{2+} 升高重新恢复到静息状态，维持细胞正常的代谢活动。关于盐度对刺参 Ca^{2+}-ATPase 活性及基因表达水平的影响的报道较少。本实验的结果表明，Ca^{2+}-ATPase 在低盐度胁迫下在各组织器官中均呈现高表达，说明其可能参与刺参的盐度适应，将盐胁迫所诱导的胞内 Ca^{2+} 升高重新恢复到静息状态，在维持细胞正常代谢活动方面发挥了积极作用。这种推论需要进一步的实验进行验证。

Na^+/K^+-ATP酶分子为跨膜蛋白质，由α、β两个亚基构成，具有ATP酶活性。磷酸化和去磷酸化可引起分子发生构象交替变化，发挥泵的作用，为Na^+运出膜外和K^+运进膜内的运输过程提供能量。每水解1个ATP分子即可将3个Na^+抽出细胞，将2个K^+泵进细胞，维持细胞内高钾低钠的内环境，这种不对等运输造成了膜内外的电化学梯度。Na^+/K^+-ATP酶在神经细胞和肌肉细胞中特别活跃，当其活性受到抑制时，失去维持离子的生理浓度的功能，从而引起细胞膨胀，甚至破裂。当环境盐度发生变化时，水生动物体内的Na^+/K^+-ATP酶的活性也会发生适应性的变化。盐度降低时，紫食草蟹Na^+/K^+-ATP酶活性会增加，从鳃细胞中排出Na^+进入血淋巴，以增加Na^+在血淋巴中的浓度，对Na^+的流失进行补偿。本实验结果显示，Na^+/K^+-ATP酶基因在管足、肠组织及呼吸树中均有较高的表达量，推测高表达量说明其在刺参盐度适应过程中发挥重要作用，在不同组织中达到最大表达量的时间点有所不同，可能说明其在每个组织中接收信号的反应不同。本实验的研究结果表明，Na^+/K^+-ATP酶基因与Ca^{2+}-ATP酶基因在低盐胁迫下的刺参呼吸树和肠道组织中的变化趋势一致，且都在6 h达到最高，这一系列变化表明这两种基因在刺参的盐度适应过程中协同作用。

H^+-ATPase，又称F型质子泵，存在于动物细胞中线粒体内膜上，不仅可以利用质子动力势能将ADP转化成ATP，也可以利用水解ATP释放的能量转移质子。H^+-ATPase是硬骨鱼类渗透压调节中的主要离子调节酶，其作用仅次于Na^+/K^+-ATPase，其通过ATP酶水解释放能量，排出质子并为钠离子和氯离子的摄入提供动力，在低渗环境渗透调节中起重要作用。Robertson等认为H^+-ATP酶具有水解ATP、跨膜运输H^+、维持膜电化学势梯度、推动离子吸收等作用。在植物中，盐胁迫对其的伤害除渗透胁迫外，还存在着离子毒害，通过作为质子泵的H^+-ATP酶来控制K^+和Na^+等离子的吸收、排出和固定，进而使植物产生耐盐性作用。本实验结果中，在肠、触手、呼吸树及管足组织上的H^+-ATPase表达量均在某个时间点显著高于对照组，说明H^+-ATPase在刺参盐度适应过程中不同组织中均发挥一定的作用，可能通过释放能量来维持离子渗透平衡，其变化趋势与Ca^{2+}-ATP酶基本一致，其可能是通过H^+-ATPase和Ca^{2+}-ATPase协同作用来参与调节渗透平衡。

电压门控性离子通道，或称电压敏感性和电压依赖性离子通道，是迄今为止所了解的参与信号转导过程中最复杂的超家族之一，目前成员已超过140个。有研究证实钾离子是许多无脊椎动物生物学过程，如酶的激活、膜电位的形成等过程的有效诱导物。本研究中钾离子通道在管足、呼吸树3 h时表达量显著高于对照组，而在其他时间段或者组织中不表达或者差异不显著，推测钾离子通道蛋白表达可能具有组织特异性。

烟酰胺腺嘌呤二核苷酸（NADH）是细胞能量代谢所必需的辅酶，是细胞呼吸链中电子传递过程的主要生物氧化体系，三大物质代谢（糖、蛋白质、脂）分解的氧化反应中绝大部分都通过此反应来维持基本的能量需求。该基因位于线粒体内膜，线粒体是真核细胞重要的细胞器之一，在细胞能量平衡、调节细胞凋亡和 Ca^{2+} 平衡中起重要作用。从本实验的研究结果可以看出，低渗调节过程中 *NADH* 在肠道组织中表达上调，在呼吸树和管足组织中下调表达，说明肠道是能量代谢的主要场所，为糖酵解提供 NAD^{+}，保证糖酵解的顺利进行。而呼吸树和触手组织直接与刺参生活的低盐水环境接触，这两种组织中 *NADH* 的表达量持续下调，说明这两种组织受低盐环境影响较大，自主调节不良环境下细胞内外平衡的能力下降。

钙激活氯通道（CLCA4）是不同的细胞系钙激活调节时，持续异质性表达的内源性氯电子流。钙激活氯通道在盐的跨上皮转运及分泌蛋白、平滑肌细胞生理平衡的维持、神经元兴奋和心脏动作电位的复极化等许多生理过程中起重要作用。其生理特性较为复杂，其全细胞电流内钙离子浓度随刺激电压不同呈现电压依赖性。本研究结果显示，*CLCA4* 与 *NADH* 均在肠道和管足组织中上调表达，在呼吸树和触手组织中下调表达。这表明钙激活氯通道与 *CLCA4* 在维持细胞膜系统离子平衡中发挥重要功能，反映了这两个基因之间的互作关系，在渗透调节过程中相辅相成，在膜转运过程中共同发挥作用。

水通道蛋白又称水孔蛋白，是跨膜通道的主嵌入蛋白家族中只允许水分子通过的一类蛋白质。在生物体中，水孔蛋白存在于质膜和液泡膜丰富的组分，可以调节水平衡和细胞的胀缩。本实验中，水孔蛋白在盐度胁迫下在不同组织中均有不同程度的表达，表明水孔蛋白可能在刺参盐度适应过程中发挥一定的功能。水通道蛋白表达具有组织特异性，并受环境因素和发育阶段的影响。在呼吸树、触手和管足组织中，水通道蛋白基因的表达量均在胁迫后 3 h 达到最大，在肠道组织中 72 h 表达量达到最高，这种现象说明水通道蛋白的表达在不同组织中存在不同的表达模式。在呼吸树、触手和管足中最大表达量的出现早于肠组织，也可能说明刺参不同组织器官对盐度应激作出反应的时间存在差异。呼吸树、触手及管足都属于水管系统，水通道蛋白的这种表达可能说明水管系统对于盐度变化能作出更快速的反应，来实现快速跨膜转运，来调节水平衡和细胞的胀缩。

同为神经传导作用的神经乙酰胆碱受体 α-9 亚基（*CHRNA9*）和钠-氯依赖型

GABA转运体2这两个基因在盐度变化下，两者的变化趋势基本一致。神经乙酰胆碱受体α-9亚基被认定为一种神经递质的膜受体，也是一种离子通道。CHRNA9受体位于骨骼肌细胞和一些神经细胞质膜，对于钠、钾离子起筛选作用，属于配体门控型离子通道，是胆碱合成的一种重要的神经递质，在哺乳动物中主要分布于骨骼肌细胞膜和神经节细胞膜上，与烟碱乙酰胆碱结合在神经兴奋性方面发挥着重要的作用。随低盐胁迫时间的延长，该基因在刺参各组织间的表达变化趋势与 Ca^{2+}-*ATPase* 基因的表达趋势基本一致。随着低盐胁迫时间的不断延长，刺参胞内 Ca^{2+} 浓度的变化，会导致乙酰胆碱通道的脱敏反应，使介导这一系列动作的某些离子运输受到抑制。本研究的结果也进一步证实了神经乙酰胆碱受体与 Ca^{2+} 转运密切相关，并且也符合刺参的神经系统分布区域。刺参神经系统部分分布于触手、管足、坛囊及体表皮内，主要负责感觉作用。另一部分分布于体腔内壁、环肌和纵肌上，负责运动作用。在这些神经遍布的组织中该基因都在抗逆胁迫中发挥了其应执行的功能和作用。本实验结果能够初步表明该基因在刺参各组织中的表达丰度与刺参神经系统的分布基本一致。在刺参肠组织中 *CHRNA9* 表达量在胁迫开始后 6 h 达到最高值，此时质子泵、钠钾泵和钙离子泵同时发挥作用通过通道蛋白发挥各自转运离子的作用。神经末梢释放神经乙酰胆碱递质，神经递质与通道蛋白相互作用，同时通道开放，Na^{+}、K^{+}、Ca^{2+} 流入细胞，肌纤维膜去极化，最后导致可观察到的肌肉收缩现象。

同样属于神经传导递质的SLC6a13，又称为钠-氯依赖型GABA转运体2，或SNF家族钠依赖转运体，属于神经传递溶质转运6基因家族的一员，该家族基因是形式多样的转运载体。钠-氯依赖性SNF家族属于氯离子通道，位于神经细胞质膜上。曾有报道指出抑制γ-氨基丁酸、甘氨酸等神经递质会导致氯离子通道的开放，当此通道开放后，很难在阈值内将细胞去极化。钠-氯依赖性SNF家族（*Slc6a13*）和甘氨酸受体（*GlyR*）都属于神经传导受体，这两个基因在刺参低盐胁迫过程中各组织的表达量和变化趋势相似。本研究中低盐胁迫 6 h 后肠组织 *SLC6a13* 基因表达量迅速增高，均高于对照组百倍以上，在呼吸树组织中该基因也显著上调表达，而在触手该基因表达量呈波动趋势，而在管足组织中下调表达，说明该基因在刺参盐度适应过程中在各组织中均发挥了重要作用。甘氨酸作为化学结构最简单的氨基酸，仅由一个单氢原子侧链组成，在中枢神经系统中是介导快速抑制性神经传递的重要的神经递质之一，在控制神经元兴奋性方面发挥重要作用。有报道指出神经递质共释放在神经系统中是一个非常普遍的现象，Gly和GABA是中枢神经系统中最重要的两种抑制性神经递质，这两种递质可以在脊髓的同一突触前末端共释放，分别通过激活甘氨酸受体（GlyR）和GABA受体（Slc6a13）介导快速突触抑制发挥其应有的效应。研究结果表明了甘氨酸的重要性，了解其合成、代谢途径、释放与控制其作用模式，可以为中枢神经疾病等研究作出应有的贡献。本实验的研究结果表明这两个基因在低盐胁迫下刺参各组织表达量和变化趋势均相似，在低盐胁迫下均有表达差异，进一步说明盐胁迫对刺参神经系统有一定的刺激作用。

5.5 刺参胁迫与转运介质相关基因的表达模式分析

目前，研究者们已经对许多海洋经济动物开展了盐度调控相关基因的研究工作。本研究选取参与盐度适应过程并与脂肪酸代谢、转运介质及信号转导相关的基因，包括肌腱蛋白-R1（*TN-R1*）、肌腱蛋白-R2（*TN-R2*）、乙酰胆碱受体亚基α-3（*CHRNA3*）、脂肪酸结合蛋白6（*FABP6*）、单羧酸转运蛋白7（*SLC16A7*）、纤维胶凝蛋白1（*Fcn1*）、黑素转铁蛋白（*Mfi2*）、单羧酸转运蛋白家族16a13（*SLC16a13*）、单羧酸转运蛋白家族6a8（*SLC6a8*）、甲壳素受体蛋白（*FIBCD1*）和AMPA型谷氨酸受体1（*Gria1*），对这11个基因进行功能验证，探讨低盐胁迫下刺参膜转运及信号转导相关基因的表达，初步解析刺参对盐度变化的渗透调节响应机制，以期丰富刺参的生理生态学理论。

5.5.1 材料与方法

5.5.1.1 材料

本实验所用的刺参取自辽宁省大连市瓦房店附近海域，实验用刺参体重为(25±3.4) g，暂养期间水温保持16.8±0.2 ℃，pH8.3，每日换水投饵1次，实时检测水质。

5.5.1.2 实验设计

实验选取正常盐度（32‰）的刺参作为对照组，盐度18‰的刺参为目标组。盐度18‰的海水由天然滤砂海水和曝气除氯的淡水配制而成。低盐胁迫设置

1.5 h、3 h、6 h、12 h、24 h、48 h 和 72 h 七个时间点进行处理，每个时间点取3头刺参迅速解剖，取其体腔液、呼吸树、肠置于液氮中，速冻后保存于−80 ℃冰箱中备用。

5.5.1.3 引物设计与筛选

选取 *β-actin* 作为内参基因，对 *TN-R1*、*TN-R2*、*CHRNA3*、*FABP6*、*SLC16A7*、*Fcn1*、*Mfi2*、*SLC16a13*、*FIBCD1*、*Gria1* 和 *SLC6a8* 共 11 个目标基因和内参基因进行引物设计。11 个基因和内参基因的引物序列及产物长度详见表 5-10，进行实时定量 PCR 扩增反应。

表 5-10 刺参与转运介质相关基因的引物信息

基因	上游引物序列(5′→3′)	下游引物序列(5′→3′)	产物大小
TN-R1	GTTGCGATCACTGCCAGGTA	TGCCTGGTGGTACGTTGATT	72
TN-R2	GTTGCGATCACTGCCAGGTA	TGCCTGGTGGTACGTTGATT	72
CHRNA3	GAAGAAGGCCATGCAGGATA	TCTCACGGTTCAGAGTGTGG	80
FABP6	GCAATGCACGAATGTTCACT	CAATCCAGCTCCGCTCTTAC	90
SLC16A7	CGCCGATACTCGAAGAGACT	ATTCCATGCTGATTGCCATT	80
Fcn1	ATGACCGTCCATCCTCCTGT	TGTCGAGATGTCCAACGTCA	91
Mfi2	GCTCGTGTCACTGCGATACC	GCAGACCTTATCACGCTGGA	88
β-actin	CGGCTGTGGTGGTGAAGGAGTA	TCATGGACTCAGGAGACGGTGTG	144
SLC16a13	CTACGTCGGCGGTATTTGGA	TAACCGGCTCTCCTGACAGA	109
FIBCD1	AAGTGCATAGCCATCAGGGG	TGCGGTTTGTGACGTTAGGA	125
Gria1	TCCTGGCTAGCAAGAAACCG	TTCTGTTCCGCTCTATCGCC	121
SLC6a8	GGTGTGCGATGGGAACTACT	AAGGAATCAATGCCGTGAAC	118

5.5.1.4 数据处理

以 *β-actin* 作为内参基因，计算目的基因的相对表达量。利用 SPSS16.0 软件对数据进行显著性检验，差异显著水平设置为 $P<0.05$，对存在显著差异的数据用 Duncan 法进行数据间多重比较。

5.5.2 结果与分析

5.5.2.1 低盐胁迫下肌腱蛋白-R 基因在刺参各组织中的表达

TN-R1 在低盐胁迫下不同时间点刺参各组织中的表达结果如图 5-58 所示，

在体腔液中，除了 72 h 外，其他各个时间点的表达量明显高于对照组，在胁迫后 12 h 达到最大值，为对照组的 302 倍，之后其表达量开始降低，72 h 时显著低于对照组。在肠组织中，*TN-R1* 基因的表达量除胁迫后 1.5 h 外均低于对照组，并且在胁迫后 3 h、6 h、12 h、24 h 和 72 h 的表达量与对照组存在显著性差异。在呼吸树组织中，在胁迫后 1.5 h 达到最大值，为对照组的 8 倍。*TN-R2* 在低盐胁迫下不同时间点刺参各组织中的表达结果如图 5-59 所示，在体腔液中，胁迫后 1.5 h 该基因表达量达到最大值，为对照组的 22 倍，胁迫后 72 h 达到最低值，在胁迫后 1.5 h、3 h、12 h 和 72 h 的表达量与对照组也存在显著性差异。在肠组织中，胁迫 48 h 之前的表达量均低于对照组，在胁迫后 72 h 表达量达到了最大值，为对照组的 16 倍，且与对照组存在显著性差异。在呼吸树组织中，*TN-R2* 基因表达量除胁迫后 72 h 外，其余均与对照组有显著性差异。

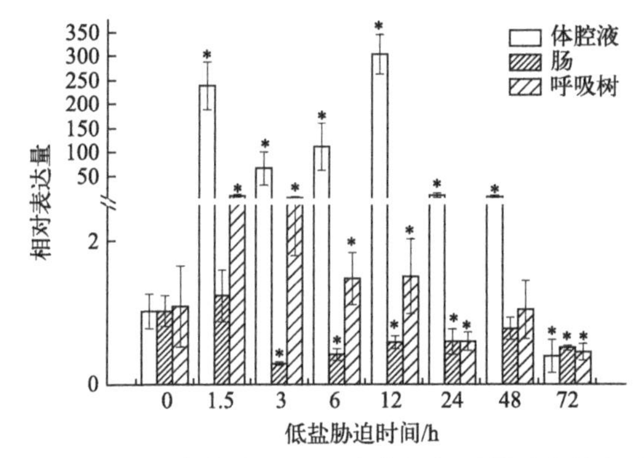

图 5-58 低盐胁迫下 *TN-R1* 在各组织不同时点的表达

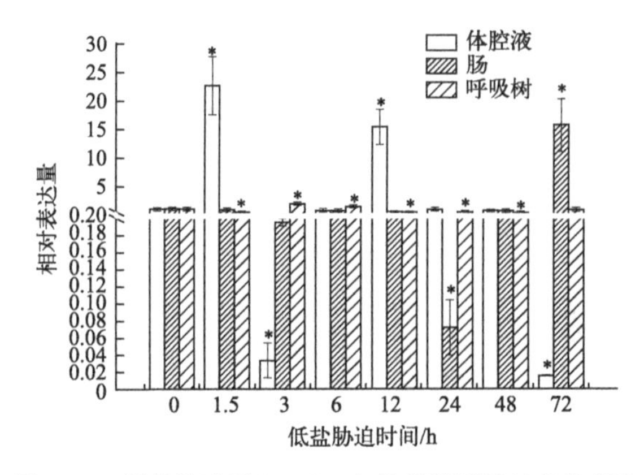

图 5-59 低盐胁迫下 *TN-R2* 在各组织不同时点的表达

5.5.2.2　低盐胁迫下*CHRNA3*在刺参不同组织中的时空表达

CHRNA3 基因在低盐胁迫下不同组织的表达结果见图 5-60，可见 *CHRNA3* 基因在三个组织中总体表达趋势是先升高后下降。体腔液组织中，48 h 之前的 *CHRNA3* 基因表达量呈现上调表达，在 1.5 h、3 h、48 h 的表达量与对照组差异显著并在胁迫后 48 h 达到最大值。肠组织中，胁迫后 1.5 h、6 h、24 h 和 72 h 的表达量与对照组差异显著，并在 6 h 达到最高值，是对照组的 2 倍，72 h 达到最低值。在呼吸树组织中，呈现 3 h 的短暂上调后出现下调趋势，并在 3 h、6 h、12 h、24 h、48 h 和 72 h 与对照组有显著性差异。

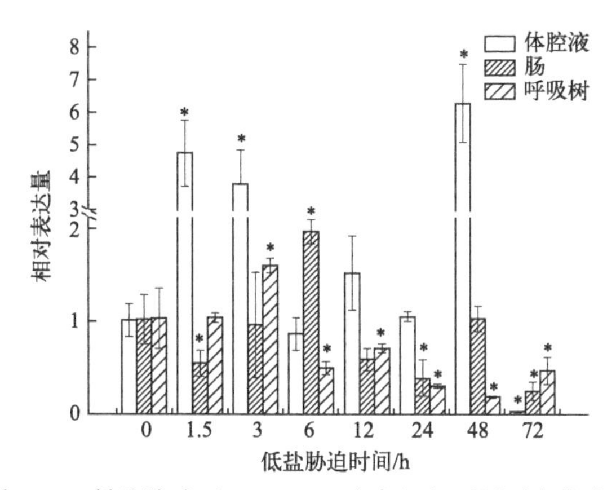

图 5-60　低盐胁迫下*CHRNA3* 在各组织不同时点的表达

5.5.2.3　低盐胁迫下*FABP6*基因在刺参不同组织中的时空表达

在低盐胁迫下，*FABP6* 在刺参不同组织的表达量情况如图 5-61 所示，在体腔液中，该基因的表达量在胁迫后 1.5 h 开始逐渐升高，在胁迫后 6 h 开始逐渐降低，在胁迫后 72 h 达到最大值，为对照组的 2396 倍，与对照组有显著性差异。在肠组织中，胁迫后 1.5 h 存在较低上调表达，之后其表达量逐渐降低，在胁迫后 6 h 达到最低值。胁迫后 12 h、24 h、48 h、72 h 的表达量又逐渐上调，并且在胁迫后 48 h 达到最高值，是对照组的 7.69 倍，与对照组存在显著性差异。在呼吸树组织中，胁迫后 3 h 和 24 h 呈现上调表达，在胁迫后 24 h 达到最大值，且与对照组有显著性差异，为对照组的 548 倍，其余胁迫后各时间点都呈下调表达，其中在胁迫 1.5 h 达到最低值。

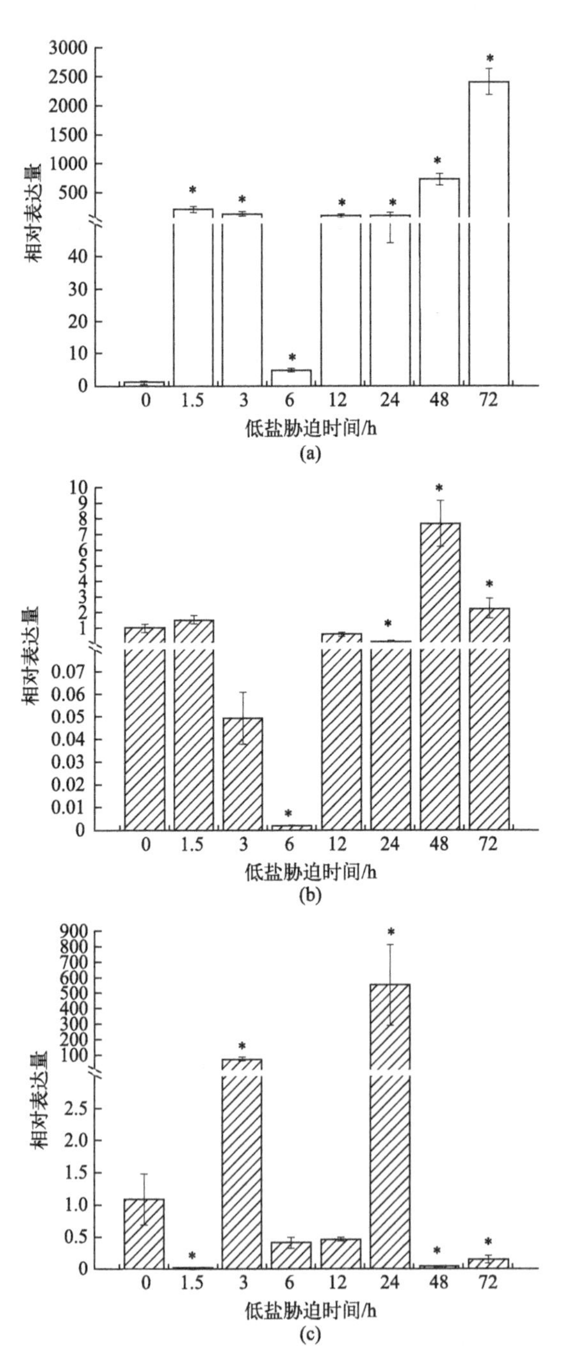

图 5-61　低盐胁迫下*FABP6*基因在各组织中不同时点的表达

(a) 体腔液；(b) 肠；(c) 呼吸树

5.5.2.4 低盐胁迫下*SLC16A7*基因在刺参不同组织中的时空表达规律

由 *SLC16A7* 在低盐胁迫下不同时间点不同组织中的表达结果（图 5-62）可以看出，在体腔液中，除胁迫后 6 h 和 12 h 的表达量与对照组差异不显著外，其余时间点表达量均存在显著差异。在肠组织中，*SLC16A7* 在胁迫后 12 h 上调表达，其余时间点均表现为下调表达，在胁迫后 6 h、24 h 和 72 h 的表达量与对照组差异显著。该基因在呼吸树组织中表达比较活跃，胁迫后表达量上调，在 3 h 后达到最高，为对照组的 14 倍，而后降低，在胁迫后 1.5 h、3 h、12 h、48 h 和 72 h 的表达量与对照组差异显著。

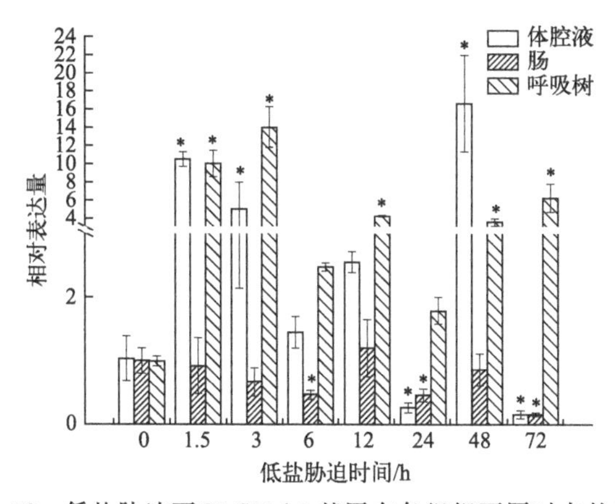

图 5-62 低盐胁迫下*SLC16A7*基因在各组织不同时点的表达

5.5.2.5 低盐胁迫下*Fcn1*基因在刺参不同组织中的时空表达

Fcn1 基因在低盐胁迫下不同时间点各组织中的表达结果（图 5-63）显示，体腔液组织中，除胁迫后 72 h 下调，其余均为上调，并在胁迫后 1.5 h、6 h、12 h、24 h、48 h 和 72 h 与对照组存在显著性差异。肠组织中，*Fcn1* 表达量除胁迫后 12 h 外逐渐升高，72 h 下降至对照组的水平，在胁迫后 1.5 h、3 h、24 h 和 48 h 的表达量与对照组有显著性差异，且在胁迫后 48 h 达到最大值，为对照组的 2.8 倍。在呼吸树组织中，*Fcn1* 基因表达相对活跃，各个时间点的表达量全部高于对照组，在胁迫后 1.5 h、3 h、12 h、48 h 和 72 h 的表达量与对照组存在显著性差异。

5.5.2.6 低盐胁迫下*Mfi2*基因在刺参不同组织中的时空表达

Mfi2 基因在低盐胁迫下刺参各组织中不同时间点的表达量结果如图 5-64 所

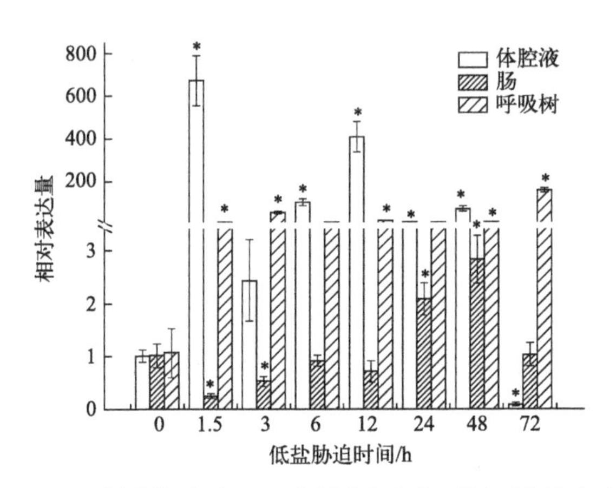

图 5-63 低盐胁迫下*Fcn1* 基因在各组织不同时点的表达

示，在体腔液中，其表达量逐渐升高，在胁迫后 12 h 达到最大值，为对照组的 12 倍，且在胁迫后 3 h、6 h、12 h 和 24 h 与对照组有显著性差异。在肠组织中，其表达量在 1.5 h 上调后，均显著下调，并且在胁迫后的各时间段均与对照组有显著性差异。在呼吸树中，其表达量均显著下调，且胁迫后各时间段均与对照组有显著性差异。

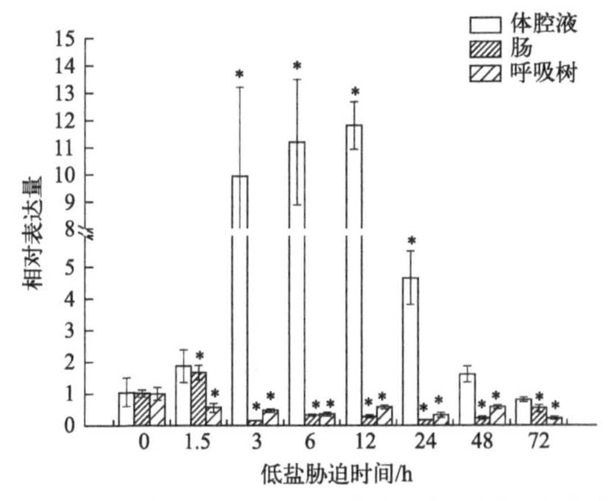

图 5-64 低盐胁迫下*Mfi2* 基因在各组织不同时段的表达

5.5.2.7 低盐胁迫下*SLC16a13*基因在刺参组织中的表达差异

刺参受低盐胁迫后，*SLC16a13* 基因在刺参各组织中不同时间点的表达情况如图 5-65 所示。在体腔液中，与对照组（0 h，盐度为 30‰）相比，*SLC16a13* 基因的表达量在 1.5、3、24、72 h 时间点无显著性变化（$P>0.05$），在 6、12、48 h 时间点表达量显著上调（$P<0.05$）；在肠组织中，*SLC16a13* 基因的表达量

在1.5、3 h时间点无显著性变化（$P>0.05$），在其余时间点表达量均显著上调（$P<0.05$），在72 h时达到最高；在呼吸树组织中，*SLC16a13* 基因表达量在各时间点均显著上调（$P<0.05$），在72 h时表达量达到最高。在同一胁迫时间点，1.5、3 h时体腔液和呼吸树中表达量显著高于肠组织（$P<0.05$），72 h时肠组织中表达量最高，其他时间点 *SLC16a13* 在体腔液中表达量均最高，显著高于肠和呼吸树（$P<0.05$）。

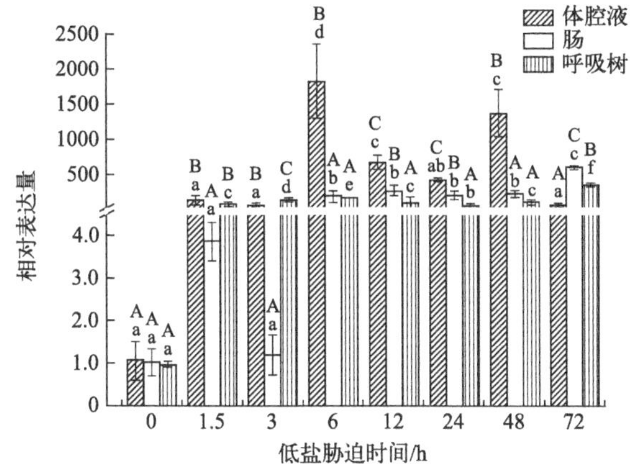

图5-65 低盐胁迫下*SLC16a13* 基因在组织中的表达

5.5.2.8 低盐胁迫下*SLC6a8* 基因在刺参各组织中的表达差异

刺参受低盐胁迫后，*SLC6a8* 基因在肠和呼吸树组织中的表达情况如图5-66所示，在体腔液中的表达情况如图5-67所示。在肠组织中，与对照组相比，*SLC6a8* 基因在3 h、48 h时表达量上调，在其余时间点该基因表达量下调；在呼吸树组织中，在3 h、12 h、24 h时该基因表达量上调，12 h时达到最高，在其余时间点表达量下调，72 h时达到最低；在体腔液中，各个时间点该基因表达量均高于对照组，其中在3 h时表达量显著上调（$P<0.05$），其余时间段表达量均无显著性差异（$P>0.05$）。在低盐胁迫同一时间点，体腔液中表达量均显著高于肠和呼吸树（$P<0.05$）。

5.5.2.9 低盐胁迫下*FIBCD1* 基因在刺参组织中的表达差异

刺参受低盐胁迫后，*FIBCD1* 基因在刺参各组织中的表达情况如图5-68所示。在体腔液中，与对照组相比，除72 h时表达量下调外，其余各时间点表达量均上调，在1.5 h、6 h、12 h时表达量均显著升高（$P<0.05$），在其他各时间点

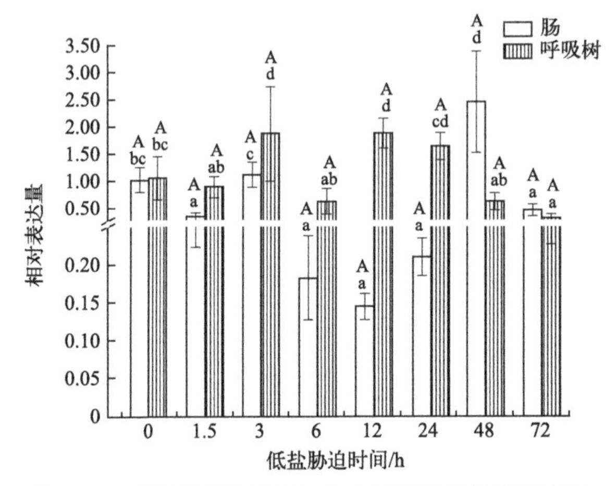

图 5-66　低盐胁迫下*SLC6a8*在肠和呼吸树中的表达

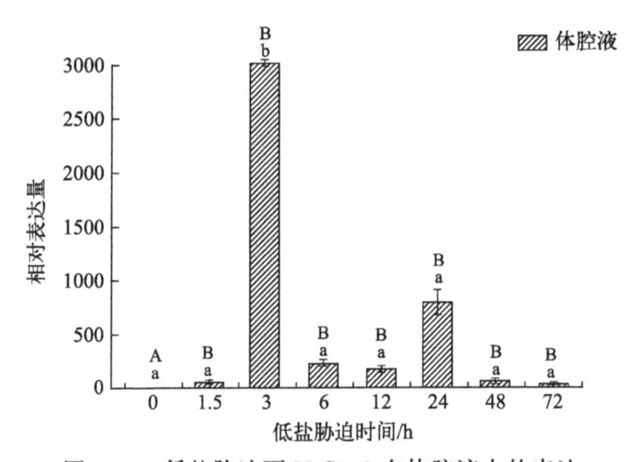

图 5-67　低盐胁迫下*SLC6a8*在体腔液中的表达

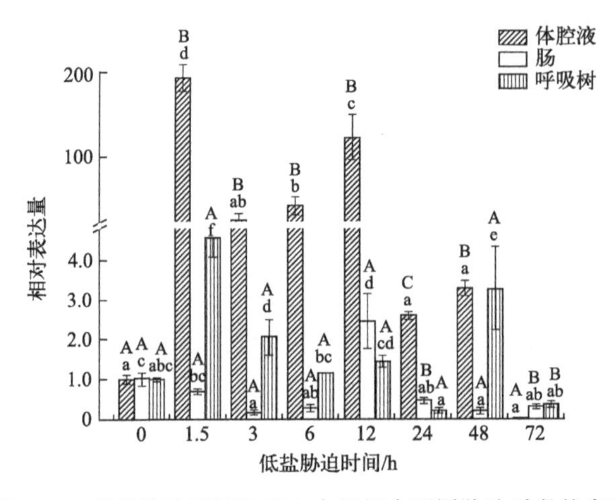

图 5-68　低盐胁迫下*FIBCD1*在组织中不同胁迫时段的表达

该基因表达量无显著性变化（$P>0.05$）。在肠组织中，与对照组相比，在1.5 h时表达量无显著性变化（$P>0.05$），在12 h时表达量显著上调（$P<0.05$），在其余各时间点表达量均显著下调（$P<0.05$）。在呼吸树组织中，在24 h、72 h时表达量下调，但与对照组无显著性差异（$P>0.05$），在其余时间点表达量均有所下调。在同一胁迫时间点，胁迫前期（1.5 h～24 h）体腔液中表达量显著高于肠和呼吸树（$P<0.05$），后期72 h时表达量下调至低于肠和呼吸树（$P<0.05$）。

5.5.2.10　低盐胁迫下*Gria1*基因在刺参各组织中的表达差异

刺参受低盐胁迫后，*Gria1*基因在各组织中的表达情况如图5-69所示。与对照组相比，在体腔液中，表达量在3 h、6 h、24 h时无显著性差异（$P>0.05$），在1.5 h、48 h时显著上调（$P<0.05$），72 h时显著下调（$P<0.05$）。在肠组织中，该基因表达量总体趋势为上调，并于6 h时达到最高。在呼吸树组织中，除72 h以外，在其他时间点该基因表达量均下调，且显著低于对照组（$P<0.05$），72 h时表达量略高于对照组（$P>0.05$）。同一胁迫时间点，1.5 h时体腔液中*Gria1*的表达量显著高于其他组织（$P<0.05$），其他时间点（12 h时除外），*Gria1*在肠组织的表达量均显著高于其他组织（$P<0.05$）。

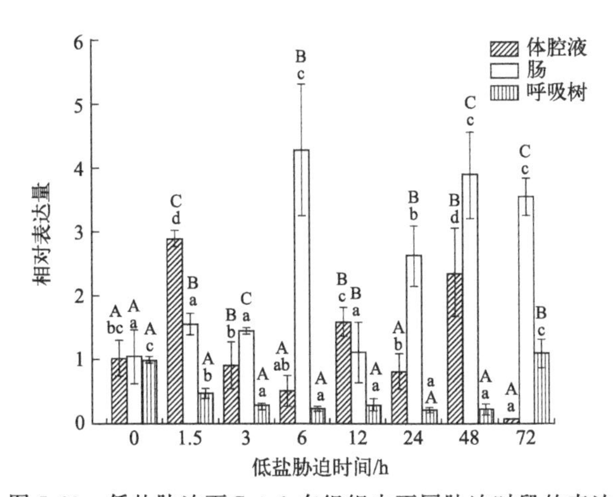

图5-69　低盐胁迫下*Gria1*在组织中不同胁迫时段的表达

5.5.3　讨论

肌腱蛋白-R属于与细胞外基质密切相关的糖蛋白家族，可以与不同的细胞类型黏合或抗黏附，在细胞识别中具有重要作用。低盐应激能够诱导涉及细胞黏附、信号转导、离子通道和免疫应答的基因表达。本实验中，刺参受到低盐应激后，作为细胞识别中细胞间黏附的重要分子 TN-R1 和 TN-R2，均表现出不同的表达图谱（图 5-57 和图 5-58），推测 TN-R 可能通过细胞间的识别与互作来参与刺参的盐度适应过程。有研究报道 TN-R 作为细胞外基质分子与钠通道相结合，在钠通道的活性中起关键作用，是电压门控钠通道 β 亚基的功能调节剂，也是神经系统维持动态平衡的重要成分。本研究结果中 *TN-R1* 和 *TN-R2* 在刺参低盐胁迫下均有不同程度表达（图 5-57 和图 5-58），推测 *TN-R* 可能参与刺参的盐度适应过程，并在其适应过程中发挥重要作用。但是 TN-R 是通过细胞间的识别发挥作用还是通过与通道结合来参与刺参的盐度适应过程，则需要后续实验进一步验证。

CHRNA3 基因是烟碱乙酰胆碱受体家族的成员之一，具有胞外配体门控离子通道活性和配体门控离子通道活性，在结合乙酰胆碱后，CHRNA3 通过构象变化导致穿过质膜的离子传导通道的开放。本研究结果中，*CHRNA3* 在盐度胁迫后不同时间点不同组织中均有表达，而且呈现不同的波动趋势，推测 CHRNA3 可能通过构象的改变导致刺参离子通路的变化而参与刺参的盐度适应过程。

FABP6 是细胞内细胞质脂肪酸结合家族的高度保守成员，其能结合胆汁酸、长链脂肪酸和其他疏水配体，并能结合类固醇和磷脂的多功能转运蛋白，其主要作用包括脂肪酸摄取、运输和代谢。有研究表明 FABP6 还具有抗氧化作用，可以通过灭活活性脂类物质来保护细胞的完整性。在罗非鱼盐度应激响应分子机制的研究中，研究人员发现盐度诱导后罗非鱼基因表达可以组成一个应激反应信号转导网络，该网络包含 11 个已知罗非鱼基因，认为 *FABP6* 基因可能在罗非鱼盐度应激过程中，发挥保护细胞膜和脂质免受盐度诱导的损伤的作用。本实验结果中 *FABP6* 在刺参盐度胁迫诱导下也有不同程度的表达，说明刺参的盐度应激也需要 *FABP6* 的参与。

SLC16A7 属于催化单羧酸盐的质子连接转运蛋白家族，可催化许多单羧酸盐（如衍生自缬氨酸、亮氨酸、异亮氨酸的乳酸、丙酮酸、支链氧代酸以及酮体乙酰乙酸酯、乙酸酯和 β-羟基丁酸酯）的快速跨膜转运，是许多细胞过程调节的关键。本实验中 *SLC16A7* 在低盐胁迫后在刺参的体腔液和呼吸树中均有不同程度的高表达，推测刺参的盐度适应过程可能需要能分解氨基酸产生乳酸等提供能量的单羧酸转运蛋白参与。*SLC16A7* 在肠组织中表达不显著，说明 *SLC16A7* 的表达可能存在组织特异性。纤维胶凝蛋白是一种补体激活分子，属于防御性胶原蛋白家族，能够识别病原体表面的特定聚糖，触发激活凝集素补体途径并介导识别目标的吞噬作用。单羧酸转运蛋白家族 16a13，又称 MCT13，属于溶质运载蛋白家族

SLC16A 亚家族成员，是一类跨膜蛋白，负责转运乙酰乙酸、酮体和乳酸等物质，在维持细胞正常 pH 环境和能量代谢方面发挥着重要作用。SLC6a8 属于单羧酸转运蛋白家族，是一种质膜蛋白，其功能是将肌酸转入或者转出细胞，也称为肌酸转运蛋白。其相关途径包括蛋白激酶介导的磷酸化和脱蛋白，具备神经递质和钠同向转运体活性，是摄取肌酸的必需品。肌酸和磷酸肌酸在磷酸盐结合能的储存和传输中起到重要作用，为细胞提供能量。有研究表明，肌酸在 Na^+/ K^+-ATP 酶活性、神经递质释放、维持膜电位、Ca^{2+} 稳态和离子梯度恢复方面具有重要作用。研究表明肌酸能可逆地结合磷酸盐，可能会补充机体短期内 ATP 能量的耗竭，其细胞的积累能够支持细胞具备储存代谢能量的能力。本研究结果表明，低盐胁迫过程中，*SLC6a8* 基因在肠和呼吸树中的表达总体呈现先上升后下降的趋势，这说明在盐度胁迫过程中，刺参可能需要 *SLC6a8* 基因的表达变化来调节刺参机体中肌酸的运输，进而为刺参的盐度适应过程提供能量需求。*SLC6a8* 基因在体腔液的表达一直呈现出上调状态，高表达量说明其在刺参盐度适应过程中发挥重要作用，也说明刺参在盐度适应过程中体腔液对肌酸提供能量的需求大，在体腔液、肠和呼吸树中 *SLC6a8* 达到最大表达量的时间点有所不同，说明其在体腔液、肠和呼吸树对肌酸提供能量的需求不同。总之，刺参在盐度胁迫下肌酸转运蛋白基因 *SLC6a8* 的表达模式说明，*SLC6a8* 基因可能参与刺参的盐度适应过程，此推测还需要进一步进行试验验证。

有研究认为 Fcn1 是先天免疫和适应性免疫之间的新连接桥梁。本研究结果显示 *Fcn1* 在低盐胁迫下在各组织均高表达，研究结果与盐胁迫下中华绒螯蟹和南美白对虾的结果相似，中华绒螯蟹和南美白对虾在低盐度胁迫下先天免疫信号转导的基因上调表达。与其他无脊椎动物一样，刺参缺乏适应性免疫系统，并依赖各种先天免疫反应，通过信号转导途径激活多种体液和细胞免疫活性来维持机体的平衡。这些结果表明，低盐度可能激发刺参先天免疫，进而通过激活免疫信号转导相关基因来适应盐度胁迫。

有研究发现 *Mfi2* 调控的基因产物参与膜转运、硫胺素磷酸化和增殖/存活。其中 *Mfi2* 调控的三磷酸腺苷结合转运子 B 亚族成员 5（ABCB5）能够在低盐环境通过跨膜转运维持体内渗透压稳定，这与本研究结果中 *Mfi2* 在体腔液中高表达相一致。本研究发现，在肠和呼吸树组织中，在胁迫后各时间点的表达量均呈下调，并且全部与对照组有显著差异，推测 *Mfi2* 的表达具有组织特异性。

综上所述，可见这些基因在低盐诱导胁迫下均有不同程度的表达，说明刺参的盐度适应过程可能是一个需要多基因参与的应激反应信号转导网络，在本研究中，7 个盐度相关基因均被诱导表达，且呈现出上升和下降的波动表达趋势，分析结果认为刺参具有一定的盐度调节和适应能力。本研究结果将有助于理解刺参的盐度适应过程，为刺参的基础生物学研究奠定基础。

参考文献

[1] 王印庚，冷敏，陈霞，等．中草药对刺参腐皮综合征病原菌的体外抑菌试验 [J]. 渔业科学进展，2009，30（2）：1-7.

[2] 王轶南，朱世伟，常亚青．刺参肠道及养殖池塘菌群组成的 PCR-DGGE 指纹图谱分析 [J]. 渔业科学进展，2010，31（3）：119-122.

[3] 张庆利，李富花，黄冰心，等．中国明对虾线粒体 MnSOD 在大肠杆菌中的重组表达、产物纯化及活性测定 [J]. 高技术通讯，2008，18（8）：868-873.

[4] 张克烽，张子平，陈芸，等．动物抗氧化系统中主要抗氧化酶基因的研究进展 [J]. 动物学杂志，2007，42（2）：155-162.

[5] 李敬玺，刘继兰，王选年，等．超氧化物歧化酶研究和应用进展 [J]. 动物医学进展，2007，28（7）：70-75.

[6] 李晓英，董志国，薛洋，等．窒息条件对青蛤酸性磷酸酶和溶菌酶的影响 [J]. 水产科学，2009，28（6）：321-324.

[7] Bao Y，Li L，Zhang G. The manganese superoxide dismutase gene in bay scallop *Argopecten irradians*：Cloning，3D modelling and mRNA expression [J]. Fish and Shellfish Immunology. 2008，25（4）：425-432.

[8] Bebianno M J，Géret F，Hoarau P，et al. Biomarkers in *Ruditapes decussatus*：a potential bioindicator species [J]. Informa Healthcare. 2004，9：305-330.

[9] Bogdan C，Röllinghoff M，Diefenbach，A. Reactive oxygen and reactive nitrogen intermediates in innate and specific immunity [J]. Curr. Opin. Immunol. 2000，12：64-76.

[10] Cheng W，Tung Y H，Chiou T T，et al. Cloning and characterisation of mitochondrial manganese superoxide dismutase（mtMnSOD）from the giant freshwater prawn *Macrobrachium rosenbergii* [J]. Fish & Shellfish Immunology. 2006，21：453-466.

[11] Ekanayake P M，Kang H S，De-Zyosa M，et al. Molecular cloning and characterization of Mn-superoxide dismutase from disk abalone（*Haliotis discus* discus）[J]. Comparative Biochemistry and Physiology Part B：Biochemistry and Molecular Biology，2006，145：318-324.

[12] Fink R C，Scandalios J G. Molecular evolution and structure-function relationships of the superoxide dismutase gene families in angiosperms and their relationship to other eukaryotic

and prokaryotic superoxide dismutases [J]. Arch Biochem Biophy, 2002, 309: 19-36.

[13] Irwin D M, Gong Z M. Molecular evolution of vertebrate goose-type lysozyme genes [J]. Journal of molecular evolution, 2003, 56 (2): 234-242.

[14] Jung Y, Nowak T S, Zhang S, et al. Manganese superoxide dismutase from Biomphalaria glabrata [J]. Journal of Invertebrate Pathology, 2005, 90: 59-63.

[15] Ni D, Song L, Gao Q, et al. The cDNA cloning and mRNA expression of cytoplasmic Cu, Zn superoxide dismutase (SOD) gene in scallop Chlamys farreri [J]. Fish & Shellfish Immunology, 2007, 23: 1032-1042.

[16] Talbot T D, Lawrence J M. The Effect of Salinity on Respiration, Excretion, Regeneration and Production in *Ophiophragmus lograneus* (Echinodermata: Ophiuroidea) [J]. Journal of Experimental Marine Biology & Ecology, 2002, 275: 1-14.

[17] Yue W F, Liu J M, Sun J T. Immunity promotion and proteomie identification in mice upon exposure to manganese supemxide dismutase expressed in silkworm larvae [J]. J Proteome Res, 2007, 6 (5): 1875-1881.

[18] Yu SG, Ye X, Zhang LL, et al. Molecular Cloning and Sequencing of Three C-Type Lysozyme Genes from Oreochromis aureus [J]. Journal of Agricultural Biotechnoiogy, 2010, 18 (1): 66-74.

[19] Zheng QM, Ye X, Bai JJ, Wu RQ, Luo JR Isolation and characterization of the lysozyme-encoding gene from the black tiger shrimp [J]. Penaeus Monodon. Acta Hydrobiologica Sinica, 2014, 28 (4), 413-417.

第6章

刺参盐度相关的非编码RNA的研究

6.1 低盐胁迫下转录组高通量测序及非编码 RNA 的筛选

6.1.1 实验材料与方法

6.1.1.1 实验材料

实验用海参有两组，每组 90 头，设三个重复，每个重复在水箱中养殖 30 头，对照组（CTT）盐度保持在 32‰，低盐胁迫组（SST）盐度维持在 18‰。低盐度胁迫组的海水通过添加曝气后的淡水调节至盐度为 18‰。分别在对照组（CTT）和低盐胁迫组（SST）胁迫后的 1.5 h、3 h、6 h、12 h、24 h、48 h 和 72 h 时间点，分别采集 3 头刺参的肠道、呼吸树和腹腔液来用于后续的实验。在提取总 RNA 用于 RNA 文库制备之前，所有样品立即在液氮中冷冻，随后进行 mRNA 和 miRNA 测序。

6.1.1.2 实验方法

从刺参的肠道、呼吸树和腹腔液的 21 个样本（七个时间点的 3 个重复）中提取 mRNA，将等量的 RNA 混合后进行后续文库的构建，构建了代表 CTT 组和 SST 组的两个 cDNA 文库和 miRNA 文库并进行了高通量测序。从原始数据中去除低质量 Reads，使用 Trinity 程序组装后进行注释，并进行差异表达基因 DEGs 的 GO 富集分析和 KEGG 富集分析。使用 DEGseq R 软件包进行两个样本之间的差异表达分析，获得差异表达的基因。miRNA 数据以 miRBase20.0 作为参考，来识别保守的 miRNA。用 miREvo 和 mirdeep2 软件来预测新的 miRNA。使用 DEG seq R 软件包对 CTT 和 SST 样本进行差异 miRNA 的表达分析。基于 miRNA 和 mRNA 之间的互补区和 miRNA-mRNA 双链的热力学稳定性，预测差异表达 miRNA 的靶基因，使用 Cytoscape 3.3.0 预测 mRNA 和 miRNA 的调控网络。

为了验证 Illumina 测序数据，选择了 9 个 DEGs 进行实时荧光定量 PCR（RT-qPCR）分析。利用 Primer 5 软件进行引物设计，β-肌动蛋白基因被用作目标基因 RT-qPCR 分析的内参。选择了 6 个差异表达的 miRNA（DERs）进行 RT-qPCR 分析验证测序数据，引物序列列于表 6-1。

表 6-1 实验所用的引物序列

基因/miRNA	上游/下游引物(5′-3′)
Calcium-transporting ATPase (*Ca-ATP*)	F:5′CGGTACTGGTGACAATAGAA3′ R:5′GAGGATGACAAAGTGGAGC3′
V-TYpe H^+-transporting ATPase subunit alpha (*H-ATP*)	F:5′AGAATATCCGAGTCCACG3′ R:5′ACAAGACCACATCCCAAC3′
Nicotinic acetylcholine receptor subunit alpha-9 (*CHRNA9*)	F:5′ACTCCCTCTACAGATGCG3′ R:5′TGGTGCCACTAAGGTGAA3′
Sodium-and chloride-dependent GABA transporter 2 (*SLC6a8*)	F:5′GACCAAAGTTACTGCTCCAC3′ R:5′TTACCGTTTACCCGTGCC3′
Sodium-/potassium-transporting ATPase subunit alpha (*NKA*)	F:5′GTCCAACAGGGCATGAGT3′ R:5′TGAGTGGGTACATACGAAGT3′
Calcium-activated chloride channel regulator 4-like (*CLCA4*)	F:5′CGTATGTTCGTATTTCTCCCTC3′ R:5′ATGGCTACCATCCGGTCT3′
Glycine receptor subunit alpha-4 (*Glra4a*)	F:5′AACCCGTGGTAGTGGTGG3′ R:5′TTCCCTGCTGGTCCTCAT3′
Potassium channel tetramerization domain 6 (*KCTD6*)	F:5′TGTCGGCGGTAACTTCTA3′ R:5′TTGTGGGTACGATGAGCT3′

续表

基因/miRNA	上游/下游引物(5′-3′)
NADH dehydrogenase(Ubiquinone)1 α Subcomplex,1 (*NDUFA1*)	F:5′TGCCTCTGAACGGGGAAAC3′ R:5′CCAGCCAGCATAGTACCTGTAA3′
Aquaporin-9 (*AQP9*)	5′AGGCACCGACTACAGAAC3′ 5′CACCTCTTAATCCAGCAC3′
β-actin	F:5′CGGCTGTGGTGGTGAAGGAGTA3′ R:5′TCATGGACTCAGGAGACGGTGTG3′
miR-2010	GGGGTTACTGTTGATGTCAGCCCCTT
miR-2011	GGGACCAAGGTGTGCTAGTGATGAC
miR-2013	CGTGCAGCATGATGTAGTGGTGT
miR-10	GCGAACCCTGTAGATCCGAATTTGTG
miR-92b-3p	TATTGCACTTGTCCCGGCCT
miR-278-3p	GTCGGTGGGACTTTCGTTCGATT
U6	ACGCAAATTCGTGAAGCGTT

6.1.2 结果与分析

6.1.2.1 盐胁迫下差异表达基因及GO富集

RNA Illumina测序结果共获得34837个单基因，其中获得差异表达基因3441个，包括上调表达基因2034个和下调表达的基因1407个（图6-1）。通过GO分析，共有21910个单基因被注释，其中分子功能包括17968个基因，生物过程包括14777个基因，细胞组分包括9930个基因（图6-2）。

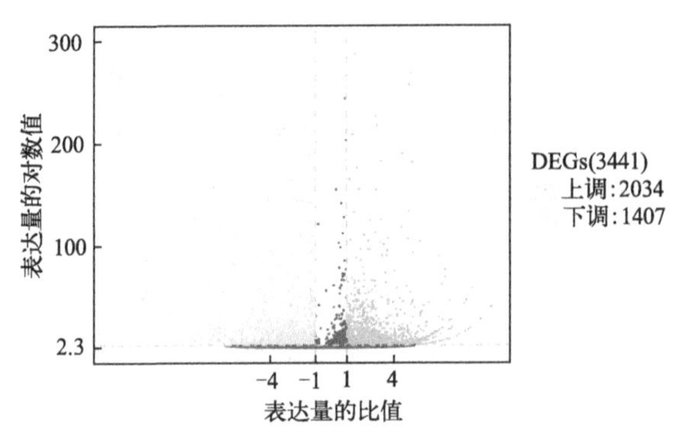

图6-1　高通量测序后差异表达的基因

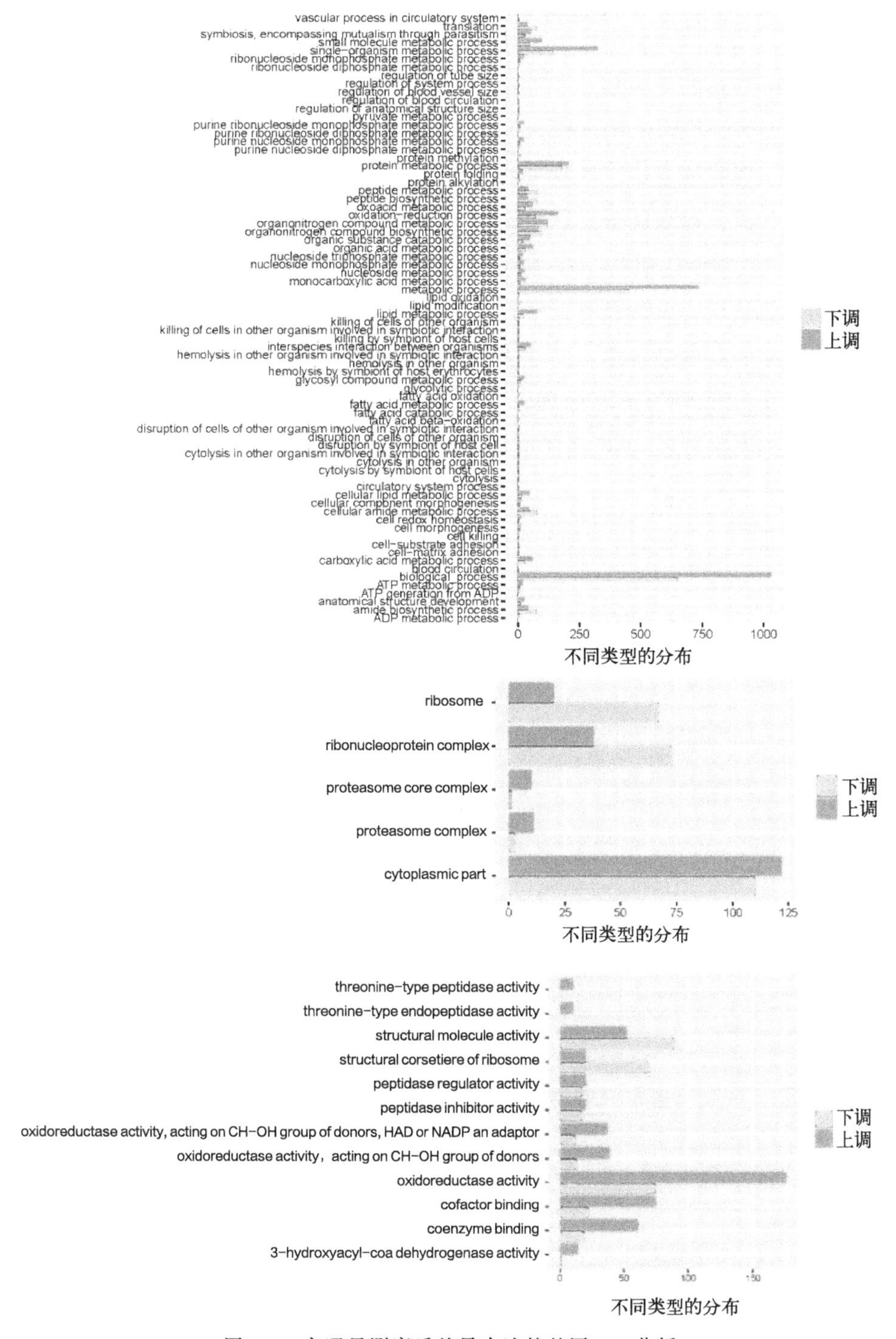

图 6-2　高通量测序后差异表达的基因 GO 分析

6.1.2.2 盐胁迫下差异表达基因的KEGG富集与分析

所有差异表达的基因被归入106条不同的通路，其中前20条通路被列出（图6-3）。上调表达的基因主要被归入97条不同的通路，其中前20条通路涉及碳水化合物代谢、脂肪酸代谢、降解和延伸、氨基酸代谢、遗传信息处理、辅助因子和维生素的代谢、运输和分解以及环境信息处理（表6-2）。碳水化合物代谢包括171个基因，氨基酸代谢83个，脂质代谢途径有81个基因。36个基因参与了过氧化物酶体亚途径，该途径有助于许多关键的代谢过程，如脂肪酸氧化、醚类脂质的生物合成和自由基解毒，18个基因属于蛋白体亚途径，该途径参与信号转导途径、适当免疫反应的抗原处理、应激信号、炎症反应和细胞凋亡。所有差异表达的下调单基因被归入80条不同的路径。 前20条路径主要与上调的路径一致

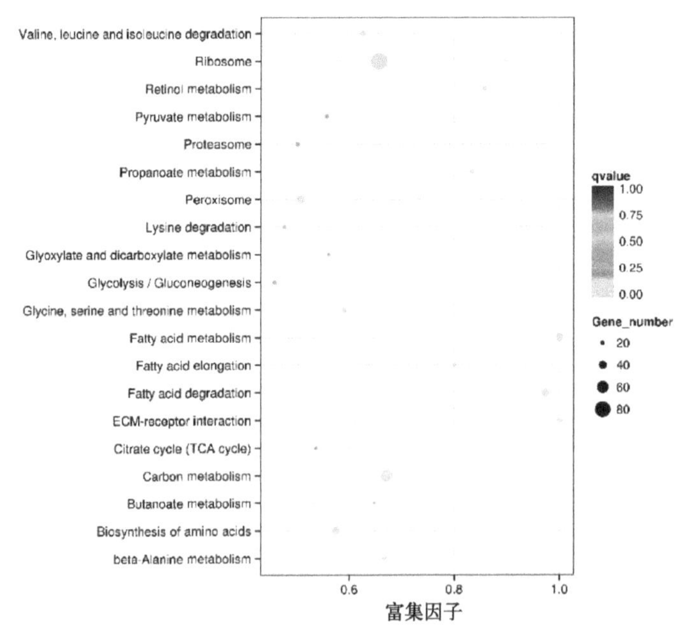

图6-3 所有差异表达的基因KEGG通路富集

表6-2 差异表达基因所涉及的KEGG通路

KEGG通路	子通路(上调表达基因数)	子通路(下调表达基因数)
氨基酸代谢	β-丙氨酸代谢(14)	甘氨酸、丝氨酸和苏氨酸代谢(10)
	氨基酸的生物合成(29)	苯丙氨酸代谢(5)
	赖氨酸降解(17)	酪氨酸代谢(5)
	缬氨酸、亮氨酸和异亮氨酸降解(23)	谷胱甘肽代谢(7)

续表

KEGG 通路	子通路(上调表达基因数)	子通路(下调表达基因数)
碳水化合物代谢	丁酸代谢(11) 碳代谢(55) 柠檬酸循环(TCA cycle)(15) 糖酵解/糖异生(19) 乙醛酸和二羧酸代谢(14) 磷酸戊糖途径(10) 丙酸代谢(20) 丙酮酸代谢(18) 半乳糖代谢(9)	其他聚糖降解(5) 鞘糖脂生物合成(2) 糖胺聚糖降解(3)
脂质代谢	脂肪酸降解(33) 脂肪酸延长(12) 脂肪酸代谢(36)	甘油酯代谢(7) 亚油酸代谢(4) 甘油磷脂代谢(7) 鞘脂代谢(5)
遗传信息处理	蛋白酶体(18)	核糖体(78) 内质网的蛋白质加工(16) 泛素介导的蛋白水解(12)
辅助因子和维生素的代谢	视黄醇代谢(10)	视黄醇代谢(8) 泛醌和其他萜类化合物-醌生物合成(3)
运输和分解代谢	过氧化物酶体(36)	溶酶体(20) 自噬调节(3)
环境信息处理	ECM 受体互作(19)	mTOR 信号通路(5) ABC 转运(3)

(表 6-2)。共有 27 个序列被归入氨基酸代谢，23 个序列被归入脂质代谢，23 个序列被归入溶酶体和调节自噬细胞过程。

6.1.2.3 miRNA 文库数据测序结果

利用 Illumina Solexa 高通量测序技术从海参中构建了两个 miRNA 文库(CTR 和 SSR)，以确定参与盐胁迫的 miRNA。从 CTR 和 SSR 文库中分别获得了 8133756 和 7650042 条原始 Reads（表 6-3），产生了 7928444 (99.04%) 和 7188397 (95.96%) 条 miRNA Reads。其中，94.91%和 96.68%的 Reads 能够在数据库中比对上。分别获得 411 和 283 个新的 miRNA，已知 miRNA 分别有 360 和 306 个，成熟的新 miRNA 分别有 48 和 41 个，成熟已知 miRNA 分别有 32 和 31 个。

表 6-3 高通量测序获得的 miRNA 文库

项目	对照组(CTR)	百分比/%	盐度处理组(SSR)	百分比/%
原始片段	8133756	100.00	7650042	100.00
高质量片段	8005507	98.42	7491540	97.93
过滤后的小 RNA	7928444	99.04	7188397	95.96
比对的小 RNA	7525099	94.91	6950055	96.68
比对的新 miRNA	411	0.0055	283	0.0041
比对的成熟 RNA	48	0.0006	41	0.0006
比对的发夹结构	56	0.0007	51	0.0007
比对的 sRNA	411	0.0055	283	0.0041
比对的已知 miRNA	360	0.0048	306	0.0044
比对的成熟 miRNA	32	0.0004	31	0.0004
比对的新发夹结构	32	0.0004	30	0.0004

6.1.2.4 差异表达的 miRNA

在本研究中共发现 22 个差异表达的 miRNA，其中有 7 个 miRNA 表达上调，15 个表达下调（表 6-4）。22 个差异表达的 miRNA 的热图如图 6-4 所示。在盐度胁迫条件下，有 4 个 miRNA 的表达可以聚为一类，包括 novel-miR-3、novel-miR-4、miR-153-3p 和 miR-2011，表明这些 miRNA 具有一致的表达谱。5 个新的 miRNA（novel-miRNAs 12、14、15、16 和 20）与 1 个已知的 miRNA-278-3p 聚在一起，表明这些新的 miRNA 与已知的 miRNA-278-3p 有相似的表达谱。这些差异表达的 miRNA 的热图有助于刺参盐度响应的基础研究。通过使用 miRanda 软件预测其靶基因，并构建了差异表达的 miRNA（DER）及其靶标 mRNA 的网络互作图（图 6-5）。

表 6-4 差异表达的 miRNA

sRNA	实验组	对照组	上调/下调
miR-153-3p	3759.01	10661.84	↓
miR-2011	32165.77	15990.37	↑
miR-278-3p	1820.5	350.83	↑
miR-2008	285.54	1168.72	↓
miR-2005	607.87	156.2	↑
miR-29b	32.6	271.87	↓
miR-10	116.55	351.78	↓

续表

sRNA	实验组	对照组	上调/下调
miR-2007	46.25	180.1	↓
miR-92a	79.94	179.33	↓
miR-2013	7.83	37.85	↓
miR-2010	2.19	15.1	↓
miR-124	11.29	33.27	↓
novel-miR-3	148776.03	297808.92	↓
novel-miR-4	17134.09	81004.73	↓
novel-miR-14	1253.98	3614.17	↓
novel-miR-12	3191.03	1311.92	↑
novel-miR-20	2108.23	629.19	↑
novel-miR-16	909.61	2772.57	↓
novel-miR-15	572.72	2032.68	↓
novel-miR-91	378.78	147.6	↑
novel-miR-27	270.97	626.51	↓
novel-miR-51	24.4	8.22	↑

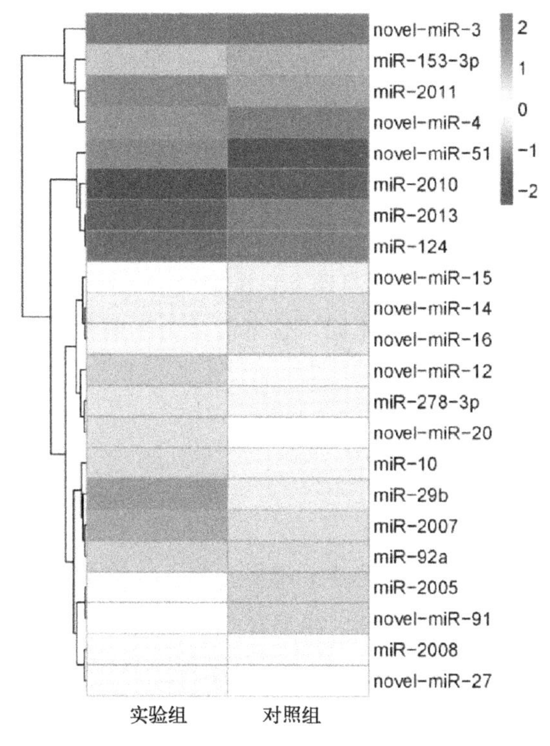

图 6-4 差异表达的 miRNA 热图

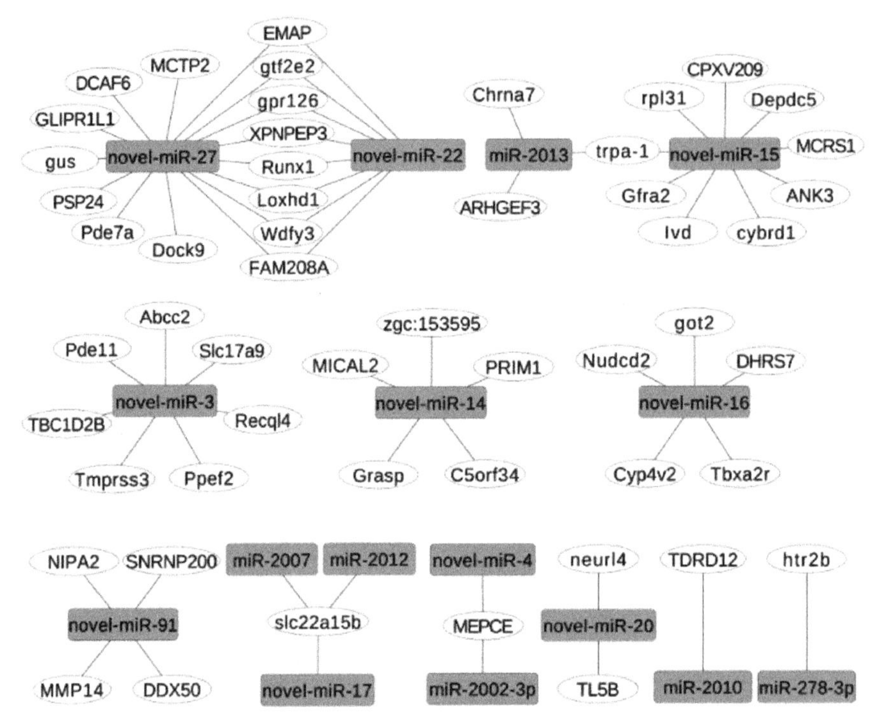

图 6-5 差异表达的 miRNA（DER）及其靶标 mRNA 的网络互作图

6.1.2.5 利用 qPCR 验证 RNA-seq 数据

经过全面的 RT-qPCR 验证，对选定的 9 个 DEGs 和 6 个 DERs 的表达水平与 RNA-seq 分析的表达谱进行了比较（图 6-6）。RNA-seq 预测的 DEGs 和 DERs 的表达趋势与 RT-qPCR 的结果一致（图 6-6 和图 6-7）。RT-qPCR 预测的一些 miRNA 的表达量与 RNA-seq 的结果不同，这可能是由于两种技术的灵敏度和算法的不同。

6.1.3 讨论

盐度胁迫后机体可以通过诱导分子伴侣、快速清除受损大分子，以及某些基因表达程序的激活反应来做出响应。海参在盐度胁迫后的响应机制仍不清楚。有研究表明海参是狭盐性生物，其缺乏明显的渗透压调节器官，但也有研究表明，大多数棘皮动物的某些离子浓度可能会与环境海水保持在不同的水平。有报道称灰海参可以暂时调节其渗透压体液。海参受到周围环境盐度变化能通过调节离子

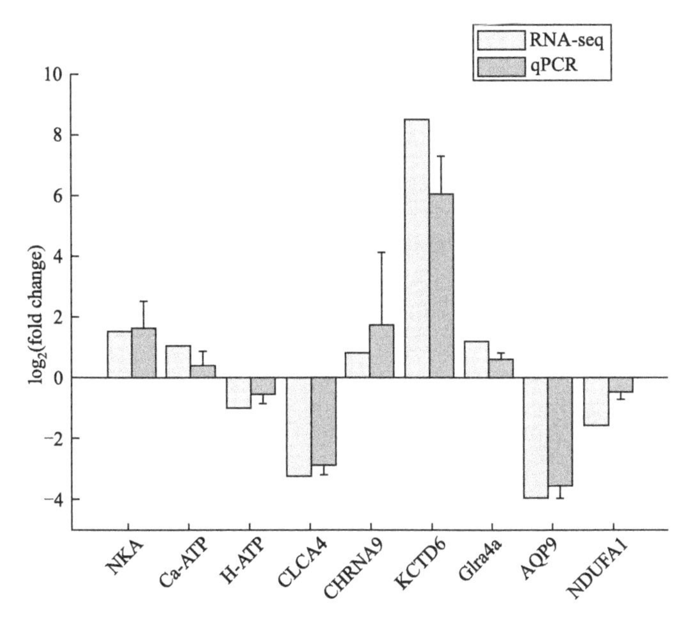

图 6-6 9个差异表达的基因定量 PCR 结果

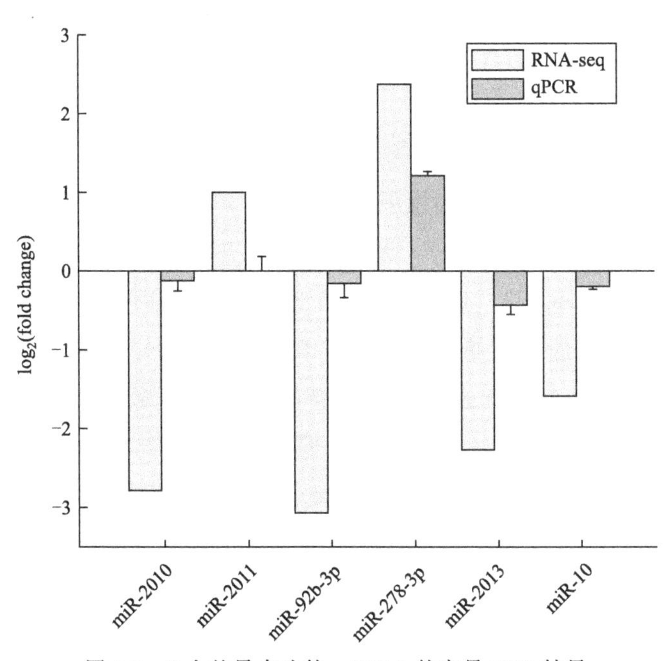

图 6-7 6个差异表达的 miRNA 的定量 PCR 结果

平衡来维持正常细胞功能。此外，急剧的盐度变化可能会诱导一系列基因的表达来启动各种生理功能。本研究中发现的差异表达基因主要富集在与氨基酸代谢、碳水化合物代谢、脂质代谢、遗传信息处理、辅因子和维生素代谢、运输分解代

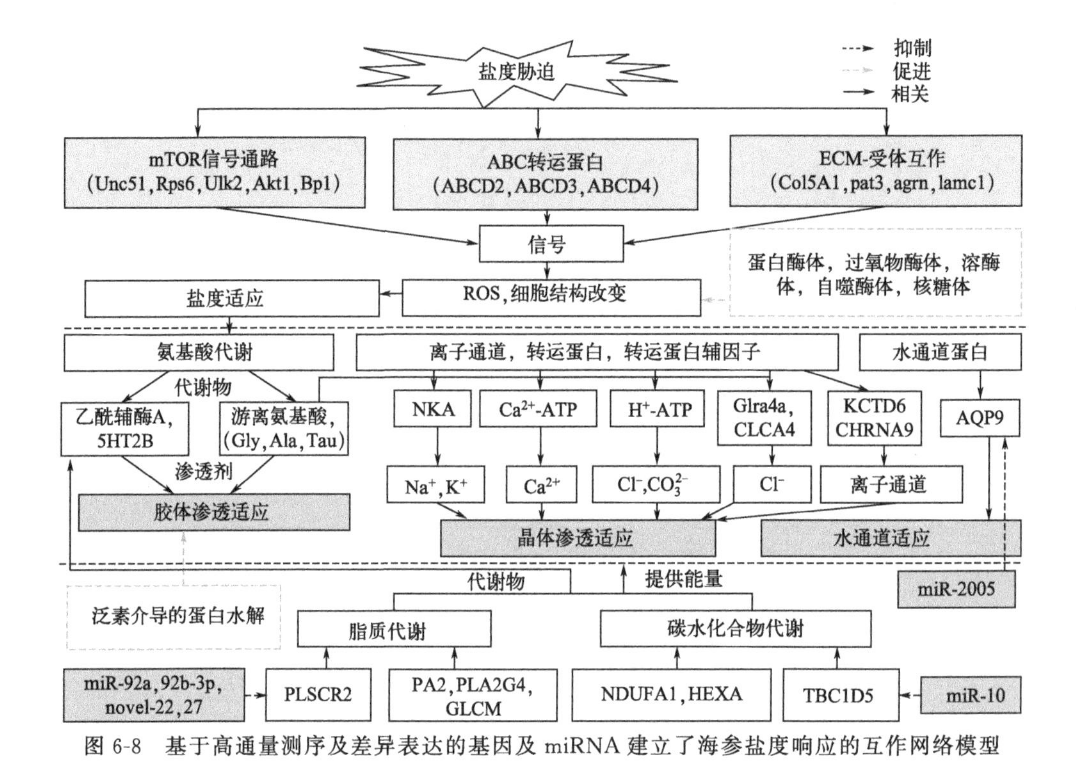

图 6-8　基于高通量测序及差异表达的基因及 miRNA 建立了海参盐度响应的互作网络模型

谢和环境信息处理相关的通路，表明这些过程涉及海参对低盐胁迫的调节。盐度胁迫后涉及的 KEGG 通路还包括脂质代谢、甘油磷脂代谢、甘油酯代谢、维生素消化吸收和脂肪消化，这些 KEGG 通路在海参低盐胁迫过程中也有涉及。

水孔蛋白基因（*AQP9*）作为 miRNA-2005 的靶基因，通常会通过参与运输和分解代谢途径来响应盐度胁迫。AQP9 作为协调水分子和离子转运的大分子，在海参盐度胁迫后显著下调表达，与实验的转录组学测序结果一致（图 6-6）。*AQP9* 的下调表达在河豚、鲑鱼、海参和莫桑比克罗非鱼也有所体现。有研究结果表明牡蛎中水通道蛋白是建立体内水平衡和内环境稳定的非常重要的盐响应效应物。转录组分析表明，长期盐度胁迫会降低水孔蛋白的活性，来防止牡蛎鳃细胞的水流变化和细胞的肿胀和收缩。众多的实验结果表明 AQP9 可能形成一个特异性通道，介导多种不带电溶质的通过，来实现海参的盐度适应。

环境应激可以激活控制离子和维持渗透平衡的离子通道（包括 Na^{+}、K^{+}、Ca^{2+} 和 Cl^{-} 通道）。在本实验的海参中，*NKA*、Ca^{2+} 转运 ATP 酶、V 型 H^{+} 转运 ATP 酶亚基 α、烟碱型乙酰胆碱受体亚基 α-9、甘氨酸受体亚基 α-4、钾离子通道四聚化结构域蛋白 6 和氯离子通道蛋白 4 均在盐胁迫下被诱导表达，且均参与转运和分解代谢途径。低渗调节通常涉及 Cl^- 和 Na^+ 转运的相关基因，如 *NKA*、*NKCC* 可为渗透压调节上皮的离子转运系统提供动力。*NKA* 基因已被证明在许多物种的盐度适应中发挥重要作用，包括萨罗罗非鱼、莫桑比克罗非鱼和鲤鱼。NKA 在海参体内的丰度与上述结果一致，可能说明 NKA 在海参盐胁迫中也发挥重要作用。有研究表明，Ca^{2+} 转运质膜 ATP 酶参与尼罗罗非鱼的盐度响应过程。*NKA*、*Ca*$^{2+}$*-ATP*、*H*$^{+}$*-ATP*、*Glra4a*、*KCTD6*、*CLCA4*、*CHRNA9* 基因上调或下调表达，从而参与运输和分解代谢途径来参与海参的盐度适应过程。这些离子转运基因在盐度适应中发挥重要作用，并与其他因子，如 SLC 家族、pH、蛋白质水解、神经递质及其受体、游离氨基酸（甘氨酸、赖氨酸、牛磺酸、β-丙氨酸）、葡萄糖等糖类、胆盐及有机酸、金属离子、胺类化合物等形成复杂的网络体系来参与盐度响应过程。

甘氨酸、牛磺酸和丙氨酸等游离氨基酸可以激活神经递质门控氯离子通道和神经递质膜受体。此外，赖氨酸在真核生物中可通过乙酰化代谢生成乙酰辅酶 A。乙酰辅酶 A 作为氨基酸、脂质和碳水化合物代谢共同产生的中间代谢产物参与渗透调节。在我们的研究中，能够产生乙酰辅酶 A 的 3-羟基酰基辅酶 A 脱氢酶的基因表达在受到盐度胁迫后显著上调，导致更多的乙酰辅酶 A 进入柠檬酸循环进行能量的生产。在蛤仔、长牡蛎、罗非鱼和凡纳滨对虾中也发现类似的结果。泛素介导的蛋白水解和泛醌等萜类-醌生物合成也有助于蛋白质的转运。

许多差异表达基因富集在碳水化合物代谢途径中，这样的结果可能表明能量的储存对盐度应激耐受很重要，海参对盐度胁迫的代谢反应依赖于碳水化合物的分解代谢。碳水化合物代谢是用来处理与盐胁迫相关的能量需求的主要和直接的能量来源。NDUFA1 作为呼吸链复合物 I 的重要组成部分，通过化学渗透偶联将电子从 NADH 转移到泛醌用于 ATP 合成。在本研究中，*NDUFA1* 在海参盐度胁迫后下调表达，表明海参在受到盐度胁迫时能量的储备减少。牡蛎受到病毒感染和镉等胁迫时也是如此。有研究发现 ATPGD1 通过催化牡蛎体内 β-丙氨酸的降解参与代谢过程，进而在低渗胁迫下维持渗透平衡。与呼吸链复合物相关的基因也受到调控，其中包括编码可产生泛醌的 3-去甲基泛醌-93 甲基转移酶的基因。磷酸烯醇式丙酮酸羧激酶和腺苷激酶以及苹果酸脱氢酶和果糖 1,6 二磷酸酶等碳水化合物代谢途径，也被证明在受到胁迫后会参与其应激过程。

本研究通过 KEGG 通路富集分析发现脂类代谢在海参低盐胁迫下进行富集。据报道，脂质代谢通路，包括脂肪酸生物合成、花生四烯酸代谢、鞘糖脂和糖胺聚糖代谢也参与凡纳滨对虾、中华绒螯蟹盐胁迫响应。脂质或脂肪酸可能通过提供额外的能量或改变膜结构调节渗透过程来降低凡纳滨对虾的渗透胁迫。如果生物体内碳水化合物不足，机体的能量不是从葡萄糖中获得，则能量必须从机体组织的脂肪酸分解中获得，这样的结果可能也说明海参可能利用长链脂肪酸进行能量补充。上调表达的长链特异性酰基辅酶 A 脱氢酶和植烷酰辅酶 A 双加氧酶均参与脂肪酸氧化，脂肪酸 β 氧化的最终产物为乙酰辅酶 A。此外，乙酰辅酶 A 可以通过三羧酸循环完全氧化成二氧化碳和水，产生能量。这些结果表明脂质代谢物是海参在盐度胁迫下能量储存和供应的重要物质，也可能作为许多离子通道的调节剂。

在本研究中，盐度胁迫下的海参中有 7 个 miRNA 上调表达，15 个 miRNA 下调表达，表明 miRNA 是参与海参应对盐度环境变化所必需的。之前的研究发现，miRNA 参与了其他物种盐度的调节。有研究发现，在渗透胁迫下 miRNA-429 表达降低，miRNA-30c 抑制导致罗非鱼失去渗透胁迫耐受性。对尼罗罗非鱼的一系列研究表明，渗透刺激诱导鳃和肾脏 miRNA 的表达，并参与介导分子和有机体的反应，以在渗透胁迫下维持体内平衡。

在盐度胁迫下 miR-10 的下调和其靶基因 *TBC1D5* 的上调可能有助于海参在低盐胁迫下产生葡萄糖。miR-2008 和 miR-92a 在低盐胁迫下下调表达。这些结果表明，miR-2008 和 miR-92a 可能通过靶向基因 *PLEKHA3/FAPP1* 和 *PLSCR2* 参与海参的盐度适应。此外，这些结果与转录组测序结果一致，证实了脂质代谢参与响应海参的盐度胁迫。miR-2007 在盐度胁迫后下调表达，其靶基因 *SLC22a15* 可能通过转运葡萄糖和其他糖类来满足盐胁迫下的能量需求，从而参与海参的盐度适应。总之，海参的 miRNA 可能通过调节其靶基因（*SLC22a15*、*PLSCR2* 和 *PLEKHA3*）的表达，来应对环境盐度变化，为适应性变化提供能量。

基于上述实验结果，我们建立了海参盐度响应网络相关因子的假设模型（图 6-8）。这个模型中的通路包括细胞外基质-受体相互作用（19 个基因上调）、mTOR 信号通路（5 个基因下调）和 ABC 转运蛋白（3 个基因下调）通路。因此，环境变化可以刺激海参通过氨基酸代谢、离子通道、转运蛋白和水通道蛋白等来适应盐度胁迫的过程。氨基酸代谢物通过游离氨基酸参与胶体渗透调节过程，而离子通道和转运蛋白负责晶体渗透调节，水通道蛋白负责调节水通道。乙酰辅酶 A 作为氨基酸、脂质和碳水化合物代谢的代谢产物，以及激素和神经递质也参与了这种盐度适应过程。因此，海参通过这三个方面的合作以及 miRNA 调控来适应盐度胁迫。

6.2　miR-22和miR-27及其靶基因在刺参盐度胁迫后的表达模式

microRNAs（miRNAs）是一类长度为18～26 nt并能够调节转录后内源基因表达的非编码的小RNA。据报道在刺参中miRNA与刺参夏眠、缺氧胁迫、腐皮疾病、肠再生、免疫调节等生理生化过程有关。目前关于microRNA参与刺参盐度适应方面的研究结果相对较少。本文以低盐（18‰）胁迫后的高通量测序结果为基础，从差异表达的microRNA中筛选出Aja-miR-22和Aja-miR-27，预测获得其对应的靶基因，分析这两个miRNA及其靶基因在盐度胁迫过程中的表达情况，为刺参的盐度适应过程提供重要的依据。

6.2.1　材料与方法

6.2.1.1　实验材料

选择体重为（22.84±2.79）g的健康刺参作为实验材料。将30头刺参放置于盐度为18‰的低盐海水中进行低盐胁迫，在胁迫后的3 h、6 h、12 h、24 h、48 h和72 h不同时间点各自选取3头刺参的体腔液，用于后续实验分析。同时将正常盐度（32‰）的刺参作为对照组（0 h）。

6.2.1.2　实验方法

采用Trizol法提取miRNA，并用miRcute miRNA cDNA第一链合成试剂盒（KR201）进行miRNA反转录，定量表达分析。通过miRanda软件预测分析所得筛选靶基因进行荧光定量引物设计并进行后续分析。miRNA和靶基因及内参基因的引物序列见表6-5。所有数据均采用SPSS22.0软件进行分析，并通过单因素方差分析（one-way ANOVA）和LSD比较数据差异显著水平，$P<0.05$时表示差异显著，并采用Origin8.1软件绘制柱状图。

表6-5　荧光定量RT-PCR引物序列

基因	引物序列
Aja-miR-22	TATTGCACTTGTCCCGGCCG
Aja-miR-27	CTATTGCACTTGTCCCGGCCTAT

续表

基因	引物序列
U6	ACGCAAATTCGTGAAGCGTT
gtf2e2-F	5′-ACCAGTTGTGGAAAAGAAAAAGCC-3′
gtf2e2-R	5′-TAGTTGAAACCAGCCGGAGAGGAT-3′
EMAP-F	5′-CGCACCTAGCAAGACTCTAGCC-3′
EMAP-R	5′-AACGTCATCATTGTGACCCAAATA-3′
β-actin-F	5′-CGGCTGTGGTGGTGAAGGAGTA-3′
β-actin-R	5′-TCATGGACTCAGGAGACGGTGTG-3′

6.2.2 结果与分析

6.2.2.1 Aja-miR-22 和 Aja-miR-27 在盐度胁迫下的表达

Aja-miR-22 和 Aja-miR-27 在盐度胁迫下各时段的表达结果如图 6-9 所示。Aja-miR-22 和 Aja-miR-27 这两个 miRNA 在盐度胁迫后各时段呈现相同的表达趋势，2 个 miRNA 都呈现出上调表达，且都在胁迫后 3 h 达到最大值，分别为对照组的 36 倍和 16 倍。胁迫 3 h 后表达量有所降低，在胁迫后 48 h 又开始升高，然后降低。Aja-miR-22 和 Aja-miR-27 在胁迫后各个时间点表达量都均高于对照组，其中 Aja-miR-22 在胁迫后 3 h、48 h 与对照组差异极显著（$P<0.01$），Aja-miR-27 在胁迫后 3 h、48 h、72 h 与对照组差异极显著（$P<0.01$）。

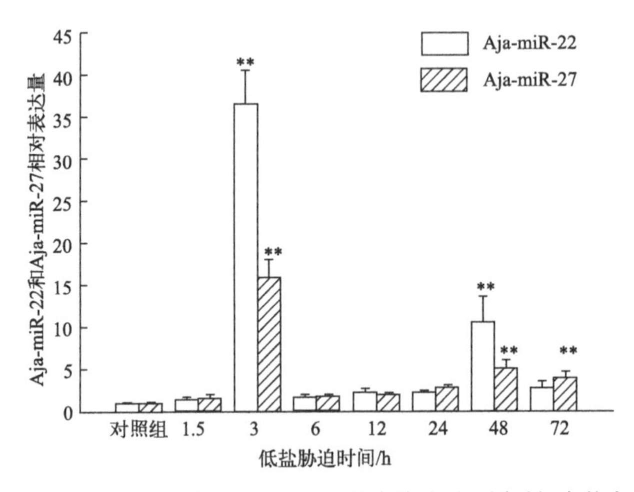

图 6-9 Aja-miR-22 与 Aja-miR-27 盐度胁迫后不同时间点的表达

6.2.2.2　靶基因在盐度胁迫下各时间点的表达

靶基因棘皮动物微管相关蛋白（*EMAP*）和一般转录因子 IIE 亚基 2（*gtf2e2*）在盐度胁迫下的表达结果如图 6-10 所示。2 个靶基因的表达趋势基本一致，在胁迫后 3 h 降到最低值，是对照组的 89%，然后开始逐渐升高，至胁迫后 48 h 达到最大值，是对照组的 13 倍。其中 *EMAP* 在胁迫后各个时间点的表达量均低于对照组，除胁迫后 48 h 外，其余时间点均与对照组差异极显著（$P<0.01$）。而 *gtf2e2* 在胁迫后 1.5 h、3 h、24 h、48 h 和 72 h 的表达量与对照组差异极显著（$P<0.01$）。

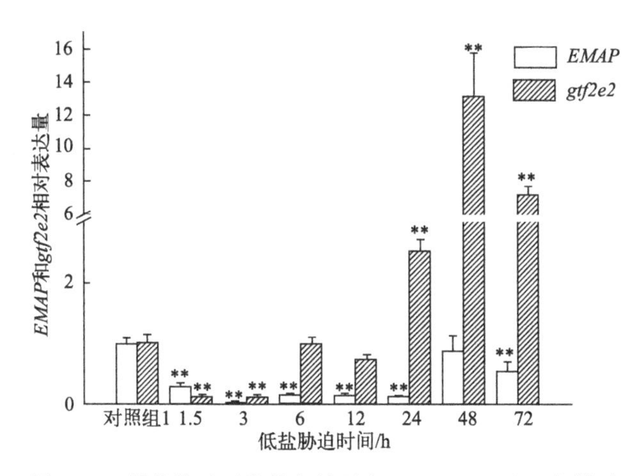

图 6-10　低盐胁迫下微管相关蛋白（*EMAP*）和一般转录因子 IIE 亚基 2（*gtf2e2*）基因在不同时间点的表达

6.2.2.3　两个 miRNA 与其靶基因间 3′-UTR 区域结合

2 个 miRNA 及其靶基因间的 3′-UTR 区域序列对比如图 6-11 所示。Aja-miR-22 的“种子区”与 *EMAP* 3′-UTR 区域的 879～886 位点相结合，序列对比得分为 156.00，高于阈分数 90，最小自由能为－19.51 kCal/mol，得分数值越大或自由能越低都表明 miRNA 与靶 mRNA 结合复合物结构越稳定。Aja-miR-22 的 2～12 位点与 *gtf2e2* 的 493～514 位点序列对比得分为 151.00，最小自由能为－21.75 kCal/mol。Aja-miR-27 的 2～18 bp 与 *EMAP* 的 865～887 bp 序列对比得分为 156.00，最小自由能为－19.42 kCal/mol，Aja-miR-27 的“种子区”序列与 *EMAP* 3′-UTR 碱基完全互补；Aja-miR-27 的 2～12 bp 与 *gtf2e2* 的 493～514 bp 序列对比得分为 151.00，最小自由能为－21.75 kCal/mol。

```
Aja-miR-22  3′  uggccGGCCCUG-UUCACGUUAu  5′   Aja-miR-27  3′  uauccGGCCCUG-UUCACGUUAu  5′
                     ||   |||  :||||||||                         ||   |||  :||||||||
EMAP        5′  gcatcCCAAGACGGAGTGCAATg  3′   EMAP        5′  gcatcCCAAGACGGAGTGCAATg  3′

Aja-miR-22  3′  uggccggcccuGUUCACGUUAu   5′   Aja-miR-27  3′  uauccggcccuGUUCACGUUAu   5′
                           ||:|||||||                                   ||:|||||||
gtf2e2      5′  atcgtggttacCAGGTGCAATg   3′   gtf2e2      5′  atcgtggttacCAGGTGCAATg   3′
```

图 6-11　Aja-miR-22 与 Aja-miR-27 及其靶基因的 3′-UTR 区域序列对比

6.2.2.4　两个 miRNA 及其靶基因在低盐胁迫下不同时间段的表达

2 个 miRNA 与其对应靶基因的 mRNA 表达量如图 6-12 所示，在盐度胁迫 24 h 内呈典型的负向调节趋势。Aja-miR-22 和 Aja-miR-27 表达趋势分别升高、降低、升高、降低，与 *EMAP* 和 *gtf2e2* 的表达趋势分别降低、升高、降低、升高相反。在盐度胁迫 48 h 和 72 h 这两个时间点，*gtf2e2* 与其 miRNA 呈现负向调节趋势，而 *EMAP* 与其 miRNA 呈现正向的变化趋势。

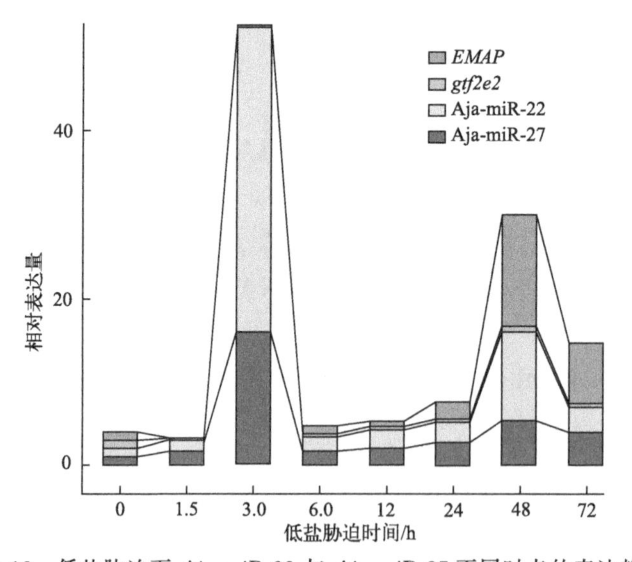

图 6-12　低盐胁迫下 Aja-miR-22 与 Aja-miR-27 不同时点的表达趋势

6.2.3　讨论

miRNA 是一类高度保守的非编码 RNA，能够在生物体中表达，并通过与靶基因的完全或不完全互补性结合沉默靶基因，调节基因的表达。在盐度胁迫相关的 miRNA 报道中，Wang 等在花鳗鲡研究中发现 miR-10b-5p、miR-181、miR-26a-5p、miR-30d 和 miR-99a-5p 在 3 个盐度下呈现上调表达，分析认为这 5 个 miRNA 在渗透调节中具有重要作用，其中 miR-10b-5p 只有在海水盐度为 10‰环境下参与鱼类渗透压的调控。miRNA 能够通过与靶基因的完全或不完全互补性结合直接沉默靶基因达到负向调节靶基因的作用。Yan 等在尼罗罗非鱼的渗透胁迫研究中发现当渗透压逐渐升高，miR-429 的表达量下调，渗透胁迫转录因子（*OSTF1*）表达量相应上调，表明 miR-429 与 *OSTF1* 的靶向关系及其在渗透胁迫响应发挥重要作用。Yan 等也发现罗非鱼的 miR-30c 可以直接靶向调控 *HSP70* 基因，通过抑制 miR-30c 的表达，使鱼体血浆中的离子浓度升高，表明 miR-30c 是参与罗非鱼体内渗透调节的重要物质。Flynt 等在斑马鱼中发现 miR-8 家族的 miRNA 在离子细胞中表达丰富，并通过调节钠氢交换调节因子（*Nherf1*）的表达来调控钠离子的转运，从而保护胚胎细胞。在本研究中刺参的 Aja-miR-22 和 Aja-miR-27 在盐度胁迫下，2 个 miRNA 都呈现出上调的表达趋势（图 6-9），与上述研究结果一致，说明这两个 miRNA 能够被盐度诱导表达，并可能参与刺参的盐度调节适应过程，还需要进一步的实验进行验证。2 个 miRNA 表达量的最大值出现在刺参盐度胁迫后的 3 h（图 6-9），我们推测 miRNA 可能会在低盐应激的条件下做出相应的反应，来更好地适应刺参体内的盐度变化带来的影响。

miRNA 与靶基因在胁迫 24 h 内呈典型的负相关（图 6-12），有很多报道也证实了 miRNA 与靶基因存在负向调节关系，在盐度胁迫 48 h 和 72 h 这两个时间点，*EMAP* 与其 miRNA 呈现正向的变化趋势。这种正向调节变化是一个值得关注的现象，推测在盐度胁迫过程中，除了 Aja-miR-22 和 Aja-miR-27 对 *EMAP* 有调控作用外，可能在盐度胁迫后期还有其他的 miRNA 对 *EMAP* 具有调节作用，也可能是 *EMAP* 在盐度胁迫过程中具有重要的作用，需要 *EMAP* 高表达来更好地适应盐度胁迫对刺参机体内部变化的影响，当然还需要进一步的实验进行验证。

微管相关蛋白（MAPS）是真核细胞中微管上的主要交感蛋白，由于在海胆和海星中含量丰富，被命名为棘皮动物微管相关蛋白。当胚胎细胞进入有丝分裂时期，EMAP 磷酸化程度增加，并且随着胚胎有丝分裂结束，其磷酸化会降低。Tabur 等通过与对照组的大麦分生细胞对比发现，在 NaCl 含量为 0.30 mol/L、0.35 mol/L 和 0.40 mol/L 的培养基上生长的植物，其有丝分裂指数呈显著降低。Kammerer 等在罗非鱼中证明了盐度变化能够增加富含线粒体细胞的有丝分裂。

这些结果说明盐度变化对有丝分裂会产生一定影响，进而影响 EMAP 磷酸化的过程。本实验中低盐胁迫后 *EMAP* 能够被诱导表达，并且体现差异表达趋势，说明盐度胁迫可能导致细胞损伤，需要启动有丝分裂过程来增加细胞的数量，这个过程中需要 *EMAP* 的表达参与。生物体在环境胁迫下，会需要启动一系列的蛋白质或酶类来协调机体对环境做出一定的反应，这就需要启动基因的转录与表达过程。真核生物转录起始过程比较复杂，至少存在 6 种蛋白质因子和 RNA 聚合酶 Ⅱ 相互作用，该系列因子统称为一般转录因子（GTF），包括 TFIID、TFIIA、TFIIB、TFIIF、TFIIE、TFIIH。Drapkin 等的研究结果证明 TFIIE 能够负调节 ERCC3 解旋酶活性；Guzder 等在酵母中证明了 TFIIE 对 ERCC3 解旋酶活性的负向调节是 RNAPII 转录所必需的。He 等在小麦中证明了转录因子 TaMYB73 能够改善离子抗性并在盐度耐受性方面发挥了重要作用。Hu 等在拟南芥中证明转录因子 WRKY8 的抑制因子 VQ9 蛋白可以通过维持 WRKY8 在盐度胁迫后的适应过程，同时在这个过程中有 miRNA 参与，并且在一定时间段内靶基因和 miRNA 还存在一定程度的负相关，与本研究得到的结果具有一致性（图 6-12），可能说明 miRNA 和对应的靶基因均需要通过调整其表达丰度来参与刺参的盐度适应过程。

6.3 刺参 3 个盐度相关 microRNA 及预测靶基因的表达模式分析

近年来，miRNA 及对应的靶基因参与生物体环境胁迫响应机制的研究成为热点。在尼罗罗非鱼中，体内 miR-30c 受到抑制后显著提高了 HSP70 mRNA 的水平，同时影响鱼体内离子浓度和血浆渗透压。在 4 个盐度胁迫下，三疣梭子蟹鳃组织中有 12 个差异表达的 miRNAs 参与盐度胁迫响应。在太平洋牡蛎和香港牡蛎的鳃中 miR-10a 呈现上调表达趋势，有研究认为 miRNAs 可能在牡蛎的盐度响应中发挥重要功能。在鳗鲡鳃组织中，miR-122、140-3p 和 miR-10b-5p 在盐度变化过程中参与其渗透调节过程，这 3 个 miRNA 在渗透调节中可能发挥不同的作用。尼罗罗非鱼中发现 miR-429 通过作为 *OSTF1* 表达的内源性调控因子，能够参与尼罗罗非鱼的渗透感应信号传导过程。这些研究结果为探究水产生物响应低盐胁迫的分子机制提供了数据基础，并为水产养殖中合理设定盐度水平提供了理论参考。

6.3.1 材料与方法

6.3.1.1 实验材料

选择状态良好、体重为（16.38±1.27）g的刺参进行试验，正常盐度作为对照组（0 h），低盐胁迫6 h、24 h、48 h为试验组；每组设置刺参30头，抽取刺参体腔液，离心后获得体腔细胞，用于后续试验。

6.3.1.2 实验方法

用试剂盒测定刺参体腔液中的Na^+、Cl^-、K^+离子浓度以及钠钾ATP酶活力。利用冰点渗透压仪测定体腔液渗透压。

基于盐度胁迫后刺参转录组和miRNA的高通量测序结果，利用BLAST将刺参转录组的序列同miRNA数据库中的动物miRNA做比对，从刺参低盐胁迫后的转录组数据库表达谱中筛选获得miR-2011、miR-2010和miR-124这3个miRNA，并对miRNA前体序列和成熟体序列的碱基保守性进行分析，获得miRNA的进化关系。3个miRNA及内参基因引物序列见表6-6。收集体腔细胞，利用Trizol提取RNA，并进行mRNA反转录，miRNA cDNA合成及miRNA的表达量分析。试验数据用平均值±标准差表示。采用SPSS22.0软件进行单因素方差分析，用Duncan法进行组间多重比较，显著性水平设为$P<0.05$，极显著性水平设为$P<0.01$。

表6-6　3个miRNA及内参基因引物序列

基因	引物序列
miR-124	GTAAGGCACGCGGTGAATGCCA
miR-2010	GGGGTTACTGTTGATGTCAGCCCCTT
miR-2011	GGGACCAAGGTGTGCTAGTGATGAC
U6	ACGCAAATTCGTGAAGCGTT

6.3.2 结果与分析

6.3.2.1 低盐胁迫后离子浓度、渗透压、钠钾ATP酶活力变化

低盐胁迫后离子浓度渗透压以及钠钾ATP酶活力结果如表6-7所示。钠离子

在盐度胁迫后 6 h、24 h 均显著高于对照组，在 6 h 时最高，在 48 h 与对照组差异不显著。在整个低盐胁迫期间，氯离子浓度极显著低于对照组，且在 6 h 时浓度最低。钾离子浓度在整个低盐胁迫期间显著低于对照组，且在 6 h 时出现最低浓度。钠钾 ATP 酶活力在 6 h 时开始降低，在 24 h 时出现最低值。渗透压在胁迫后极显著低于对照组，且在 24 h 时达到最低值。

表 6-7　不同胁迫时间下 Na^+、K^+、Cl^-、钠钾 ATP 酶活力、渗透压变化情况

胁迫时间 /h	Na^+浓度 /mM	Cl^-浓度 /mM	K^+浓度 /mM	钠钾 ATP 酶活力 /(U/mgprot)	渗透压 /(Osmol/L)
0	139.2564	32.1305	15.8509	0.4617	1.0363
6	168.2031*	15.4361**	13.5890*	0.3866*	0.7427**
24	156.0694*	20.6020**	14.1735**	0.1868*	0.5210**
48	144.0899	19.5278**	14.1178**	0.4434	0.6432**

注：* 表示试验组与对照组相比有显著差异（$P<0.05$），** 表示试验组与对照组相比差异极显著（$P<0.01$）。

6.3.2.2　3 个差异表达 miRNA 的前体序列分析

基于测序结果比较分析后，获得差异表达的 3 个 miRNA（miR-2011、miR-124 和 miR-2010），其前体的茎环结构如图 6-13 所示，从图中可以看出 miR-2011、miR-124 和 miR-2010 均能形成稳定的茎环结构。其中 miR-2011 属于 MIPF00007 家族，预测前体长度为 100nt，前体的最小自由能为－52.57 kcal/mol。miR-124 属于 MIPF0000021 家族，前体长度为 101nt，最小自由能为－34.53 kcal/mol，miR-2010 属于 MIPF0002019 家族，预测前体长度为 79nt，最小自由能为－33.26 kcal/mol。将 3 个 miRNA 的前体序列与其他物种包括海胆的 lva-miR-124（MI0025150）、lva-miR-2011（MI0025178）和 lva-miR-2010（MI0025177），红鳍东方鲀的 fru-miR-124-1（MI0003287）、fru-miR-124-2（MI0003354）、fru-miR-124-3（MI0003211）、fru-miR-124-4（MI0031746），鲤的 ccr-miR-124a（MI0023427）、ccr-miR-124b（MI0023430），斑马鱼的 dre-miR-124-1（MI0001966）、dre-miR-124-2（MI0001967）、dre-miR-124-3（MI0001968）、dre-miR-124-4（MI0001969）、dre-miR-124-5（MI0001970），海星的 pmi-miR-2011（MI0025131）和 pmi-miR-2010（MI0025130），金娃娃的 tni-miR-124-1（MI0003288）、tni-miR-124-2（MI0003355）、tni-miR-124-3（MI0003212）以及柯瓦列夫斯基橡胶虫的 sko-miR-2011（MI0010268）进行聚类分析，结果如图 6-14 所示。从图 6-14 可以看出，刺

参的 spu-miR-124、spu-miR-2011 和 spu-miR-2010 与海胆的 lva-miR-124、lva-miR-2011 和 lva-miR-2010 的前体相似，在进化树中归属于同一支。

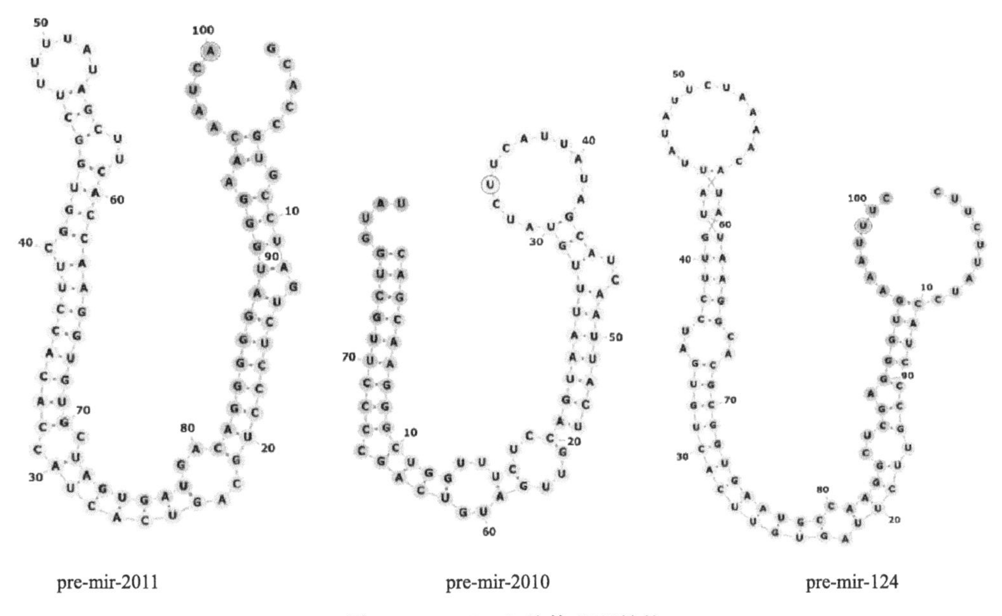

图 6-13　miRNA 前体茎环结构

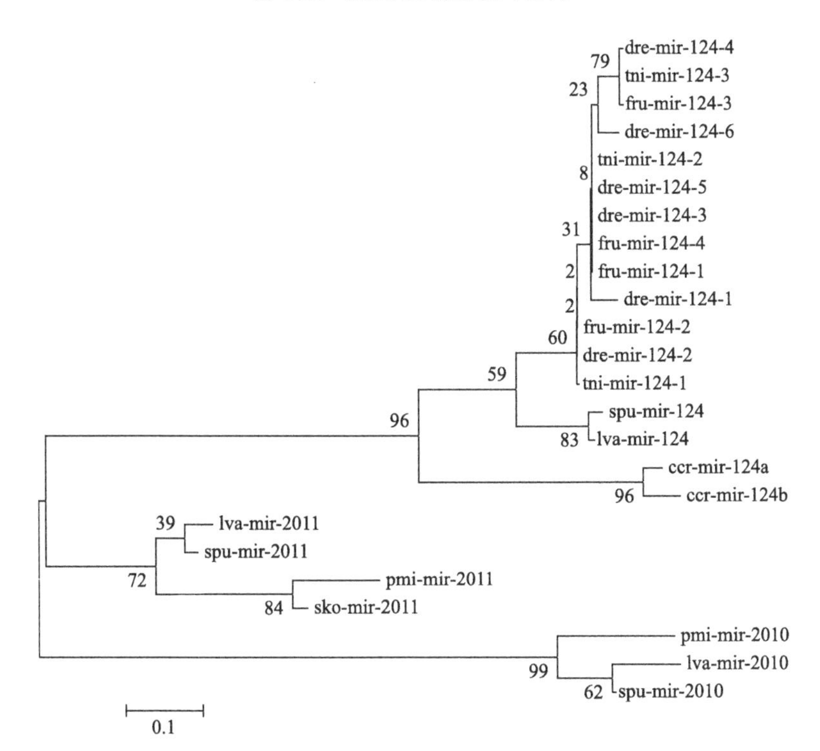

图 6-14　miRNA 前体结构进化树

将 miRNA-124 的前体序列和成熟体分别与其对应家族的其他物种进行序列比对分析，其结果如图 6-15 所示。从图 6-15A 中看出 miRNA-124 的前体序列有 33 个碱基相同，存在两个重叠区，可见 miRNA-124 家族成员在进化过程中可能存在高度保守区，这个高度保守区域在 26～44 区间，另一个在 58～76 的位置。miRNA-124 的前体序列中也存在诸多不保守区域，这些不保守区域可能是前体在长期自然选择过程中突变的积累并固定的结果。miRNA-124 的成熟序列中也有保守区域和差异区域。从图 6-15B 中看出 miRNA-124 的成熟序列也有保守碱基和存在差异的碱基。从图 6-15C 和图 6-15D 中看出 miRNA-2011 的前体序列和成熟序列也有保守碱基和存在差异的碱基。miRNA-2010 的前体序列存在不一致的碱基，而 miRNA-2010 的成熟序列基本完全一致（图 6-15E 和图 6-15F）。

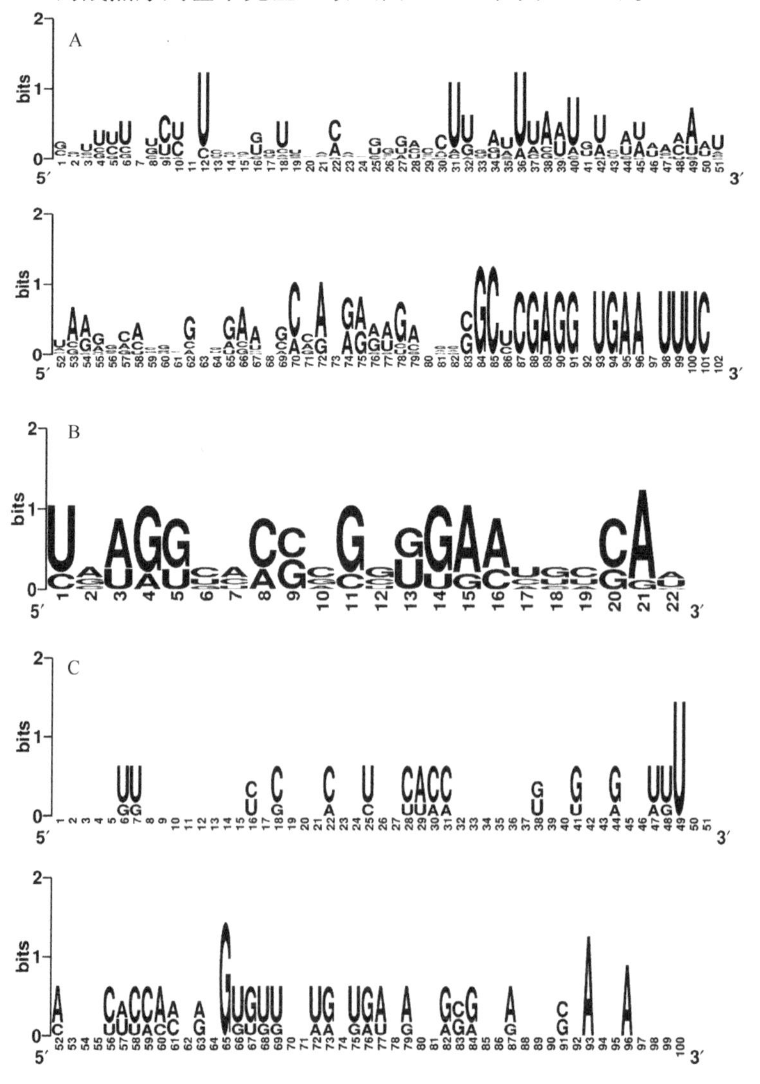

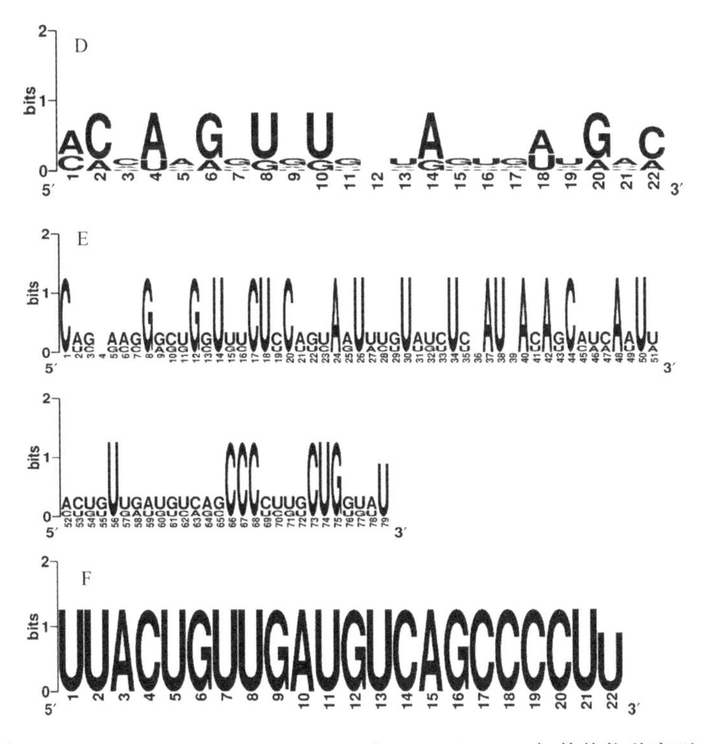

图 6-15 miRNA-124、miRNA-2011 和 miRNA-2010 与其他物种序列比对分析

横坐标为序列位置，纵坐标代表碱基的相似度，字母的大小代表相似程度，字母越大代表越保守。

6.3.2.3 3个 miRNA 靶基因预测结果

利用 miRandav3.01 软件预测，进行靶基因的预测，结果发现 miR-124 的 2～19 位点与 *EGF3* 的 496～517 位点能够结合，序列对比得分 145 高于阈值参数 90，最小自由能为－19.00 kCal/mol，说明 miR-124 与靶基因 *EGF3* 结合能力强，预测的靶基因 *EGF3* 可靠。miR-124 的种子区与 *Impa1* 的 454～474bp 特异性结合，结合序列分数为 142，最小自由能为－17.00 kCal/mol，*Impa1* 也是 miR-124 的靶基因。*PPM1L* 基因 3′-UTR 区域序列与 miR-2010 和 miR-2011 种子区碱基均能匹配，序列对比得分和最小自由能分别为 153、－19.9 kCal/mol 和 149、－20.3 kCal/mol，预测结果说明 *PPM1L* 基因为 miR-2010 和 miR-2011 的共有靶基因。miR-2011 的 2～21 位点与靶基因 *PBK* 的 655～676 位点序列对比分数为 164，最小自由能为－21.1 kCal/mol，预测结果说明 *PBK* 基因为 miR-2011 的另一个靶基因（图 6-16）。

```
miR-124:   3′accGUA-AGUGGCGCACGGAAu 5′
                :| | | |    |   | | | | | |
EGF3:      5′ggt TATGTCTGCAGGTGCC TTg 3′

miR-124:   3′accguaagugGCGCACGGAAu 5′
                        |  | | | | | | |
Impa1:     5′atcaaaggcaa GGGTGCCTTc 3′

miR-2010:  3′uuCCCCG-A- CUGUAG-UUGUCAUu 5′
                | | |  |  |  | | : |  |  | | | | | | |
PPM1L:     5′aaGGGTCATGGATAACTAACAGTAa 3′

miR-2011:  3′caguagUG-AUCGUGUGGAACCa 5′
                      | |  | : | :  | | | | | | | |
PPM1L:     5′aagcag ACGTGGT -CACC TTGGa 3′

miR-2011:  3′caGUAGUGAUCGUGUGGAACCa 5′
                | | | | :  | |   : :  | | | | | | |
PBK:       5′taC A TCGGTAC TGAAC CTTGGa 3′
```

图 6-16 miRNA 与靶基因的靶点结合

6.3.2.4 差异表达的 3 个 miRNA 的验证

在差异表达的 miRNA 中选择了 3 个 miRNA 进行分析，在测序结果中发现 miR-124 和 miR-2010 在盐度胁迫中下调表达，而 miR-2011 在盐度胁迫中上调表达（表 6-8）。定量 PCR 验证 3 个 miRNA 在刺参盐度胁迫下的表达情况，结果发现 miR-2010 和 miR-2011 的表达情况与测序结果一致，而 miR-124 的表达与测序结果存在差异（图 6-17）。

表 6-8 盐度胁迫下差异表达的 miRNA 试验组与对照组表达情况

miRNA	试验组	对照组	差异倍数	*P* 值	上调/下调
miR-124	11.29052	33.26628	−1.5589	0.001693	↓
miR-2010	2.185261	15.10366	−2.789	0.001606	↓
miR-2011	32165.77	15990.37	1.0083	0	↑

6.3.2.5 3 个 miRNA 在盐度胁迫不同时间点的表达情况

刺参盐度胁迫下 miR-124、miR-2011 和 miR-2010 的表达情况如图 6-18 所示，低盐胁迫下 miR-124 的表达量先上升再下降，24 h 表达量较对照组差异显著（$P<0.05$），为对照组的 3.4 倍，在 48 h 时表达量逐渐下降并与对照组没有显著差异。miR-2011 表达量在各个胁迫时间段均有不同程度的上调，均高于对照组，

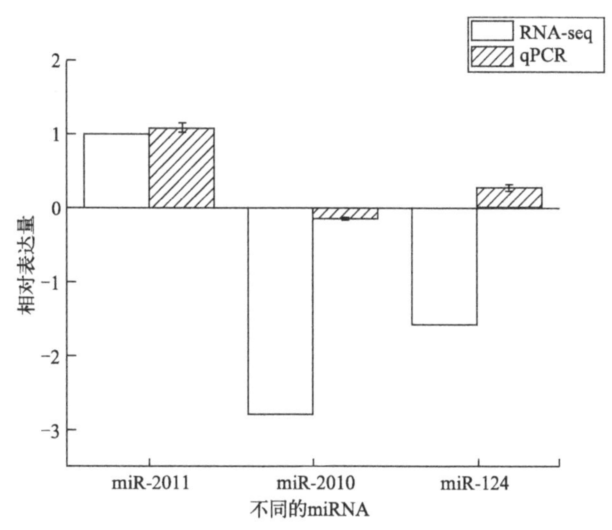

图 6-17 盐度胁迫下 miR-2011、miR-2010、miR-124 RNA 测序和表达结果

且整体表达量呈上升趋势。其中胁迫后 24 h 和 48 h 与对照组差异极显著（$P<0.01$），分别是对照组的 14 倍和 80 倍。miR-2010 的表达量在盐度胁迫下呈上调表达，至盐度胁迫 48 h 达到最大值。miR-2010 除胁迫 6 h 外其余时间点均与对照组差异显著（$P<0.01$）。

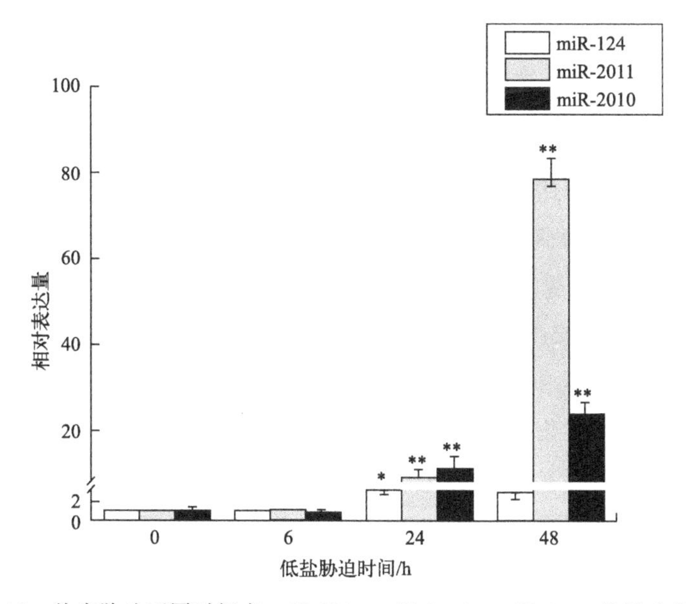

图 6-18 盐度胁迫不同时间点 miR-124、miR-2011、miR-2010 的相对表达量

6.3.3 讨论

6.3.3.1 低盐胁迫下离子浓度、渗透压以及酶活力的变化

盐度胁迫对刺参的影响已经有相关的研究报道，有研究发现刺参经过盐度胁迫后体内的 Na^+、K^+、Cl^-、渗透压以及钠钾 ATP 酶活力都会随之发生变化。本试验中钠离子浓度在盐度胁迫后 6 h 时最高，氯离子和钾离子的最低浓度也出现在 6 h，钠钾 ATP 酶也在 6 h 时开始变化并在 24 h 时出现最低值，渗透压在 24 h 时达到最低值。基于试验结果推断 6～24 h 可能是刺参盐度响应的关键时间段。前期有研究也发现在刺参中，6 h 是其盐度变化的关键时间点，与本实验结果一致。王茂林等的研究结果也表明钠钾 ATP 酶在 24 h 后趋于稳定，认为刺参可能已经适应了盐度胁迫的环境。本研究结果提示，为了更好地了解盐度响应过程，可以选取 6～24 h 作为盐度响应研究的重要时间节点。

6.3.3.2 刺参 3 个 miRNA 的序列分析

miRNA 通过碱基互补原则切割靶基因 mRNA，介导 DNA 甲基化，抑制翻译等方式在生物生长发育中起着调控功能，通过 miRNA 的序列分析能够解析其进化特性，进而在一定程度上有助于对 miRNA 功能的理解。近年来，随着高通量测序技术的不断发展，miRNA 的生物信息学分析及序列特征取得了一定的进展。研究发现，大多数 miRNA 家族序列在发育过程中呈现出保守性的特点。如 let-7、miR-4 和 miR-60 等在脊椎动物和无脊椎动物之间高度保守，这说明它们能识别多个位点或靶标，在不同生物中发挥相同或相似的作用。miR-183 基因簇作为在感觉器官组织中特异性表达的基因簇，其高度保守，对感觉器官的发育和功能具有重要作用。在文昌鱼的研究中通过对 miR-216 家族的进化特性分析，发现 miR-216 家族均具有较高的保守性。本试验中 miRNA-2010 的成熟序列中存在较多的保守区，miRNA-124 家族成员也在 26～44、58～76 的位置区间有两个保守区域，说明 miRNA-2010 家族在发育进化过程中高度保守（图 6-15）。推测这种序列的高度保守性可能与物种进化过程中生物体基本的共性功能有关。高度的保守性被认为与其功能的重要性有着密切关系，同时也为生物早期进化的同源性提供了某种证据。目前在已经发现的 miRNA 家族中，miRNA 前体序列中和成熟序列中均存在序列的差异，例如本研究中，miRNA-124 和 miRNA-2011 的前体序列中存在诸多变异的区域并且不同 miRNA 家族中其序列的保守程度存在不一致（图 6-15）。

有研究认为这可能与物种在长期自然选择中出现基因的缺失或者基因的插入突变等有关，也可能与物种在某些方面的特异性或者特殊功能有关。

6.3.3.3 3个miRNA在刺参盐度响应过程的表达分析

很多研究表明miRNA在介导应激反应中发挥关键作用。例如，刺参的miR-10在低盐胁迫后被诱导表达，并通过靶向基因*TBC1D5*来参与盐度响应过程。在斑马鱼中miR-8通过靶向基因*nherf1*进而调节Na^+/H^+交换器的作用，参与斑马鱼的渗透调节过程。在鳗鲡中，miR-122、miR-140-3p和miR-10b-5p在盐度胁迫后均被诱导表达，并参与其盐度响应过程。在罗非鱼中，miR-429作为*OSTF1*的调节剂直接调节*OSTF1*的表达，在罗非鱼的渗透调节过程中发挥重要作用。在本研究中miR-124、miR-2011和miR-2010在盐度胁迫后均被诱导表达（图6-18），说明这3个miRNA可能参与了刺参的盐度响应过程。miR-124表达量先升高后降低，miR-2011在胁迫各个时间点表达量均有所上调，miR-2010在胁迫过程中上调表达，这3个miRNA的不同表达模式，可能说明在盐度响应过程中需要3个miRNA不同的表达丰度来适应盐度胁迫的变化。具体的协同作用还需要进一步的实验来验证。

3个miRNA预测获得的靶基因*PPM1L*是锰离子、镁离子依赖的丝氨酸、苏氨酸蛋白磷酸酶，这些基因在物质转运、生物合成等一系列生理功能中发挥重要作用。这些靶基因与3个miRNA间在盐度胁迫响应中的互作关系是下一步研究的重点，需要更多的试验来验证其在刺参盐度响应机制中的作用。

低盐胁迫后钠离子浓度在6 h时显著升高，随胁迫时间的增加浓度有所降低。氯离子和钾离子浓度均显著低于对照组，且均在6 h时浓度最低。钠钾ATP酶活力在24 h最低。在miR-124、miR-2011以及miR-2010的前体序列结构进化中，海参和海胆在进化树上的同一支，序列相对保守。通过预测分析，得出miR-124与*EGF3*以及*IMPA1*能够结合，miR-2011与*PPM1L*及*PBK*有靶向位点，miR-2010与*PPM1L*能够结合。3个miRNA（miR-124、miR-2011及miR-2010）在盐度胁迫后能够被诱导表达，可能参与盐度胁迫的响应过程。

参考文献

[1] Bartel D P. microRNAs: Genomics, biogenesis, mechanism, and function [J]. Cell, 2004, 116 (2): 281-297.

[2] Bartel D P. microRNAs: Target recognition and regulatory functions [J]. Cell, 2009, 136 (2): 215-233.

[3] Brisch E, Daggett M A, Suprenant K A. Cell cycle-dependent phosphorylation of the 77 kDa echinoderm microtubule-associated protein (EMAP) in vivo and association with the p34cdc2 kinase [J]. Journal of Cell Science, 1996, 109 (12): 2885-2893.

[4] Chen M Y, Storey K B. Large-scale identification and comparative analysis of miRNA expression profile in the respiratory tree of the sea cucumber Apostichopus japonicus during aestivation [J]. Marine Genomics, 2014, 13: 39-44.

[5] Dong X L. Ecological and physiological effects on low salt stress in sea cucumber (*Apostichopus japonicus*) [D]. Qing-dao: Ocean University of China, 2013.

[6] Drapkin R, Reinberg D. The multifunctional TFIIH complex and transcriptional control [J]. Trends in Biochemical Sciences, 1994, 19 (11): 504-508.

[7] Flynt A S, Thatcher E J, Burkewitz K, et al. miR-8 microRNAs regulate the response to osmotic stress in zebrafish embryos [J]. The Journal of Cell Biology, 2009, 185 (1): 115-127.

[8] Fu Y R, Tian Y, Chang Y Q, et al. Expression of genes involved in salinity regulation in sea cucumber, *Apostichopus japoninus* under low salinity stress [J]. Journal of Fishery Sciences of China, 2014, 21 (5): 902-909.

[9] Geng C F, Tian Y, Shang Y P, et al. Effect of acute salinity stress on Ion homeostasis, Na^+/K^+-ATPase and histological structure in Sea cucumber *Apostichopus japonicus* [J]. SpringerPlus, 2016, 5: 1977.

[10] Guzder S N, Sung P, Bailly V, et al. RAD25 is a DMA helicase required for DNA repair and RNA polymerase Ⅱ transcription [J]. Nature, 1994, 369 (6481): 578-581.

[11] Han X D, Yu S S, Liu Y Y, et al. Effects of salinity on protein intake and protease activity of *Apostichopus japonicus* [J]. Hubei Agricultural Sciences, 2017, 56 (6): 1096-1098.

[12] He Y N, Li W, Lv J, et al. Ectopic expression of a wheat MYB transcription factor gene, TaMYB73, improves salinity stress tolerance in *Arabidopsis thaliana* [J]. Journal of Experimental Botany, 2012, 63 (3): 1511-1522.

[13] Hu W, Li C L, Zhao B, et al. Effects of low salinity stress on survival, growth and feeding rate of sea cucumber *Apostichopus japonicus* [J]. Progress in Fishery Sciences, 2012, 33 (2): 92-96.

[14] Hu Y R, Chen L G, Wang H P, et al. Arabidopsis transcription factor WRKY8 functions antagonistically with its interacting partner VQ9 to modulate salinity stress tolerance [J]. The Plant Journal, 2013, 74 (5): 730-745.

[15] Huo D, Sun L N, Li X N, et al. Differential expression of miRNAs in the respiratory tree

of the Sea cucumber *Apostichopus japonicus* under hypoxia stress [J]. G3: Genes Genomes Genetics, 2017, 7 (11): 3681-3692.

[16] Jonas S, Izaurralde E. Towards a molecular understanding of microRNA-mediated gene silencing [J]. Nature Reviews Genetics, 2015, 16 (7): 421-433.

[17] Kim T I, Park M W, Cho J K, et al. Survival and histological change of integumentary system of the juvenile sea cucumber, *Apostichopus japonicus* exposed to various salinity concentrations [J]. Journal of Fisheries and Marine Sciences Education, 2013, 25 (6): 1360-1365.

[18] Lee R C, Feinbaum R L, Ambros V. The C. elegans hetero-chronic gene lin-4 encodes small RNAs with antisense complementarity to lin-14 [J]. Cell, 1993, 75 (5): 843-854.

[19] Li C H, Feng W D, Qiu L H, et al. Characterization of skin ulceration syndrome associated microRNAs in sea cucumber *Apostichopus japonicus* by deep sequencing [J]. Fish & Shellfish Immunology, 2012, 33 (2): 436-441.

[20] Li C H, Zhao M R, Zhang C, et al. miR210 modulates respiratory burst in *Apostichopus japonicus* coelomocytes via targeting Toll-like receptor [J]. Developmental & Comparative Immunology, 2016, 65: 377-381.

[21] Lu M, Zhang P J, Li C H, et al. MiR-31 modulates coelomocytes ROS production via targeting p105 in Vibrio splendidus challenged sea cucumber *Apostichopus japonicus* in vitro and in vivo [J]. Fish & Shellfish Immunology, 2015, 45 (2): 293-299.

[22] Lu M, Zhang P J, Li C H, et al. miRNA-133 augments coelomocyte phagocytosis in bacteria-challenged *Apostichopus japonicus* via targeting the TLR component of IRAK-1 in vitro and in vivo [J]. Scientific Reports, 2015, 5: 12608.

[23] Lv M, Chen H H, Shao Y N, et al. miR-137 modulates coelomocyte apoptosis by targeting 14-3-3ζ in the sea cucumber *Apostichopus japonicus* [J]. Developmental & Comparative Immunology, 2017, 67: 86-96.

[24] Lv Z, Li C H, Zhang P J, et al. miR-200 modulates coelomocytes antibacterial activities and LPS priming via targeting Tollip in *Apostichopus japonicus* [J]. Fish & Shellfish Immunology, 2015, 45 (2): 431-436.

[25] Shao Y N, Li C H, Xu W, et al. miR-31 links lipid metabolism and cell apoptosis in bacteria-challenged *Apostichopus japonicus* via targeting CTRP9 [J]. Frontiers in Immunology, 2017, 8: 263.

[26] Sun L N, Sun J C, Li X N, et al. Understanding regulation of microRNAs on intestine regeneration in the sea cucumber *Apostichopus japonicus* using high-throughput sequencing [J]. Comparative Biochemistry and Physiology Part D: Genomics and Proteomics, 2017, 22: 1-9.

[27] Suprenant K A, Dean K, McKee J, et al. EMAP, an echinoderm microtubule-associated protein found in microtubule-ribosome complexes [J]. Journal of Cell Science, 1993, 104 (2): 445-450.

[28] Tabur S, Demir K. Cytogenetic response of 24-epibrassinolide on the root meristem cells of barley seeds under salinity [J]. Plant Growth Regulation, 2009, 58 (1): 119-123.

[29] Tarver J E, Sperling E A, Nailor A, et al. miRNAs: small genes with big potential in metazoan phylogenetics [J]. Molecular Biology and Evolution, 2013, 30 (11): 2369-2382.

[30] Tian Y, Jiang Y N, Shang Y P, et al. Establishment of lysozyme gene RNA interference system and its involvement in salinity tolerance in sea cucumber (*Apostichopus japonicus*) [J]. Fish & Shellfish Immunology, 2017, 65: 71-79.

[31] Tian Y, Liang X W, Chang Y Q, et al. Expression of c-type lysozyme gene in sea cucumber (*Apostichopus japonicus*) is highly regulated and time dependent after salt stress [J]. Comparative Biochemistry and Physiology Part B: Biochemistry and Molecular Biology, 2015, 180: 68-78.

[32] Tian Y, Mo H B, Chang Y Q. Expression of DD104 gene in sea cucumber *Apostichopus japonicus* under salinity stress [J]. Journal of Dalian Ocean University, 2013, 28 (3): 236-240.

[33] Wang G L, Zhu W X, Li Z Z, et al. Effects of water temperature and salinity on the growth of *Apostichopus japonicus* [J]. Shandong Science, 2007, 20 (3): 6-9.

[34] Wang X L, Yin D Q, Li P, et al. microRNA-sequence profiling reveals novel osmoregulatory microRNA expression patterns in catadromous Anguilla marmorata [J]. PLoS ONE, 2015, 10 (8): e0136383.

[35] Yan B, Guo J T, Zhao L H, et al. MiR-30c: A novel regulator of salt tolerance in tilapia [J]. Biochemical and Biophysical Research Communications, 2012, 425 (2): 315-320.

[36] Yan B, Zhao L H, Guo J T, et al. miR-429 regulation of osmotic stress transcription factor 1 (OSTF1) in tilapia during osmotic stress [J]. Biochemical and Biophysical Research Communications, 2012, 426 (3): 294-298.

[37] Yuan X T, Yang H S, Wang L L, et al. Effects of aestivation on the energy budget of sea cucumber Apostichopus japonicus (Selenka) (Echinodermata: Holothuroidea) [J]. Acta Ecologica Sinica, 2007, 27 (8): 3155-3161.

[38] Zawel L, Reinberg D. Initiation of transcription by RNA polymerase II: A multi-step process [J]. Progress in Nucleic Acid Research and Molecular Biology, 1993, 44: 67-108.

[39] Zhang L B, Feng Q M, Sun L N, et al. Differential gene expression in the intestine of sea cucumber (*Apostichopus japonicus*) under low and high salinity conditions [J]. Compara-

tive Biochemistry and Physiology Part D：Genomics and Proteomics，2018，25：34-41.

[40] Zhang P J，Li C H，Shao Y N，et al. Identification and characterization of miR-92a and its targets modulating Vibrio splendidus challenged *Apostichopus japonicus* [J]. Fish & Shellfish Immunology，2014，38 (2)：383-388.

[41] Zhang P J，Li C H，Zhang R，et al. miR-137 and miR-2008 modulate ROS production in the bacterial-challenged sea cucumber *Apostichopus japonicus* via combinatorially targeting betaine-homocysteine S-methyltransferase in vitro and in vivo [J]. Genetics，2015，201 (4)：1397-1410.

第7章 盐度胁迫下刺参功能基因与非编码RNA的互作研究

7.1 非编码RNA（miR-10）与靶基因*TBC1D5*互作参与刺参盐度胁迫响应

刺参在中国主要分布于北方，是水产养殖品种中的一个重要品种。盐度是能够影响刺参生长、存活和分布的非生物因素之一。盐度会影响海洋生物细胞稳态，触发氧化应激，从而对膜结构和蛋白质造成损害，并激活调节基因表达的级联应激反应。miRNA作为调节基因表达的重要因子，参与了多种生理和病理过程。例如miR-10b-5p、miR-30d和miR-99a-5p在三种盐度胁迫下的鳗鲡中显著性表达，而且miR-10b-5p在鳗鲡的渗透调节中起重要作用。最近的报告表明miR-429在罗非鱼渗透胁迫期间调节*OSTF1*基因的表达，参与快速基因程序转换的渗透压通路。miR-30c功能的丧失可能导致无法对直接调节*hsp70*表达的渗透压作出反应。miR-466、miR-2493、miR-669h、miR-29a和miR-9388在盐藻的盐度胁迫适应中起重要作用。差异miRNA及靶基因的结果显示氨基酸代谢在渗透调节中起重要作用。

7.1.1 实验与方法

7.1.1.1 实验材料

实验采用健康的刺参，体重为（13.44±2.85）g，刺参随机分为 4 组，每组包含 12 个个体。转染 24 小时后，置于低盐海水中在 6 h、24 h 和 48 h 取其体腔液，并以 3000 rpm 离心得到体腔细胞以进行后续表达分析。

7.1.1.2 实验方法

（1）用 Trizol 方法提取体腔细胞 RNA，然后进行 cDNA 合成及 miRNA 的 cDNA 合成，并进行靶基因和 miRNA 的 qPCR 分析。所有引物序列和参考序列列于表 7-1。利用双荧光素酶报告实验方法验证靶基因与 miRNA 的互作。

表 7-1　所用引物和 RNAs 序列

类别	序列名称	序列(5′-3′)
RNAs	Inhibitor-10	CACAAAUUCGGAUCUACAGGGUU
	Inhabitor-NC	CAGUACUUUUGUGUAGUACAA
	Mimics-10	AACCCUGUAGAUCCGAAUUUGUG CAAAUUCGGAUCUACAGGGUUUU
	Mimics-NC	UUCUCCGAACGUGUCACGUTT ACGUGACACGUUCGGAGAATT
	Antagomir-NC	CAGUACUUUUGUGUAGUACAA
	Antagomir-10	CACAAAUUCGGAUCUACAGGGUU
	Agomir-NC	UUCUCCGAACGUGUCACGUTT ACGUGACACGUUCGGAGAATT
plasmids	Agomir-10	AACCCUGUAGAUCCGAAUUUGUG CAAAUUCGGAUCUACAGGGUUUU
	Wild type	GCCTCTGAACAGGGTAGAA
	Mutant type	GCCTCTGATAGCTCCAGAA
Primers	TBC1D5-F	ATGAGCAAGAGTACATCCACCTCTTACC
	TBC1D5-R	CCCTTCATCGCTTCCTTTCGTAT
	Spu-miR-10	GCGAACCCTGTAGATCCGAATTTGTG
	U6	ACGCAAATTCGTGAAGCGTT

（2）低盐胁迫下刺参体腔细胞中的 miR-10 功能分析　培养刺参体腔细胞，将洗过的细胞重悬于含有青霉素（100 U/mL）和硫酸链霉素（100 mg/mL）的细胞

培养基中，将仿刺参体腔细胞浓度稀释。然后将 0.5 mL 细胞悬浮液分别等量加入 24 孔细胞培养孔板，并在转染前在 16 ℃温育培养 24 小时。miR-10 抑制剂和模拟物在 GenePharma（中国上海）合成，序列信息显示在表 7-1 中。将没有靶向仿刺参转录组中任何基因的序列用作阴性对照。将 miR-10 抑制剂或模拟物以及每种阴性对照与等体积的转染试剂混合。然后将混合物转染到 500 μL L-15 培养基培养的体腔细胞中。渗透胁迫是将具有 miR-10 抑制剂或模拟物转染的体腔细胞暴露于渗透压为 0.531 的 L-15 细胞培养基中。在低渗培养基培养 6 h、24 h、48 h 后，每孔用 4℃ PBS 洗涤体腔细胞，加入 1 ml trizol 进行裂解及后续实验，对每个实验组以及对照组进行三次重复。

（3）miR-10 在仿刺参体内中的功能分析　miR-10 抑制剂和激动剂也在 GenePharma（中国，上海）合成，并显示在表 7-1 中。没有靶向仿刺参转录组中的任何基因的序列用作阴性对照。将 miR-10 抑制剂、激动剂和阴性对照溶解于不含 RNase 的水中，得到 20 mmol/L 的工作溶液。将 10 μL antagomir/agomir/NC、10 μL 转染试剂和 80 μL PBS 混合成 100 μL 转染溶液。将 100 μL 上述转染溶液注入仿刺参中。正常盐度转染 24 小时后，仿刺参在盐度 18‰处理 6 h，24 h 和 48 h。收集 3 个处理组和对照组体腔细胞用于表达测定。上述所有实验在生物学上重复三次。

（4）渗透压及离子测定方法　采用 Vapro 5600 型渗透压仪进行测定，每个样品测定三次。在转染后测量仿刺参中的 Na^+/ K^+-ATPase 酶活力和离子浓度。用生化分析试剂盒测定体腔液中钠离子、钾离子、氯离子浓度，测定呼吸树中 Na^+/K^+-ATPase 酶活力。

7.1.2 结果

7.1.2.1 低盐度下的 miR-10 和 *TBC1D5* 表达模式

为了鉴定盐胁迫下 miR-10 在刺参中的潜在功能，通过 qRT-PCR 测量 miR-10 的表达模式。结果表明低盐度胁迫下 miR-10 在不同时间点差异表达。特别是在低盐胁迫后 6 h，miR-10 表达量上调后，在胁迫后 24 h 表达量开始下调，随后在胁迫后 48 h 表达量再次上调。并且在低盐胁迫后 48 h 与对照组相比有显著上调表达［图 7-1(a)］。相反，miR-10 靶基因 *TBC1D5* 在低盐度适应过程中下调，并且在胁迫后 6 h、48 h *TBC1D5* 的表达水平明显低于对照组［图 7-1(b)］。这些结果表明 miR-10 与靶基因 *TBC1D5* 在盐度适应过程中扮演着重要的角色。

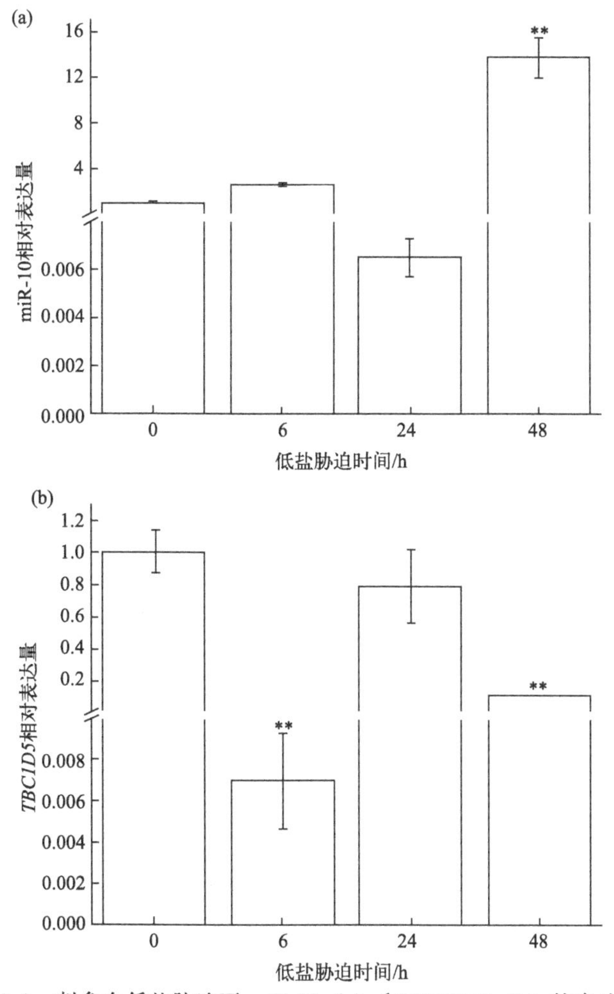

图 7-1 刺参在低盐胁迫下 miR-10 (a) 和*TBC1D5* (b) 的表达量

7.1.2.2 双荧光素酶报告基因分析

基于转录组数据并使用 miRandav3.01 分析发现 *TBC1D5* 的 3′-UTR 包含 miR-10 的进化保守结合区，选择了其他四个物种的 *TBC1D5* 基因进行对比分析，发现 *TBC1D5* 的 3′-UTR 区域与 miR-10 种子序列（5′…UGUCCCA…3′）配对，单个残基对得分最高，自由能最低［图 7-2(a)］。刺参 *TBC1D5* 的 3′-UTR 与 miR-10 结合位点列于图 7-2(b)。为了验证预测的 miR-10 和 *TBC1D5* 3′-UTR 之间的互作关系，在 HEK293T 细胞中进行了双荧光素酶测定。结果表明，miR-10 模拟物和野生型共同转染与对照相比，*TBC1D5* 3′-UTR 降低了荧光素酶报告基因的发光值［图 7-2(c)］，这些数据表明 miR-10 与 *TBC1D5* 的直接靶向关系。

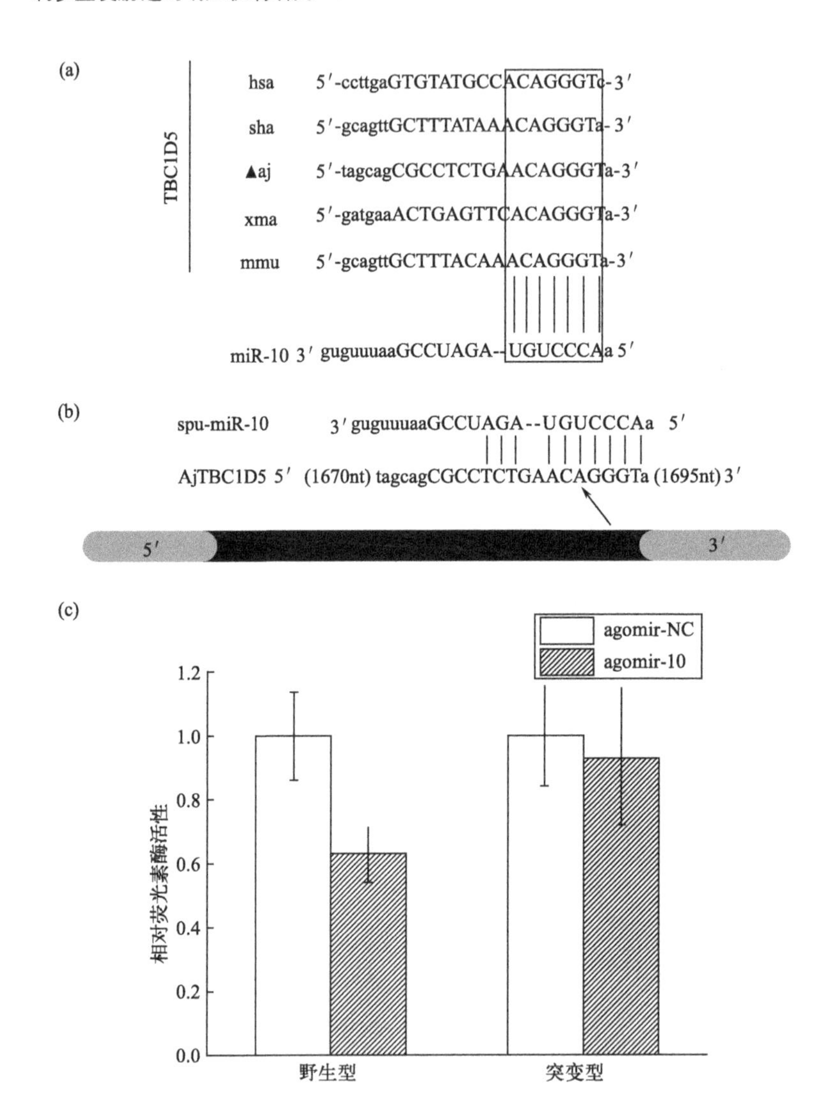

图 7-2 miR-10 及*TBC1D5* 结合位点和荧光素酶报告基因分析结果

(a) 来自 5 种物种（hsa：人类，sha：袋獾；aj：刺参；xma：花斑剑尾鱼；mmu：小鼠）的 miR-10 种子区和*TBC1D5* mRNA 的 3′-UTR 的序列比对；(b)*TBC1D5* 的 3′-UTR 与 miR-10 的结合位点；(c) 双荧光素酶报告基因分析。

7.1.2.3 miR-10 与*TBC1D5* 靶向关系验证

将 miR-10 mimics 或 inhibitor 转染到培养的体腔细胞中，来进一步确认 miR-10 和 *TBC1D5* 之间的相互调节作用。加入 miR-10 inhibitor 后，与对照组相比，miR-10 的表达大幅降低，而 *TBC1D5* 的表达增加了 63 倍，且 miR-10 mimics 增强了相应的水平［图 7-3(a)，图 7-3(b)］。与对照组相比，miRNA 降低了

TBC1D5 的表达［图 7-3(c)，图 7-3(d)］。同样，在刺参体内实验后的 qRT-PCR 结果表明，分别注射 miR-10 agomir 或 antagomir 后［图 7-4(c)，图 7-4(d)］，高

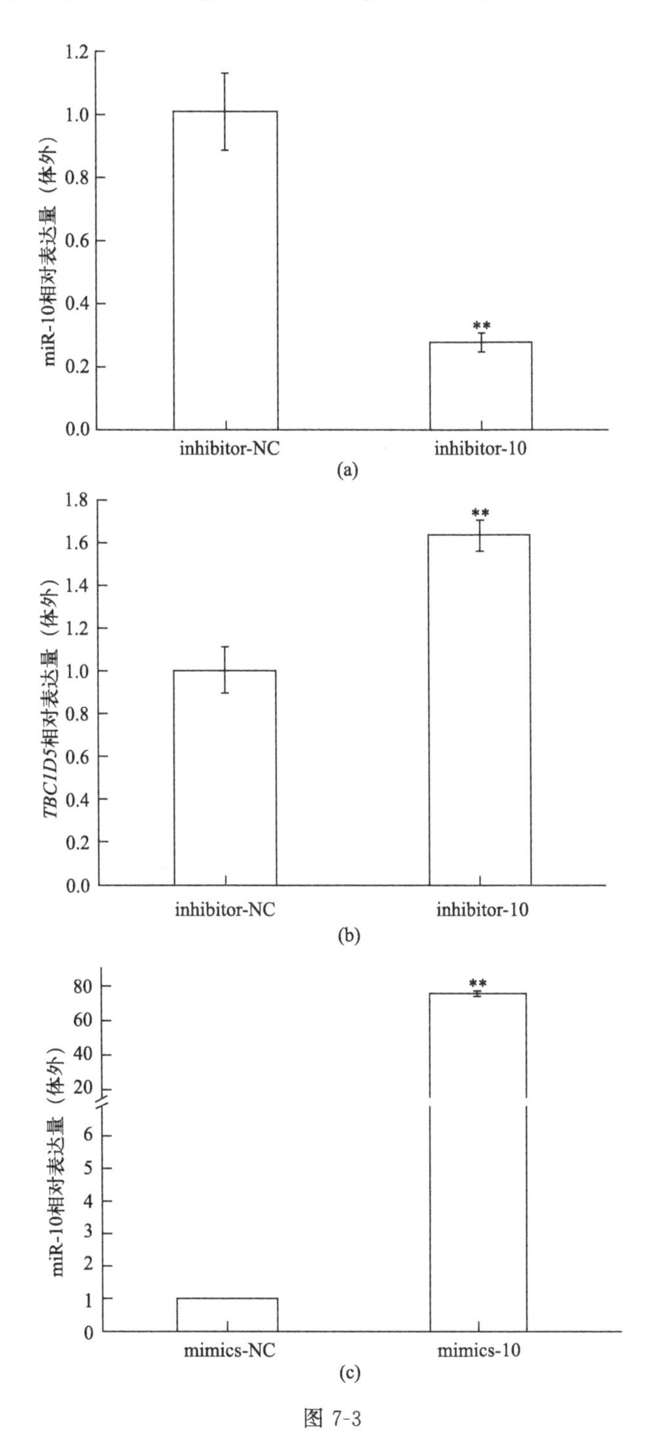

图 7-3

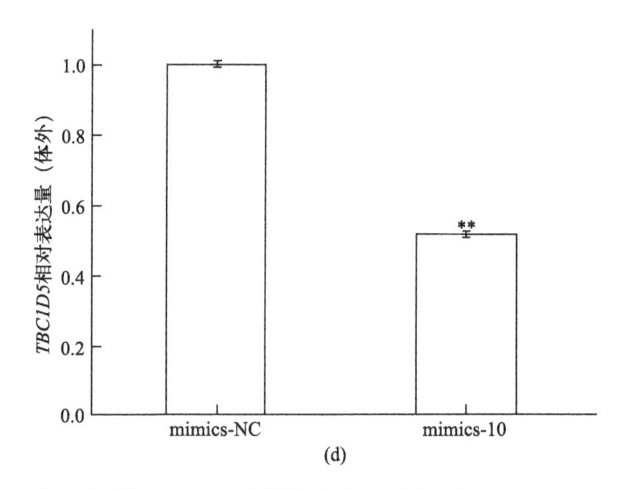

图 7-3 刺参体腔细胞在转染 miR-10 模拟物或者抑制剂后的 miR-10 和*TBC1D5* 的表达量

（a）刺参体腔细胞在转染 miR-10 抑制剂后的 miR-10 表达量；（b）刺参体腔细胞在转染 miR-10 抑制剂后靶基因*TBC1D5* 表达量；（c）刺参体腔细胞在转染 miR-10 模拟物后 miR-10 表达量；（d）刺参体腔细胞在转染 miR-10 模拟物后*TBC1D5* 表达量

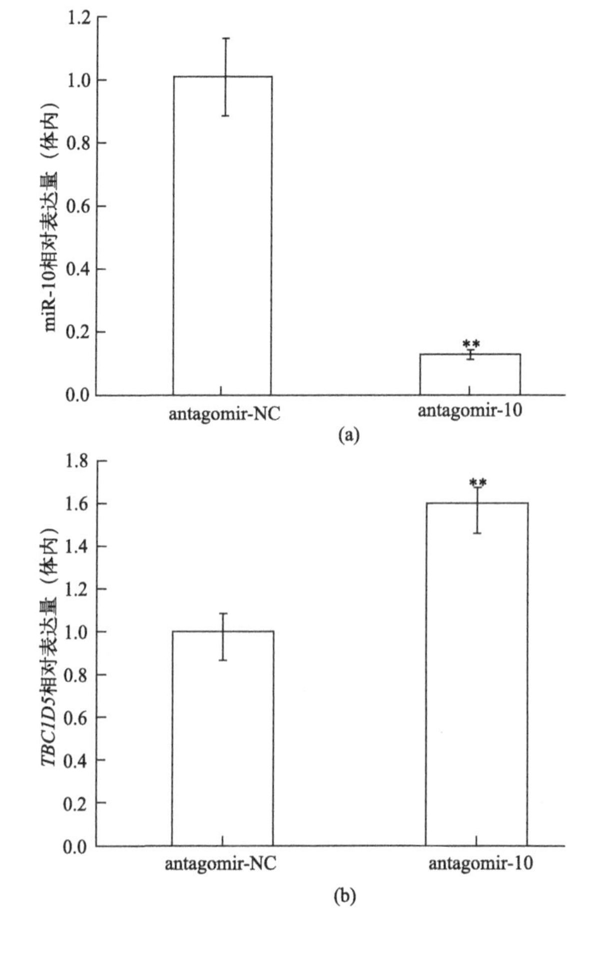

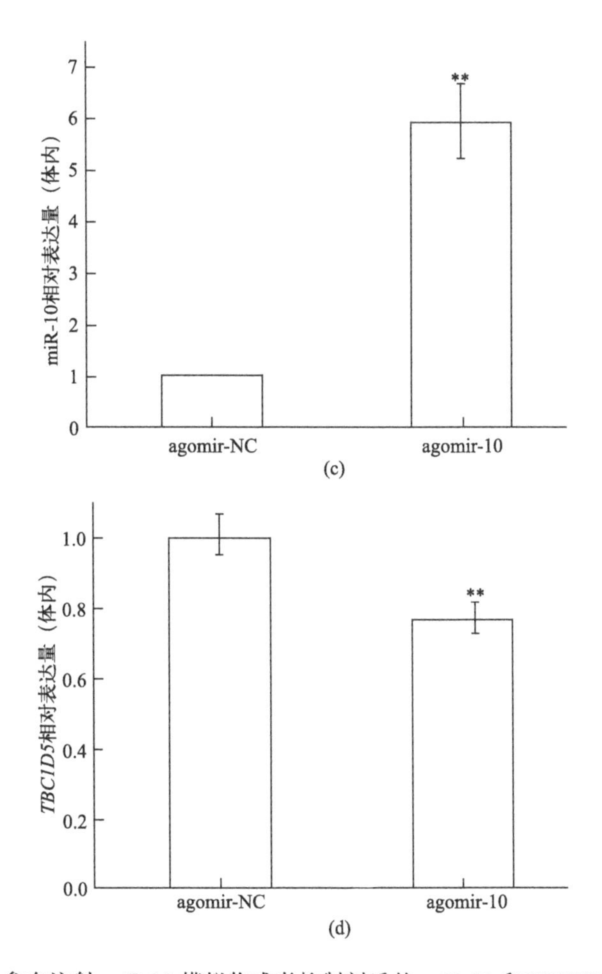

图7-4 刺参在注射miR-10模拟物或者抑制剂后的miR-10和*TBC1D5*的表达量

(a) 刺参在注射miR-10抑制剂后的miR-10表达量；(b) 刺参体腔细胞在注射miR-10抑制剂后靶基因*TBC1D5*表达量；(c) 刺参体腔细胞在注射miR-10模拟物后miR-10表达量；(d) 刺参体腔细胞在注射miR-10模拟物后靶基因*TBC1D5*表达量

表达的miR-10明显降低了*TBC1D5*的表达，而低水平的miR-10则增加了*TBC1D5*的表达。这些结果共同表明，miR-10介导了*TBC1D5*的表达。

7.1.2.4 体内和体外RNA转染及低盐胁迫下miR-10和*TBC1D5*的表达分析

在低盐胁迫过程中，转染inhibitor-10后的miR-10表达量上调，其表达量在48 h后达到峰值［图7-5(a)］，并且miR-10的靶基因*TBC1D5*的表达量逐渐降低［图7-5(b)］。值得注意的是，在转染mimics-10后，miR-10的表达量再次上调，在低盐处理后 6 h 表达量达到最高［图 7-5(c)］；在这样的条件下，*TBC1D5* 也被上调［图 7-5(d)］。这些结果表明体腔细胞对盐度适应过程中 miR-10 和其靶基因 *TBC1D5* 对盐度作出的响应。为了证明从体腔细胞得到的结果，向刺参中注入了 antagomir-10 或 agomir-10，随后暴露于低盐度条件下。qRT-PCR 结果分析显示在低盐处理期间注射 antagomir-10 后 miR-10 表达量逐渐增加。这与体腔细胞得到的结果一致。但是，体内 miR-10 表达量的峰值比其体腔细胞的表达峰值早 24 h［图 7-5(e)，图 7-5(a)］。靶基因的表达量与 miR-10 表达量呈负相关［图 7-5(e)，图 7-5(f)］。转染 agomir-10 后，在低盐处理过程中，除了胁迫后 24 h 外，miR-10 的表达量一直上调［图 7-5(g)］。相反，相同条件下 *TBC1D5* 的表达量一直下调［图 7-5(h)］。

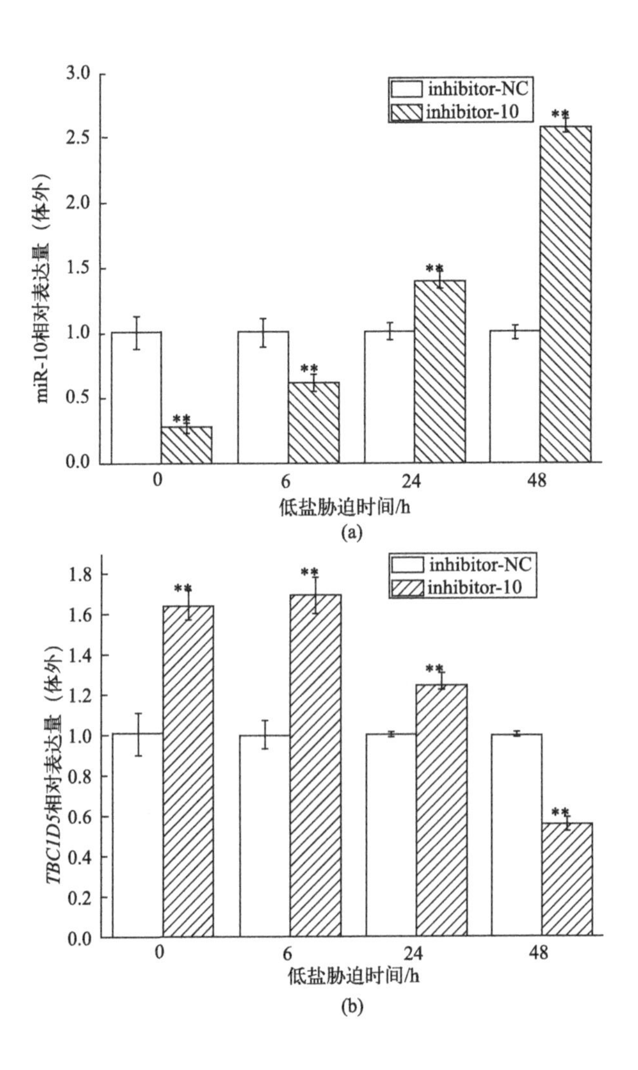

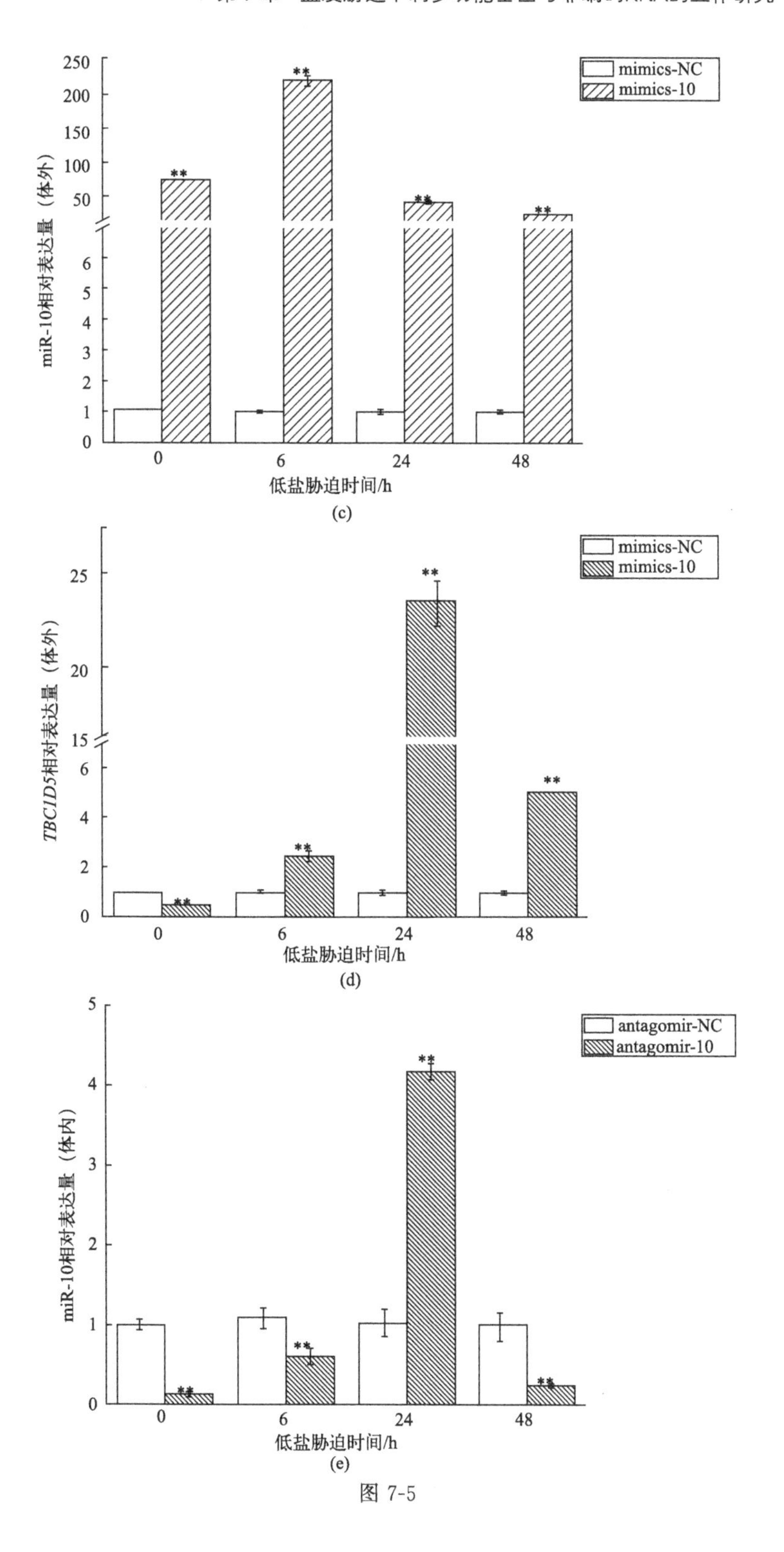
mimics-NC
mimics-10
miR-10相对表达量（体外）
低盐胁迫时间/h
(c)
mimics-NC
mimics-10
TBC1D5相对表达量（体外）
低盐胁迫时间/h
(d)
antagomir-NC
antagomir-10
miR-10相对表达量（体内）
低盐胁迫时间/h
(e)

图 7-5

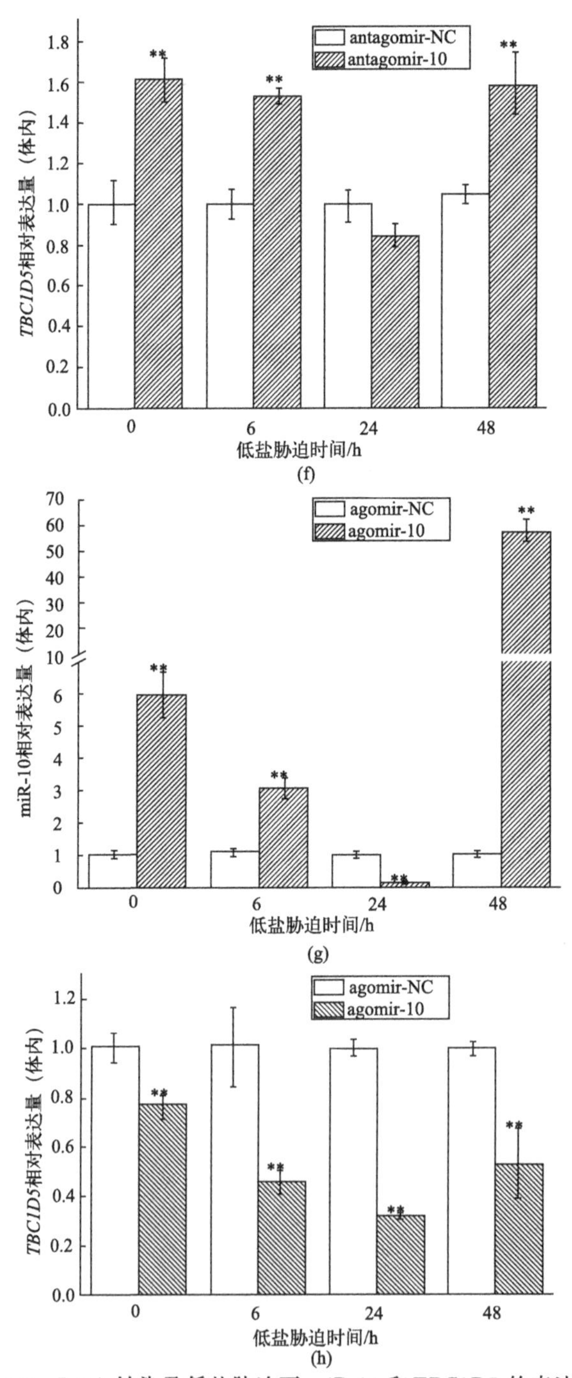

图 7-5　RNA 转染及低盐胁迫下 miR-10 和 *TBC1D5* 的表达量

（a）体外转染 inhibitor-10 后 miR-10 的表达量；（b）体外转染 inhibitor-10 后 *TBC1D5* 的表达量；
（c）体外转染 mimics-10 后 miR-10 的表达量；（d）体外转染 mimics-10 后 *TBC1D5* 的表达量；
（e）体内注射 antagomir-10 后 miR-10 的表达量；（f）体内注射 antagomir-10 后 *TBC1D5* 的表达量；
（g）体内注射 agomir-10 后 miR-10 的表达量；（h）体内注射 agomir-10 后 *TBC1D5* 的表达量

7.1.2.5 体内和体外RNA转染及低盐胁迫下的离子浓度和NKA酶活力分析

在转染 miR-10 antagomir 后，除了胁迫后 24 h 外，处理组的钠离子浓度比对照组高［图 7-6(a)］。转染 miR-10 agomir 组的钠离子浓度在 6 h 和 24 h 也高于对照组，但在 0 h、48 h 时比对照组低［图 7-6(f)］。转染 miR-10 antagomir 组的钾离子浓度在 6 h 低于对照组［图 7-6(b)］。相反，该组中的钾离子浓度在整个过程中，用 miR-10 agomir 转染的细胞与对照组无显著差异［图 7-6(g)］。转染 miR-10 agomir 和 antagomir 后的氯离子浓度在整个盐度胁迫下与对照组无显著差异分析［图 7-6(c)，图 7-6(h)］。实验组的渗透压在转染了 miR-10 antagomir 或 agomir 后和对照组没有差异［图 7-6(d)，图 7-6(i)］；所有组 6 h 后渗透压呈下降趋势。转染 miR-10 antagomir 组的 NKA 活性的浓度在 24 h 和 48 h 最高［图 7-6(e)］，

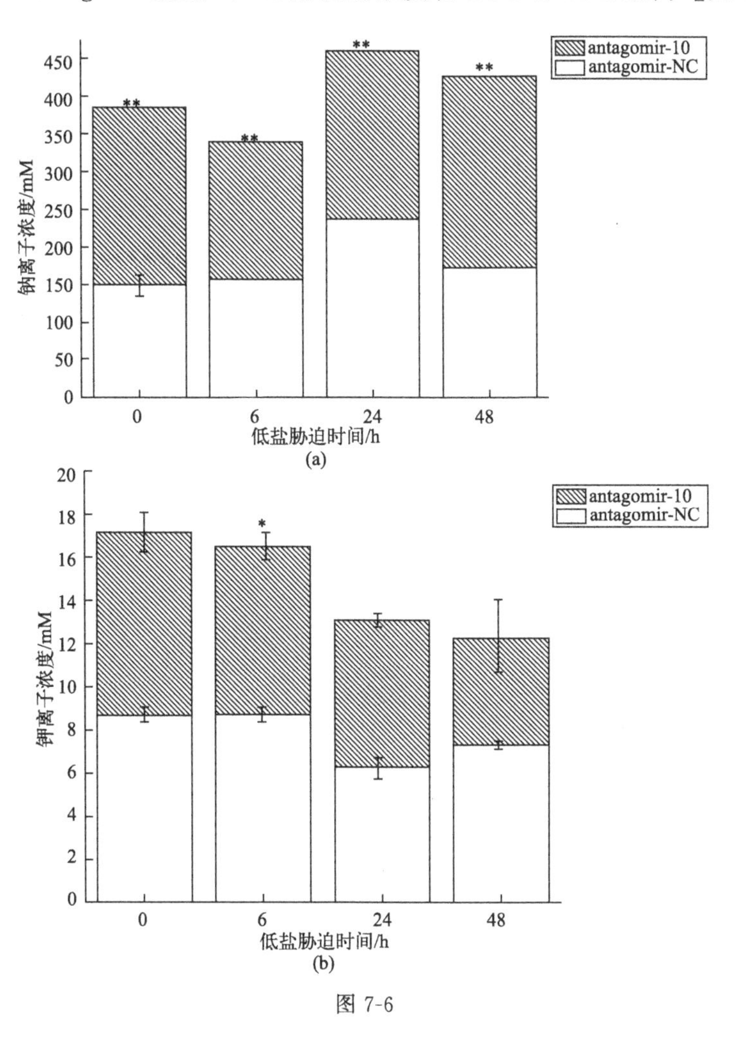

图 7-6

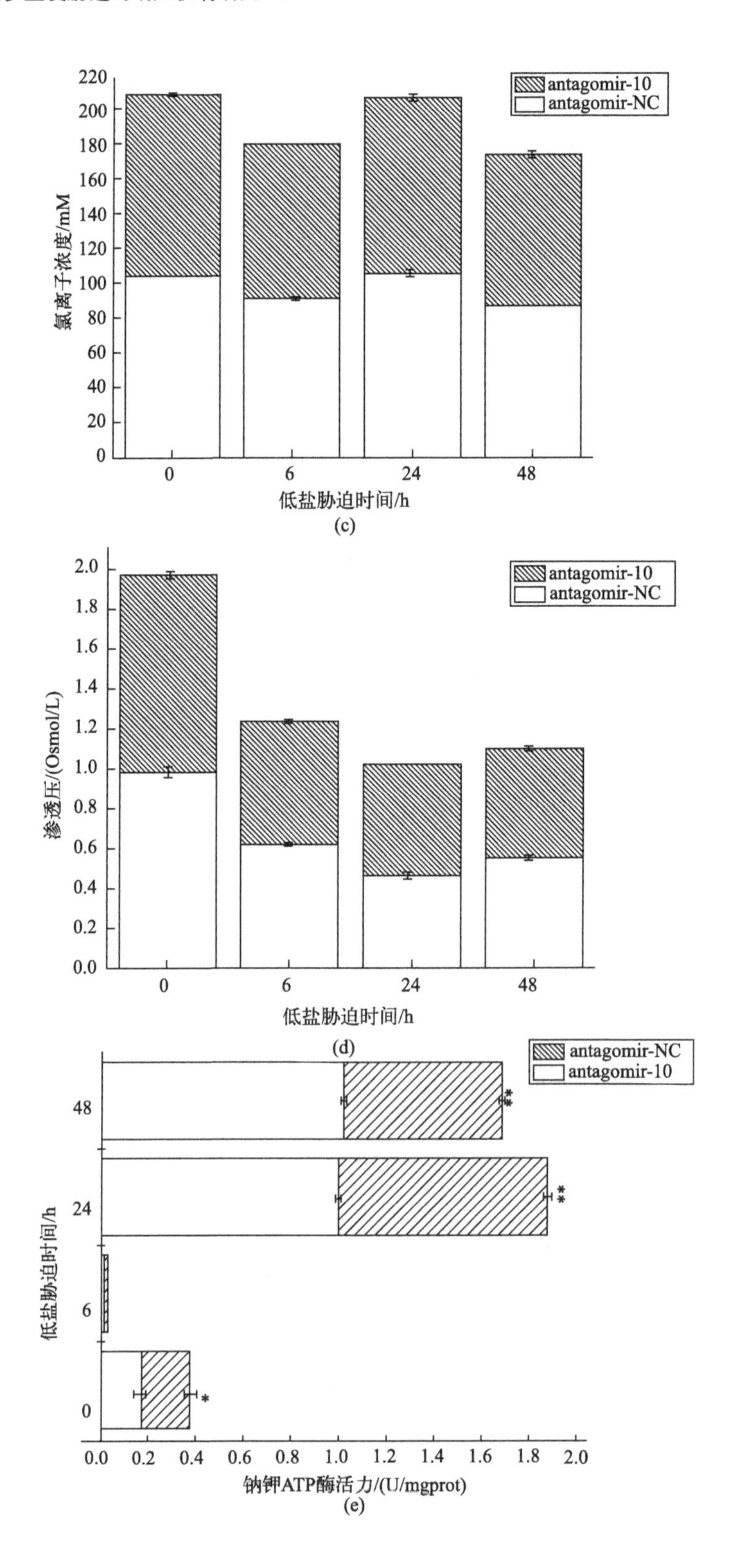
antagomir-10
antagomir-NC
氯离子浓度/mM
0
20
40
60
80
100
120
140
160
180
200
220
0
6
24
48
低盐胁迫时间/h
(c)

antagomir-10
antagomir-NC
渗透压/(Osmol/L)
0.0
0.2
0.4
0.6
0.8
1.0
1.2
1.4
1.6
1.8
2.0
0
6
24
48
低盐胁迫时间/h
(d)

antagomir-NC
antagomir-10
低盐胁迫时间/h
48
24
6
0
**
**
*
0.0
0.2
0.4
0.6
0.8
1.0
1.2
1.4
1.6
1.8
2.0
钠钾ATP酶活力/(U/mgprot)
(e)

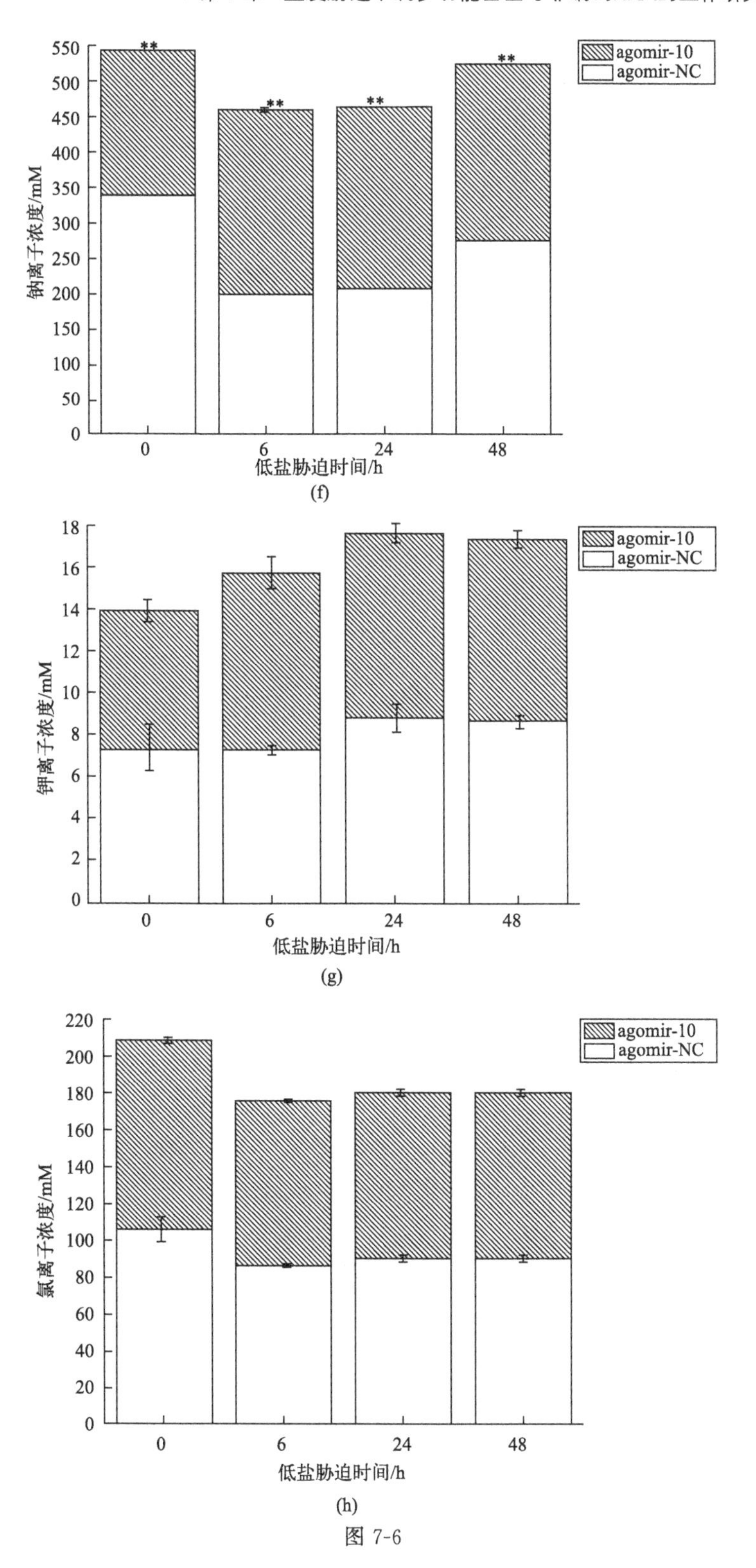

钠离子浓度/mM
低盐胁迫时间/h
agomir-10
agomir-NC
(f)
钾离子浓度/mM
低盐胁迫时间/h
agomir-10
agomir-NC
(g)
氯离子浓度/mM
低盐胁迫时间/h
agomir-10
agomir-NC
(h)

图 7-6

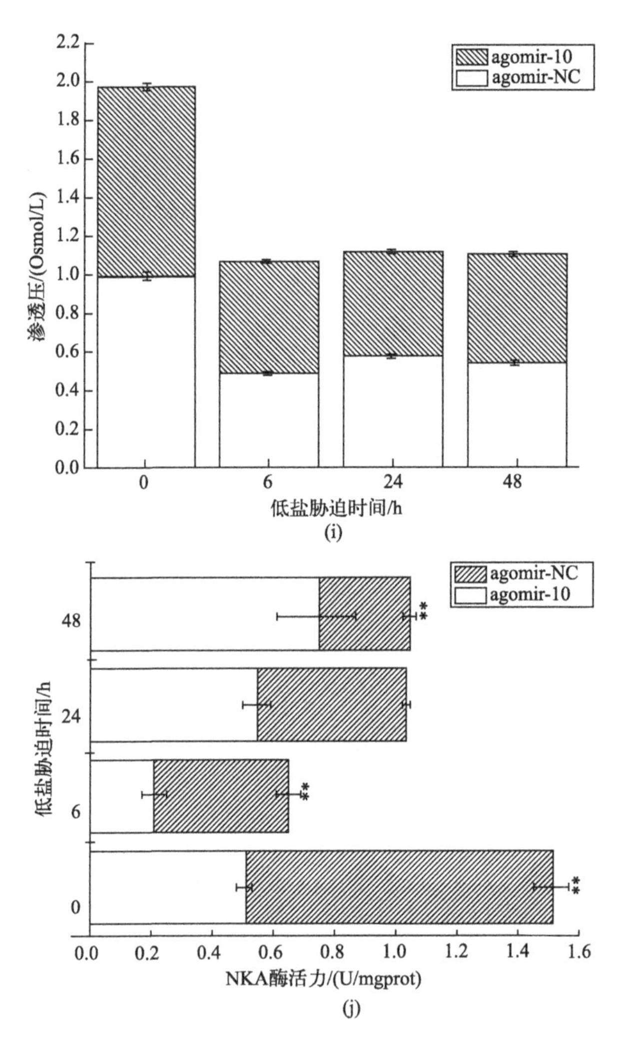

图 7-6 低盐胁迫下转染 miR-10 antagomir 和 miR-10 agomir 后的钠离子、钾离子和氯离子浓度及渗透压和 NKA 酶活力

(a)(f)钠离子浓度；(b)(g)钾离子浓度；(c)(h)氯离子浓度；(d)(i)体腔液渗透压；(e)(j)NKA 酶活力

NKA 活性在 6 h 最低。转染 miR-10 agomir 实验组中 NKA 活性高于对照组，但在 48 h 时则降低［图 7-6(j)］。

7.1.3 讨论

7.1.3.1 miR-10 和 *TBC1D5* 在体内和体外的负调节关系

对 *TBC1D5* 的 3′-UTR 的检查显示了 miR-10 的进化保守种子区，这是五个物种共有的［图 7-1(a)］。这个结果表明 miRNA 通过与 3′-UTR 中的 miRNA 识别元件（MRE）进行配对。*TBC1D5* 在其 3′-UTR 的 1670～1695 位置具有与 miR-10 结合的位点［图 7-1(b)］，通过荧光素酶活性测定检测到 miR-10 与 *TBC1D5* 之间的相互作用。miR-10 与体内外 *TBC1D5* 的表达模式表明 miR-10 与 *TBC1D5* 存在负调节关系（图 7-2，图 7-3），这与其他研究发现的 miRNA 对不同物种的靶基因产生负调控的结果一致。例如，在鲤鱼 miR-429 通过靶向其 3′-UTR 直接调节 *Foxd3*（Forkhead Box D3）的表达，反过来抑制 *MITF*（Melanocyte Inducing Transcription Factor）和下游基因 *TYRP1*（Tyrosinase Related Protein1）和 *TYRP2*（Tyrosinase Related Protein 2）的转录。同样，在刺参中，在 LPS 刺激体腔细胞后靶基因 *NF-κB1*（Nuclear Factor Kappa B Subunit 1）受 miR-31 负调控，而 miR-92a 是 LPS 刺激原代体腔细胞后 14-3-3z（Tyrosine 3-Monooxygenase/Tryptophan 5-Monooxygenase Activation Protein Zeta）蛋白的负调节剂。

7.1.3.2　miR-10 和 *TBC1D5* 在刺参低盐适应过程中的表达分析

越来越多的研究报道了 miRNA 的关键作用，特别是在细胞调节中通过与信号传导通路各层次中的不同组分的相互作用而产生应激反应。特别是四个 miRNA，即 miR-161、miR-173、miR-396c 和 miR-319 参与盐度胁迫调节的复杂网络。在斑马鱼中，miR-8 抑制膜结合成分 *NHERF1* 的表达，可调节渗透胁迫下的 Na^+/H^+ 交换。此外，miR-429 功能丧失会影响血浆渗透压和离子浓度的调节。在鳗鲡中 miR-10b-5p、miR-181a、miR-26a-5p、miR-30d 和 miR-99a-5p 在三种不同的盐度胁迫下存在差异表达，并且 miR-122、miR-140-3p 和 miR-10b-5p 能够表现出渗透调节作用。本研究中也发现刺参在低盐胁迫下诱导了 miR-10 的差异表达，在低盐胁迫后 24 h 达到最小值，然后在胁迫后 48 h 达到了最大值［图 7-5(a)］。此前有研究同样报道，外界压力可以改变 miRNA 的生物发生及其基因表达。已知 miRNA 在信号级联关键节点上的变化使 miRNA 能够及时传输信息并改变动态平衡，从而使新的细胞状态在应对压力方面发挥作用。研究还表明 GTPase 家族已被确定参与体积调节相关的阴离子通道活化。TBC1D5 作为 Rab GTPase 激活蛋白，可以显著增加 GTPase 水解酶的活性，从而影响其对细胞体积的调节。从以上结果推断，miRNA 通过调节靶基因 *TBC1D5* 可能在细胞体积的变化中起作用。因此，我们推断 miR-10 可能调控刺参低盐胁迫响应的复杂网络。

在刺参体腔细胞中，低盐胁迫下 miR-10 靶基因 *TBC1D5* 下调表达，并在低盐处理后 6 h 达到最低水平 [图 7-5(b)]。该结果证实，应激条件不仅可以改变 miRNA 的生物发生，而且可以影响 miRNA 靶基因的表达以及 miRNA-蛋白质复合物的活性。RabGAP 家族蛋白 TBC1D5 是体内和自噬体运输之间的关键转换分子，并在细胞外环境中通过自噬诱导后重新指导囊泡的运输。TBC1D5 同时也参与逆行运输，控制 GLUT1 膜移位的摄取和葡萄糖摄取。研究还表明，TBC1D5 可以调节内化作用，是货物蛋白逆向转运至高尔基网络细胞内所必需的。TBC1D5 在不同途径中的多种功能其中可能处于 miR-10 调控之下，这可能也表明刺参盐度适应的复杂性过程，并暗示使用复杂的反馈通路来应对海水中的盐度改变。因此，分析 miR-10 及其靶基因 *TBC1D5* 的表达谱可能是理解刺参盐度适应过程的新方向。

7.1.3.3 RNA 转染及低盐胁迫下 miR-10 和 *TBC1D5* 的表达分析

用 miR-10 抑制剂转染后，在体腔细胞中 miR-10 表达量在低渗细胞培养基（渗透压为 0.531）中随时间推移而上调。而且 miR-10 表达水平在低盐胁迫后 48 h 达到了最高点 [图 7-5(a)]。在大多数实验中 miRNA 表达相对稳定，但是一些证据表明压力状态可以改变 miRNA 的表达水平，并且可以进一步调节 mRNA 靶标 miRNA-蛋白质复合物。这些因子的变化也受多种信号途径的应激诱导因子（如 p53 或 NF-κB）的转录或翻译水平调控。例如，在炎症响应方面，*NF-κB* 通过巨噬细胞中的信号级联反应与其他炎症反应基因上调 miR-9、miR-155 和 miR-146 的转录水平。同样的是，宿主 miR-27 的衰变是由疱疹病毒感染引起的，miR-183/96/182 簇以及 miR-204 和 miR-201 的表达量在视网膜黑暗适应中增加。实际上，miRNA 可通过调节信号传导通路各层次的成分参与生物体的应激反应。本实验结果表明盐度胁迫会改变 miR-10 的表达量及表达模式，从而可能通过诱导 miR-10 的上调表达参与刺参盐度胁迫触发的信号级联反应来应对环境压力。

低盐胁迫 24 h 后，在用 miR-10 抑制剂转染海参后 miR-10 的表达量最高 [图 7-5(e)]。该表达高峰早于在低渗应激下的体腔细胞中的表达 [图 7-5(a)]。*TBC1D5* 在体腔细胞中的最低表达水平也 [图 7-5(b)] 早于在刺参 [图 7-5(f)] 中观察到的表达，这与 miR-10 表达模式一致。时序表达模式通常会在人类细胞应对各种应激状态的基因表达反应中出现。推测刺参早期峰化结果可能表明刺参采用增加 miR-10 表达并快速适应盐分胁迫的机制比仅在细胞水平要复杂得多。因此，刺参能够协调其他因素参与并加速盐度适应过程。miR-10 表达的上调可能是盐度胁迫适应过程中的重要因素，miR-10 表达水平与压力暴露的发生时间有关 [图 7-5(a)]。

注射 miR-10 模拟物后，在低渗培养基（0.531）培养的体腔细胞中 miR-10 表达量增加并在 6 h 达到最高水平［图 7-5(c)］。其他研究表明在压力反应过程中，miRNA 既可以充当体内稳态的恢复者，也可以在基因表达过程中充当新的执行者。miR-10 在盐度适应中的高表达表明在适应盐度变化过程中需要高水平的 miR-10 才能维持细胞稳态。过表达的 miR-10 引起靶基因 *TBC1D5* 的表达增加，在 24 h 达到最高水平，之后下降［图 7-5(d)］。值得注意的是在该测定中，miR-10 与 *TBC1D5* 表达之间没有负相关关系。其他研究已经报道了这种现象，其中过表达 miRNA 可导致靶基因的 mRNA 摆脱 miRNA 抑制。这些报告表明，靶基因的 mRNA 的过表达是另一种可以被细胞利用以调节应激期间 miRNA 介导的阻抑程度。在我们的研究中，盐度胁迫下 miR-10 的过表达表明刺参中 miR-10 与 *TBC1D5* 之间的关系不仅仅是负相关的调节［图 7-5(g)，图 7-5(h)］。相反，在 miR-10 抑制剂抑制后的 miR-10 和 *TBC1D5* 表现负调节关系［图 7-5(e)，图 7-5(f)］。根据实验以及公开的数据，大量表达的 miR-10 可能是刺参应对盐度胁迫所必需的，并且 miR-10 的过表达可能导致靶基因 *TBC1D5* 摆脱了 miR-10 抑制。在盐度胁迫下，注射了 miR-10 agomir 的刺参中的 miR-10 在 24 h 下调［图 7-5(g)］。研究也表明，miRNA 参与反馈调节可使细胞改变状态以适应新环境，我们推断出 miR-10 的这种下调可能与刺参中适应盐度调节下 miR-10 表达的反馈与自我调节有关。

本实验结果表明 miR-10 与 *TBC1D5* 的表达量与低盐胁迫存在着一定的关系。*TBC1D5* 保守的结合位点和双荧光素酶报告基因检测证明 miR-10 与 *TBC1D5* 存在靶向关系，体内和体外干扰结果表明 miR-10 与 *TBC1D5* 存在负调控关系。在体外结果中，体腔细胞转染 inhibitor-10 后，除胁迫后 24 h 外 miR-10 与 *TBC1D5* 均存在负调控关系；转染 mimics-10 后，胁迫后的 *TBC1D5* 摆脱了高表达 miR-10 的抑制作用。而在体内结果中，分别转染 antagomir-10 和 agomir-10 后，miR-10 与 *TBC1D5* 均存在负调控关系。

7.2 非编码 RNA let-7 和 lncRNA001074 通过靶向 *NKAα* 参与刺参盐度胁迫

lncRNA 是一类长度超过 200 个核苷酸和缺乏蛋白质编码能力的非编码 RNA。在水生动物中，其功能在应激适应性、耐热性、壳色多样性等方面得到验证。本研究从转录组数据中筛选了 lncRNA001074 与 *NKAα* 的共定位，并通过 RNAi 技术，初步研究了 lncRNA001074 和 *NKAα* 在盐胁迫下的调控机制。

7.2.1 材料与方法

7.2.1.1 实验材料

实验采用健康的刺参，体重为（13.44±2.85）g，在 90 cm×75 cm×60 cm 的水槽中，每天饲喂一次，两天换水一次。

7.2.1.2 实验设计

将刺参随机分为 4 组，每组包含 12 个个体。转染 24 小时后，置于低盐海水中，在 6 h、24 h 和 48 h 取其体腔细胞用于进行后续表达分析。

7.2.1.3 实验方法

提取 RNA、用于 cDNA 合成及 miRNA 和靶基因的表达分析的引物序列列于表 7-2。进行了 let-7 靶基因的预测和 lncRNA 与靶基因的互作分析。

表 7-2 所用引物和 RNAs 序列

类别	序列名称	序列(5′-3′)
sRNAs 引物	Let-7mimics(agomir)	UGAGGUAGUAGGUUAUAUAGUU
		CUAUAUAACCUACUACCUCAUU
	Let-7inhibitor(antagomir)	AACUAUAUAACCUACUACCUCA
	Si-lncRNA001074	GCUGCUUGCUUUCUACUAUTT
		AUAGUAGAAAGCAAGCAGCTT
	Si-NKAα	CCUACUACCAGGAGGCUAATT
		UUAGCCUCCUGGUAGUAGGTT
	Agomir-NC	UUCUCCGAACGUGUCACGUTT
		ACGUGACACGUUCGGAGAATT
	Antagomir-NC	CAGUACUUUUGUGUAGUACAA
定量表达引物	NKAα-F	CAGGGATTGACCAAAGCAAAGGC
	NKAα-R	GAGGGTAGCAAACCCACCAAAAAGT
	lncRNA001074-F	ACCCAGTAAACAAAGCACGCA
	LncRNA00174-R	TCCCTGCGATTGAGGCGTA
	CYTB-F	TGAGCCGCAACAGTAATC
	CYTB-R	AAGGGAAAAGGAAGTGAAAG
	U6	ACGCAAATTCGTGAAGCGTT
	Let-7	GCGCGTGAGGTAGTAGGTTATATAGTT

7.2.2 结果

7.2.2.1 let-7的靶向关系验证

NKAα 和 *let-7* 序列的序列及结合位点及 lncRNA001074 和 *let-7* 结合位点见[图 7-7(a)]、[图 7-7(b)]，进一步在 HEK-293T 细胞中进行双荧光报告基因分析，进行 *NKAα* 和 *let-7* 靶向关系的确认。在野生型组，相对荧光素酶活性与 NC 组相比有显著差异（$P<0.01$），其抑制率是 17.4%，而突变型则无显著差异［图 7-7(b)］。在 lncRNA001074 双荧光报告基因分析结果中［图 7-7(d)］，lncRNA001074 野生型在转染 let-7 mimics 后，相对荧光素酶活性与 NC 相比降低，其抑制率是 26.04%，并且与 NC 有显著性差异（$P<0.01$）。然而，在 lncRNA001074 突变型转染 let-7 mimics 后，抑制率是 13.7%，并且与 NC 有显著性差异（$P<0.05$），这可能与突变型中存在其他结合位点有关。上述结果能够证明 *let-7* 与 lncRNA001074 和 *NKAα* 存在靶向关系。

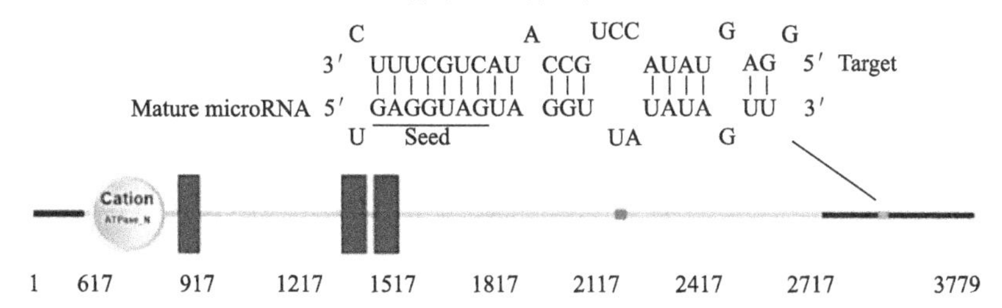

(a)

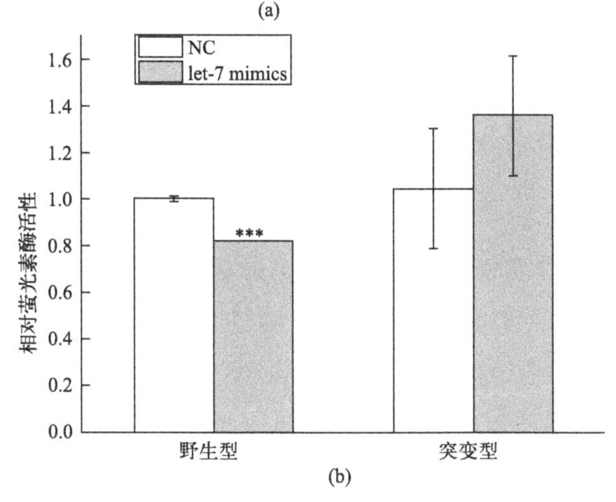

(b)

图 7-7

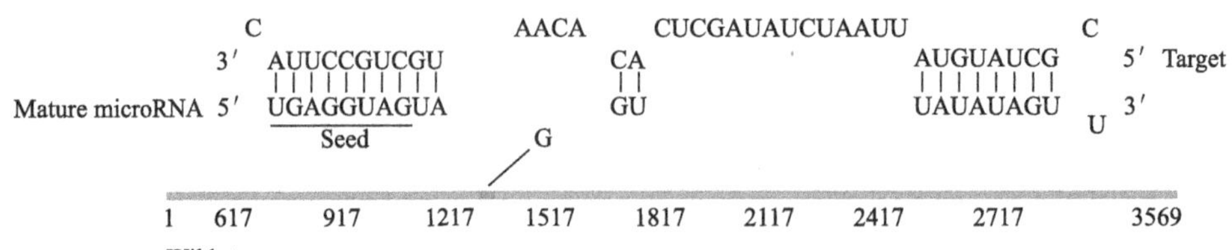

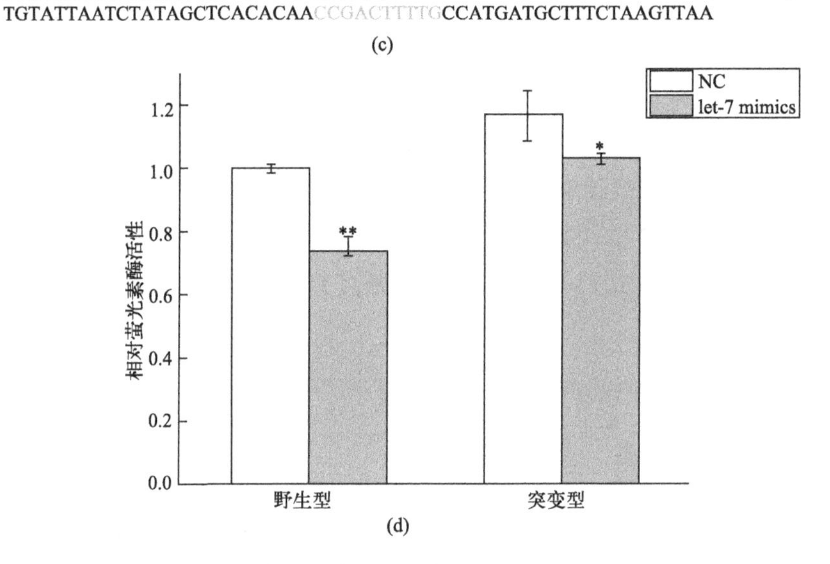

图 7-7 *let-7* 与靶标结合位点和双荧光素酶报告基因分析

(a)*NKAα* 的野生型和突变型的序列及结合位点；(b)*NKAα* 和*let-7* 的双荧光素实验结果；(c) lncRNA001074 和*let-7* 序列的野生型和突变型的序列；(d) lncRNA001074 和 *let-7* 序列的野生型和突变型的荧光素结果

7.2.2.2 lncRNA001074、NKAα、*let-7* 互作关系分析

为了初步探讨 *let-7*、lncRNA001074 和 *NKAα* 之间的关系，本研究通过 RNAi 技术，测定靶基因表达量的变化来分析其调控关系。在体外，在转染 agomir-let-7 组中，*let-7* 的表达量是 NC 的 23378 倍，靶基因和 lncRNA 的表达量是 NC 的 0.79 倍（$P<0.05$）；在转染 si-lncRNA001074 组中，lncRNA001074 的抑制率为 63%，*let-7* 的表达量上调，是 NC 的 112 倍（$P<0.001$），并且靶基因的表达量同样被抑制，是对照组的 0.44 倍（$P<0.01$）[图 7-8(a)]。在转染 si-NKA 组中，靶基因和 lncRNA001074 均被抑制，抑制率为 99%，并且 *let-7* 的表达量上

调，是对照组的2.1倍（$P<0.001$）。

在体内，在转染agomir-let-7组中，*let-7*的表达量是对照组的3.24倍（$P<0.01$），*NKAα*的表达量显著降低，是对照组的0.46倍（$P<0.01$），并且lncRNA001074表达量是对照组的1.25倍。在转染si-lncRNA001074组中，lncRNA001074表达量降低，是对照组的0.54倍（$P<0.05$）；*NKAα*的表达量降低，是对照组的0.39倍（$P<0.01$）；*let-7*的表达量升高，是对照组的2.04倍（$P<0.01$）。在转染si-NKAα组中，*let-7*的表达量升高，是对照组的2.62倍（$P<0.01$）；*NKAα*本身的表达量是对照组的0.026倍（$P<0.01$）；lncRNA001074的表达量是对照组的0.04倍（$P<0.01$）[图7-8(b)]。

在体外，同时转染si-lncRNA001074和antagomir-let-7组中，*let-7*和lncRNA001074的表达量均高于对照组，分别是NC组的2.16倍（$P<0.001$）和1.83倍（$P<0.01$）。在转染si-NKAα和antagomir-let7组中，*let-7*表达量同样高于NC组，是NC组的3.4倍（$P<0.001$），然而，与转染si-lncRNA001074和antagomir-let-7组相反的是，靶基因*NKAα*的表达量低于NC组，是NC组的0.58倍（$P<0.05$）[图7-8(c)]。

在体内，在转染si-lncRNA001074和antagomir-let-7组中，*let-7*表达量增加，是NC组的4.7倍（$P<0.01$），靶基因*NKAα*表达量降低，是NC组的0.91倍，lncRNA 001074表达量同样降低，是NC组的0.66倍（$P<0.001$）。在转染si-NKAα和antagomir-let-7组中，*let-7*表达量与NC组相比升高11.68倍（$P<0.01$），*NKAα*和lncRNA001074都降低，分别是NC组的0.43倍（$P<0.01$）和0.49倍（$P<0.001$）[图7-8(d)]。

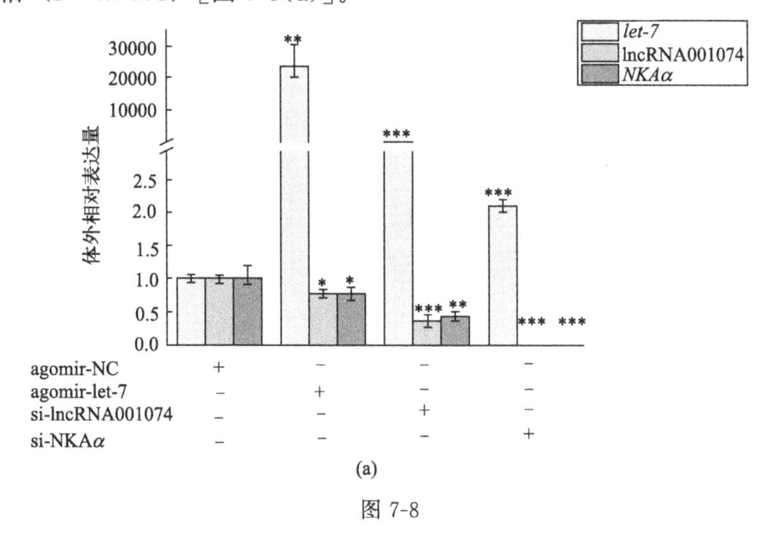

图7-8

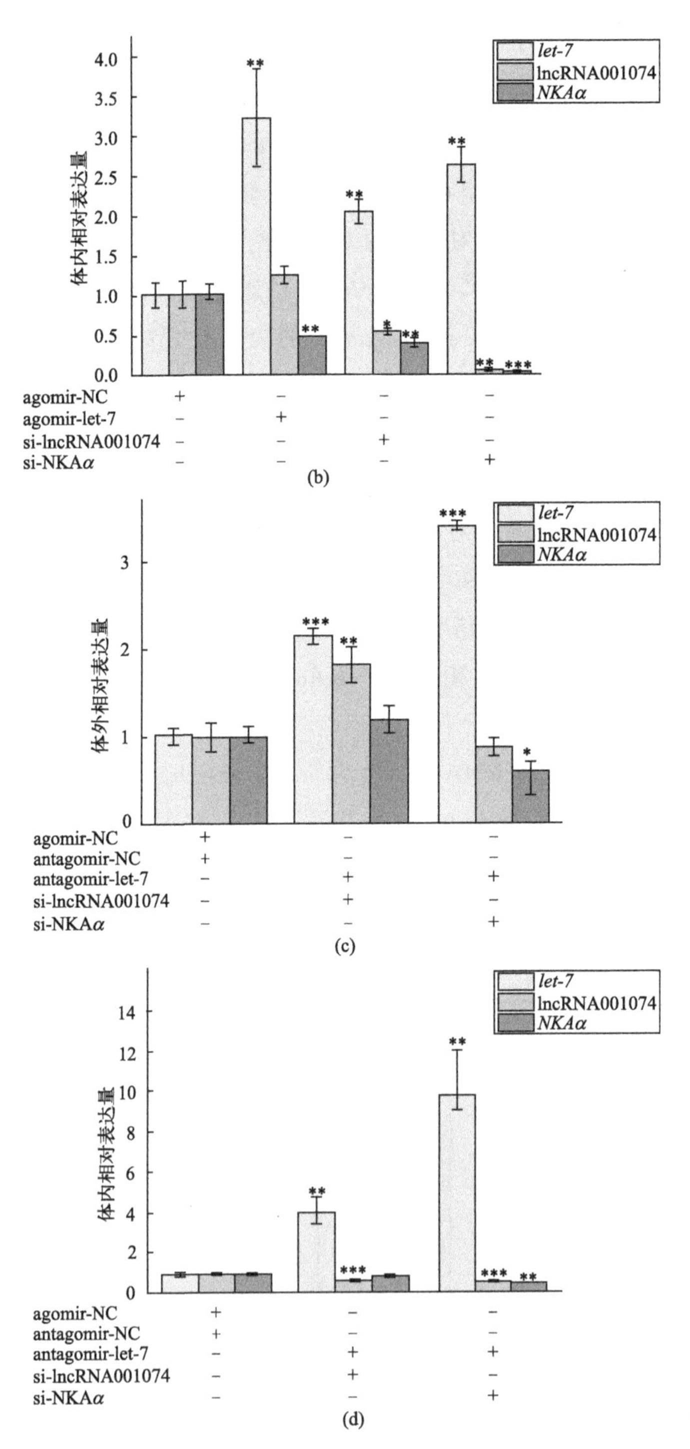

图 7-8 在体内和体外转染 RNA 模拟物后*let-7*、lncRNA001074 和*NKAα* 表达量

(a)(c)为体外转染；(b)(d)为体内转染；

(+)表示转染 RNA 模拟物，(−)表示未转染 RNA 模拟物

对于体内 *NKAα* 的蛋白表达量（图 7-9），在转染 agomir-let-7 组中，*NKAα* 的蛋白表达量抑制率是 27.88%（$P<0.01$），在转染 si-lncRNA001074 组中，*NKAα* 的蛋白表达量抑制率是 29.64%（$P<0.01$），在转染 si-NKAα 组中，*NKAα* 的蛋白表达量抑制率是 37.77%（$P<0.001$）。当 antagomir-let-7 同时与 si-lncRNA001074/si-NKAα 转染后，*NKAα* 蛋白表达量比转染 si-lncRNA001074 组上升了 5.7%，比转染 si-NKAα 组上升 37.77%。

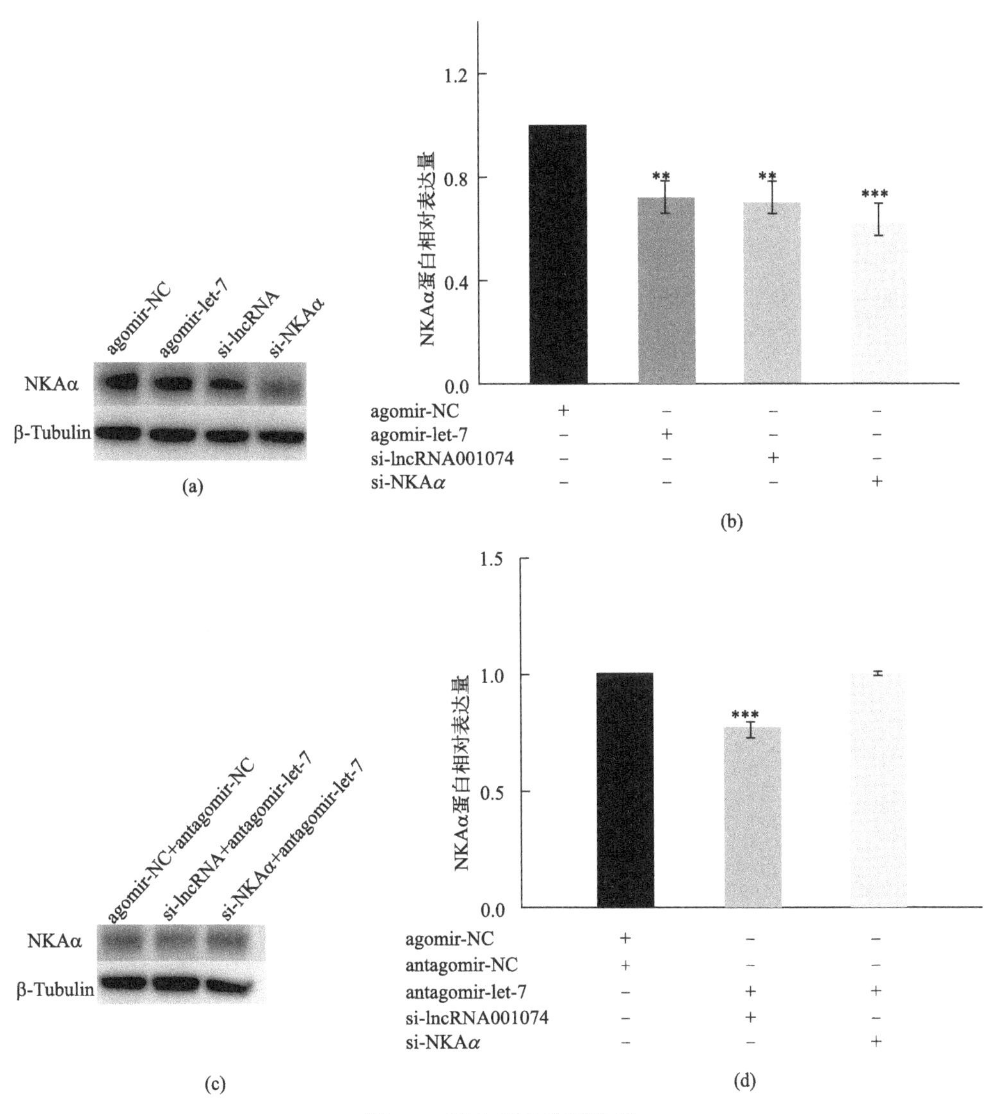

图 7-9 蛋白印迹检测结果

（a）（c）为体内转染后的 NKAα 蛋白印迹分析；（b）（d）为体内转染后蛋白相对表达量；
＋代表转染 RNA 模拟物，－表示未转染 RNA 模拟物

7.2.3 讨论

7.2.3.1 *let-7* 序列分析

从 miRbase 数据库挑选了尼罗罗非鱼、蝙蝠星、斑马鱼、绿海胆、大西洋鲑等海洋物种的 miR-9 和 *let-7* 进行多序列比对，发现种子区高度保守，并且第一个碱基都是 U，为与基因非编码区结合增加了概率，并且在序列碱基占比中发现（图 7-10，图 7-11），*let-7* 序列中 U 占 51.19%，G 占 18.61%，miR-9 序列中 U 占 40.9%，G 占 34.09%。两个序列中较高的 U+G 的占比增加了与多种基因结合的可能性，这可能与上文盐度胁迫后造成多方面的生理反应有关。并且 *let-7* 也已经被报道与发育、免疫、刺参再生和缺氧介导的细胞增殖等方面相关，证实了高 U+G 比例的 miRNA 可能参与更多的生理过程。本研究总结了物种盐度胁迫应激后的 miRNA 与靶基因互作网络参与的生理活动。

Seed region
dre-miR-9-5p UCUUUGGUUAUCUAGCUGUAUGA
lva-miR-9-5p UCUUUGGUUAUCUAGCUGUAUG -
oni-miR-9a-5p UCUUUGGUUAUCUAGCUGUAUG -
oni-miR-9a UCUUUGGUUAUCUAGCUGUAUG -
pmi-miR-9-5p UCUUUGGUUAUCUAGCUGUAUGA
spu-miR-9-5p UCUUUGGUUAUCUAGCUGUAUG-
ssa-miR-9a-5p UCUUUGGUUAUCUAGCUGUAUGA
ssa-miR-9b-5p UCUUUGGUUAUCUAGCUGAAU - -
******************** **

Seed region
dre-let-7a UGAGGUAGUAGGUUGUAUAGUU
dre-let-7b UGAGGUAGUAGGUUGUGUGGUU
dre-let-7c-5p UGAGGUAGUAGGUUGUAUGGUU
dre-let-7d-5p UGAGGUAGUUGGUUGUAUGGUU
dre-let-7e UGAGGUAGUAGAUUGAAUAGUU
dre-let-7f UGAGGUAGUAGAUUGUAUAGUU
dre-let-7g UGAGGUAGUAGUUUGUAUAGUU
dre-let-7h UGAGGUAGUAAGUUGUGUUGUU
dre-let-7i UGAGGUAGUAGUUUGUGCUGUU
lva-let-7-5p UGAGGUAGUAGGUUAUAUAGUU
oni-let-7a UGAGGUAGUAGGUUGUAUAGUU
oni-let-7b UGAGGUAGUAGGUUGUGUGGUU
oni-let-7c UGAGGUAGUAGGUUGUAUGGUU
oni-let-7d UGAGGUAGUUGGUUGUAUGGUU
oni-let-7e UGAGGUAGUAGAUUGAAUAGUU
oni-let-7g UGAGGUAGUAGUUUGUAUAGUU
oni-let-7h UGAGGUAGUAAGUUGUGUUGUU
oni-let-7i UGAGGUAGUAGUUUGUGCUGUU
pmi-let-7-5p UGAGGUAGUCGGUUGUAAAGA-
spu-let-7 UGAGGUAGUAGGUUAUAUAGUU
ssa-let-7c-5p UGAGGUAGUAGGUUGUAUGGUU
ssa-let-7f-5p UGAGGUAGUAGAUUGUAUUGUU
ssa-let-7g-5p UGAGGUAGUAGUUUGUAUAGUU
ssa-let-7h-5p UGAGGUAGUAAGUUGUGUUGUU
ssa-let-7i-5p UGAGGUAGUAGUUUGUGCUGUU
ssa-let-7j-5p UGAGGUAGUAGGUUGGAUAGUU
********* ** *

图 7-10 刺参和其他物种的 miR-9 和*let-7* 多序列比对

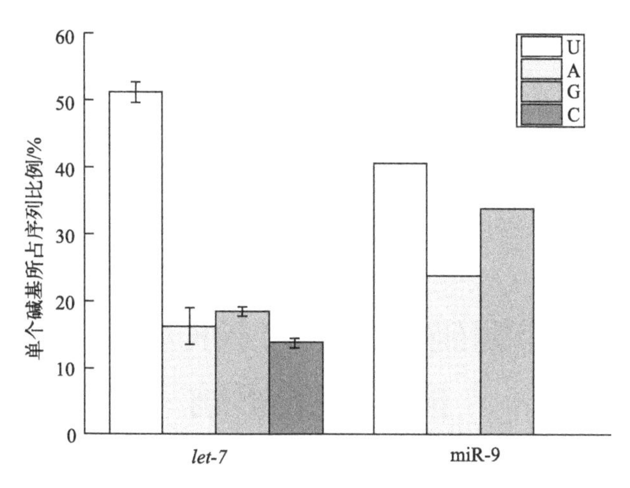

图 7-11　miR-9 和*let-7* 中每个碱基占总序列比例

7.2.3.2　*let-7* 与 NKAα 的负调控关系分析

首先，我们发现了 *let-7* 与 *NKAα* 结合的典型位点［图 7-7(a)］，并且通过双荧光报告基因分析证实了结合的可能性［图 7-7(b)］。随后，*NKAα* 和 *let-7* 在体内和体外的靶向关系通过 RNAi 干扰被验证。*let-7* 的表达量上调时，*NKAα* 的表达量降低（图 7-8）。同样，*NKAα* 的表达量下调时，*let-7* 的表达量增加（图 7-8），并且在 *NKAα* 的蛋白表达量方面，在体内转染了 agomir-let-7 时，*NKAα* 的蛋白表达量是 agomir-NC 组的 0.72 倍（图 7-9）。因此，*let-7* 与靶基因 *NKAα* 有很明显的负调控关系，这个结果也与 miR-31 和 *CTRP9*（Complement C1q And Tumor Necrosis Factor-Related Protein 9）在刺参菌刺激下负调控关系相一致。

7.2.3.3　lncRNA001074 在体内和体外反式作用调节 NKAα 的表达分析

lncRNA 涉及多种分子功能，包括调节转录模式，调节蛋白质活性，发挥结构或组织作用，改变 RNA 加工事件以及充当小 RNA 的前体。在本研究结果中，当 lncRNA001074 表达量降低时，*NKAα* 的表达量在体外是 agomir-NC 组的 0.45 倍，在体内是 agomir-NC 组的 0.4 倍。同样，*NKAα* 的表达量下调时，lncRNA001074 的表达量在体外是 agomir-NC 的 0.001 倍，在体内是 agomir-NC 的 0.046 倍。在 *NKAα* 蛋白表达量方面，在体内转染 si-lncRNA001074 时，*NKAα* 蛋白表达量是 agomir-NC 组的 0.70 倍。在低盐胁迫后，lncRNA001074 与 *NKAα* 表达量在胁迫后 6 h 内是共表达（图 7-9）。这些都证明了 *NKAα* 和 lncRNA001074 有着共表达的关系。说明了 lncRNA001074 作为反式作用元件在刺参低盐胁迫中扮演着重要的角色。具有相似功能的 lncRNA 中，牡蛎的 lincRNA TCONS_00951105 作为顺式作用元件管理着绒毛膜过氧化物酶，并且二者在黑色素合成通路中扮演着重要的角色。双荧光素酶报告基因检测证明 *let-7* 与 *NKAα* 和 lncRNA001074 具有靶向关系。体内和体外验证结果表明，*let-7* 与 *NKAα* 有负调控关系，lncRNA001074 反式作用调节 NKAα 表达。

7.3　非编码 RNA 对 *NKAα* 基因及酶活力的影响

盐度的变化能够影响海洋生物体内的细胞稳态，并可能触发氧化应激，破坏细胞膜和蛋白质，激活一系列基因表达。已经有大量研究报道了盐度对刺参分子机制的影响和基因表达干扰后盐度对刺参生理机制的影响。Na^{+}/K^{+}-ATPase（NKA）属于 P 型 ATPase 的蛋白质家族，是由 2 个催化性 α 亚基（通过水解一分子 ATP 将两个胞外 K^{+} 与三个胞内 Na^{+} 进行交换）和两个糖基化 β 亚基（负责 NKA 的成熟与组装）组成的异二聚体。在鳗鲡中，微咸水和海水外环境下 *FXYD11* 和 *NKAα* 基因表达量和 NKA 酶活力均高于淡水，并且蛋白表达与 NKA 酶活力呈正相关。在虱目鱼中，低盐胁迫下肾脏中 *NKAα1a* 和 *FXYD2* 共表达，其结果表明 *NKAα1a* 和 *FXYD2* 调节肾脏的 NKA 活性，以响应盐度胁迫而进行的渗透压调节。我们通过 *NKAα* 及其非编码 RNA 探索 ceRNA 对 NKA 酶活力的作用机制，竞争性内源 RNA（ceRNA）机制揭示了 RNA 可以竞争与 miRNA 的结合，从而实现相互调节。因此，含有 miRNA 结合位点的 lncRNA 通过抑制 miRNA 作为分子海绵的功能来保护 mRNA。对于 ceRNA，我们发现了一个通过 NKAα 亚基的 3′UTR 与 let-7 结合的位点，并发现了能够结合 let-7 的 lncRNA001074。本文探索了通过 RNAi 研究 lncRNA-let7-NKAα 在急性盐胁迫下的工作网络，并试图探索 NKA 酶活力与 NKAα 在低盐胁迫下的渗透调节机制，从而找到了通过分子机制提高刺参抗逆性以提高生产力的方法。

7.3.1　材料与方法

7.3.1.1　实验材料

实验采用健康的刺参，体重为（13.44±2.85）g，在 90 cm×75 cm×60 cm

的水槽中，每天饲喂一次，两天换水一次。

7.3.1.2 实验设计

对于低盐海水，盐度18‰的海水由天然海水和曝气自来水混合配成，经过三天的测量，所制备的海水盐度稳定后用于后续实验。刺参随机分为4组，每组包含12个个体。转染24小时后，置于低盐海水中在6 h、24 h和48 h取其体腔液，并以3000 rpm离心得到体腔细胞以进行后续表达分析。

7.3.1.3 实验方法

提取RNA、用于cDNA合成及miRNA和靶基因的表达分析的引物序列列于表7-2。进行了*let-7*靶基因的预测及lncRNA与靶基因的互作分析。

7.3.2 结果

7.3.2.1 lncRNA001074-let-7-NKAα 低盐胁迫下的功能性分析

在转染agomir-NC组中［图7-12(a)］，*let-7*的表达量在胁迫后逐渐增加，在胁迫后24 h达到了最大值，是0 h的2.79倍（$P<0.01$）。同时，lncRNA001074和靶基因*NKAα*的表达量逐渐降低，在胁迫后24 h达到了最低值，分别是对照组的0.13倍（$P<0.01$）和0.03倍（$P<0.001$），随后*let-7*的表达量在胁迫后48 h降低，但是lncRNA001074的表达量升高，并且*NKAα*的表达量一直下调。在转染agomir-let-7组中［图7-12(b)］，在整个胁迫过程中，lncRNA001074是逐渐增加，直到胁迫后48 h达到最大值，表达量是0 h的0.72倍（$P<0.05$），并且*NKAα*的表达量是逐渐降低的，在胁迫后48 h达到了最低值，其表达量是0 h的0.1倍（$P<0.001$）。

在转染si-lncRNA001074组中［图7-12(c)］，在胁迫后6 h，*let-7*的表达量达到了胁迫过程中的最大值，是0 h的3.4倍（$P<0.001$）。在胁迫后48 h，*let-7*的表达量达到了最小值，是0小时的0.37倍（$P<0.001$），lncRNA001074和*NKAα*的表达量达到了最大值，分别是0 h的26.98倍（$P<0.001$）和1.94倍（$P<0.01$）。

在转染si-NKAα组中［图7-12(d)］，在整个胁迫过程中，*let-7*的表达量始终低于0 h，并且有显著性差异。同样的是，lncRNA001074和*NKAα*的表达量始终高于0 h。*NKAα*的表达量在胁迫后24 h达到了最大值，是0 h的49倍（$P<0.01$），对于lncRNA001074，其表达量在胁迫后逐渐增加，在胁迫后48 h达到了最大值，是0 h的42.56倍（$P<0.01$）。

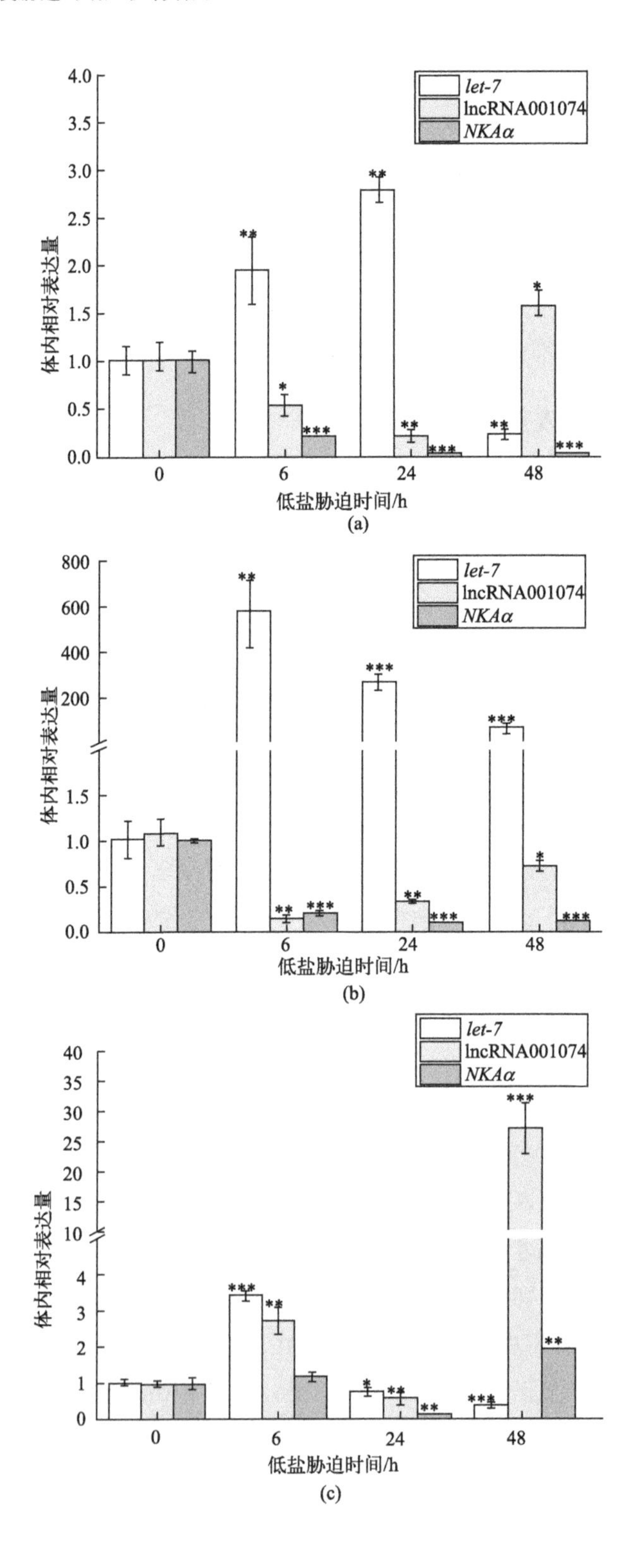
let-7
lncRNA001074
NKAα
体内相对表达量
低盐胁迫时间/h
0
6
24
48
(a)
(b)
(c)

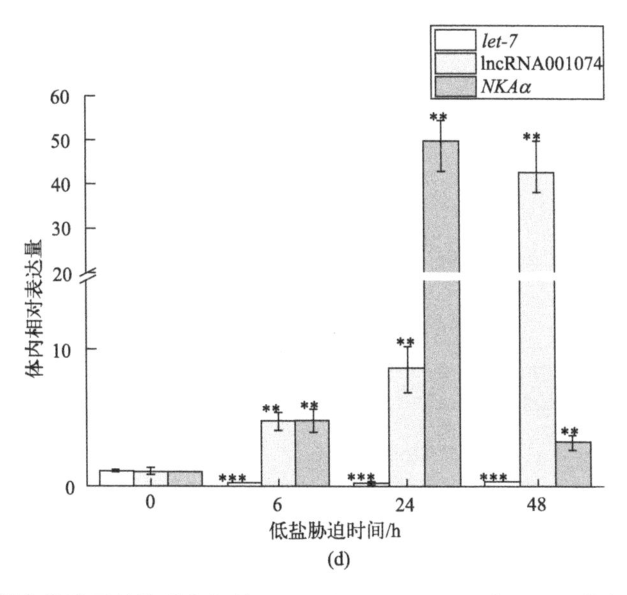

图 7-12 低盐胁迫下转染后各组的*let-7*、lncRNA001074 和*NKAα* 的相对表达量。

(a) 转染了 agomir-NC；(b) 转染了 agomir-let-7；(c) 转染了 si-lncRNA001074；

(d) 转染了 si-NKAα

在共同转染 agomir-NC 和 antagomir-NC 组中 [图 7-13(a)]，在胁迫过程中，*let-7* 和靶基因 *NKAα* 的表达量均低于 0 h。靶基因 *NKAα* 表达量在胁迫后 6 h 达到了最小值，是 0 h 的 0.23 倍（$P<0.01$）。*let-7* 的表达量在胁迫后 24 h 达到了最小值，是 0 h 的 0.2 倍（$P<0.05$）。与靶基因 *NKAα* 和 *let-7* 相反的是，lncRNA001074 的表达量在胁迫后是逐渐增加的，并且在胁迫后 48 h 达到了最大值，是 0 h 的 6.89 倍（$P<0.05$）。

在共同转染 si-lncRNA001074 和 antagomir-let-7 组中 [图 7-13(b)]，在低盐胁迫过程中，*let-7* 的表达量在胁迫后 6 h 达到了最大值，是 0 h 的 2.9 倍（$P<0.01$），并且在其他时间点其表达量是低于 0 h 的。有趣的是，lncRNA001074 在整个胁迫过程中表达量始终高于 0 h。在胁迫后 24 h 达到了最大值，是 0 h 的 15.12 倍（$P<0.001$）。对于靶基因 *NKAα*，除了胁迫后 48 h 的表达量低于 0 h 外，其余时间点的 *NKAα* 的表达量均高于 0 h，在胁迫后 24 h 内 *NKAα* 表达量逐渐升高，在胁迫后 24 h 达到了最大值，是 0 h 的 4.78 倍（$P<0.001$）。

在共同转染 si-NKAα 和 antagomir-let-7 组中 [图 7-13(c)]，在胁迫后 6 h 至 48 h 的时间段里，*let-7*、lncRNA001074 和 *NKAα* 的表达变化趋势是一致的，同时在胁迫后 24 h 达到了最小值，*let-7* 的表达量是 0 h 的 0.11 倍（$P<0.01$），lncRNA001074 的表达量是 0 h 的 3.99 倍（$P<0.001$），*NKAα* 的表达量是 0 h 的 1 倍。

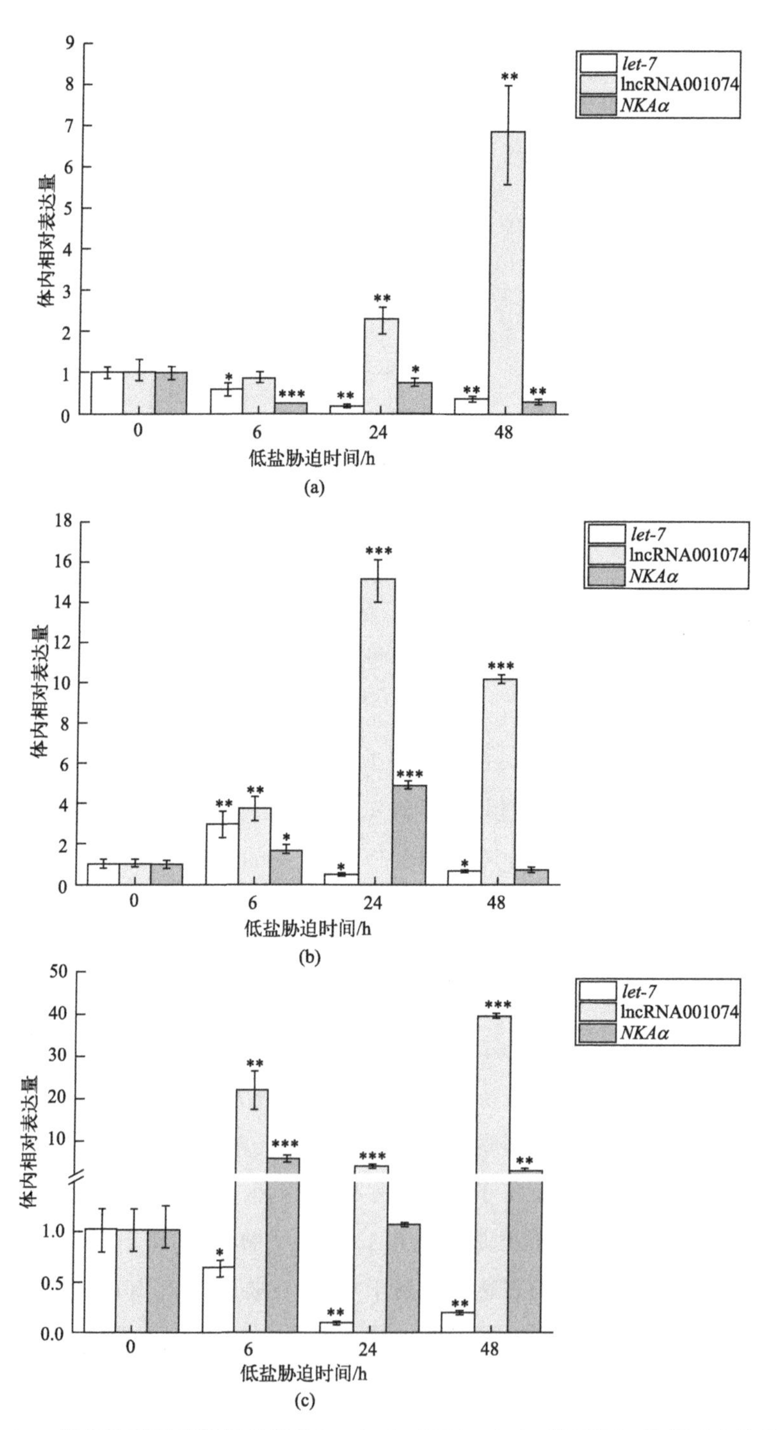

图 7-13 低盐胁迫下转染后各组的*let-7*、lncRNA001074 和*NKAα* 的相对表达量。

(a) 转染了 agomir-NC 和 antagomir-NC；(b) 转染了 si-lncRNA001074 和 antagomir-let-7；

(c) 转染了 si-NKAα 和 antagomir-let-7

7.3.2.2 转染后低盐胁迫下离子浓度和NKA酶活力分析

如图7-14所示，在转染agomir-let-7、si-lncRNA001074和si-NKAα三组中，NKA酶活力低于对照组并且与对照组有显著性差异（$P<0.05$）。在转染agomir-NC和agomir-let-7两组中，在胁迫后24 h的时间段中，NKA的酶活力是逐步降低的，在胁迫后24 h达到了最小值，并且与0 h有显著性差异（$P<0.05$）。与这两组相反的是，在转染si-lncRNA001074和si-NKAα两组中的NKA酶活力在胁迫后6 h提高，随后在胁迫24 h后降低。同样NKA酶活力在三组中均在胁迫后48 h达到了最大值，并且与对照组有显著性差异（$P<0.05$）。对于离子的变化，在图[7-14(b)，7-14(c)，7-14(d)]的结果中，胁迫后24 h，钠离子的浓度低于对照组。相反，钾离子和氯离子的浓度高于对照组。在胁迫后氯离子和钾离子的浓度降低，然后钠离子的浓度在胁迫后6 h升高，后来逐渐降低。

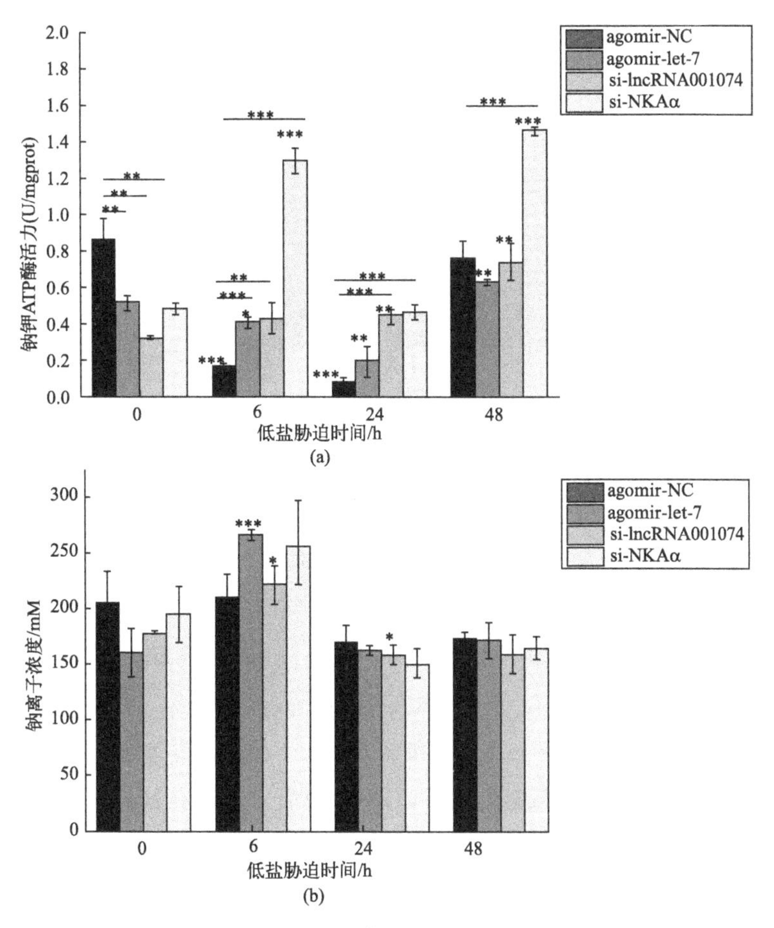

图7-14

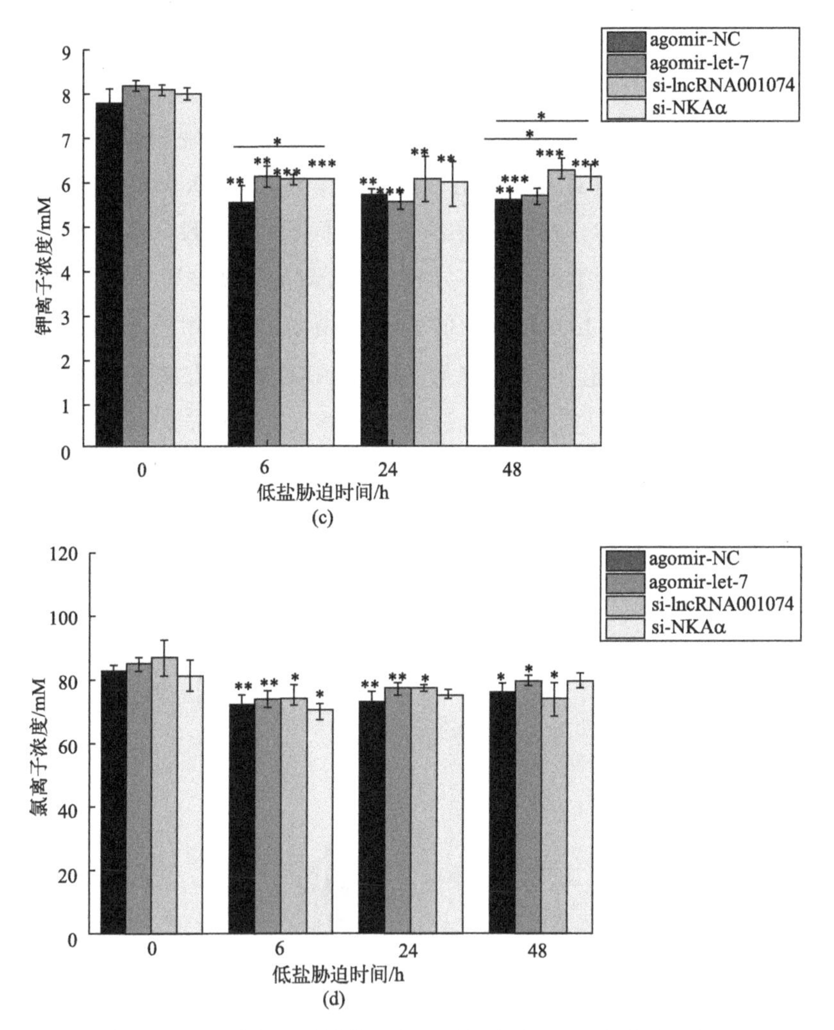

图 7-14 低盐胁迫下转染后的离子浓度和 NKA 酶活力分析

(a) NKA 酶活力；(b) 钠离子浓度；(c) 钾离子浓度；(d) 氯离子浓度

我们在转染过程中加入了 antagomir-let-7 来抑制 let-7 的表达量，在图 7-15(a) 的结果中，在正常盐度转染 24 小时后，在转染 agomir-NC 和 antagomir-NC 组的 NKA 酶活力与转染了 si-lncRNA001074 和 antagomir-let-7 组的 NKA 酶活力无明显差异。但是，同时转染了 si-NKAα 和 antagomir-let-7 组的 NKA 酶活力不仅高于其他两组，而且与 agomir-NC 和 antagomir-NC 组的 NKA 酶活力相比有显著性差异（$P<0.001$）。在低盐胁迫后，NKA 酶活力同转染 si-lncRNA001074 和 si-NKAα 相似，处理组的 NKA 酶活力大于 0 h 的 NKA 酶活力，并且均在胁迫后 48 h 达到最大值。就不同离子浓度而言，在［图 7-15(b)，图 7-15(c)，图 7-15(d)］的结果中，转染 24 h 后三组之间的离子浓度没有显著差异。在转染 si-lncRNA001074 和

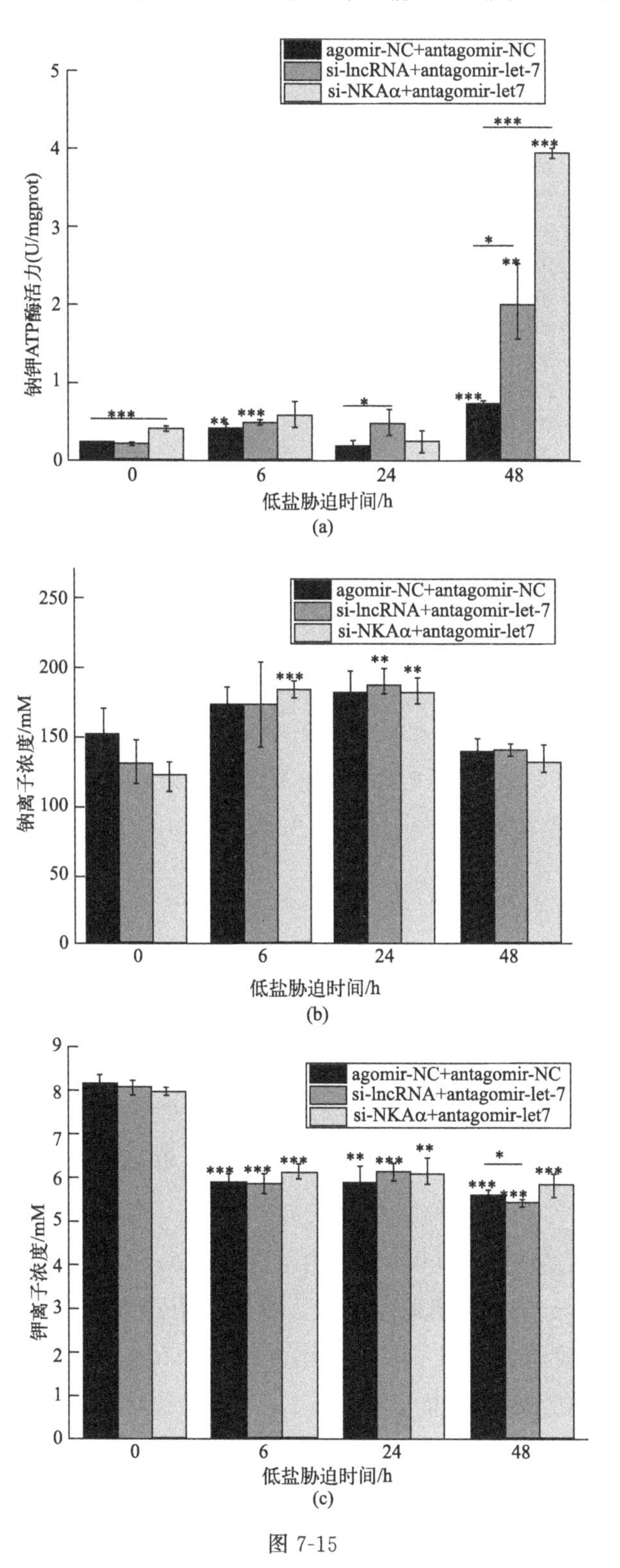
agomir-NC+antagomir-NC
si-lncRNA+antagomir-let-7
si-NKAα+antagomir-let7
钠钾ATP酶活力(U/mgprot)
低盐胁迫时间/h
(a)
钠离子浓度/mM
低盐胁迫时间/h
(b)
钾离子浓度/mM
低盐胁迫时间/h
(c)

图 7-15

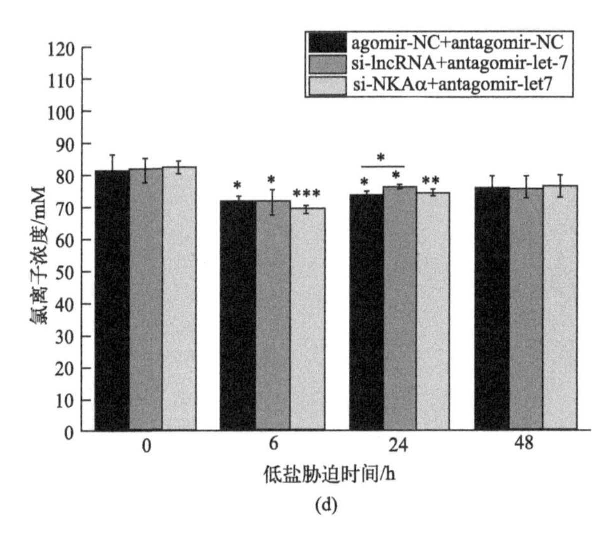

图 7-15 低盐胁迫下转染后的离子浓度和 NKA 酶活力分析

(a) NKA 酶活力；(b) 钠离子浓度；(c) 钾离子浓度；(d) 氯离子浓度

antagomir-let-7 组中胁迫后 48 h 的钾离子浓度与转染 agomir-NC 和 antagomir-NC 组中的钾离子浓度有显著性差异（$P<0.05$）。在转染 si-lncRNA 001074 和 antagomir-let-7 组中胁迫后 24 h 的氯离子浓度与转染 agomir-NC 和 antagomir-NC 组的氯离子浓度存在显著性差异（$P<0.05$）。

7.3.3 讨论

7.3.3.1 lncRNA001074 在体内和体外作为海绵分子参与 *let-7* 与 NKAα 的互作

首先，我们从 lncRNA001074 序列中发现了两个典型的结合位点［图 7-7(c)］，并且双荧光报告基因分析结果证明了 *let-7* 能够通过该结合位点结合 lncRNA001074［图 7-7(d)］。在体外转染 agomir-let-7 组中的 lncRNA001074 表达量是 agomir-NC 组的 0.7 倍［图 7-8(a)］。当 lncRNA 的表达量下调时，*let-7* 的表达量在体外是 agomir-NC 组的 112 倍，在体内是 agomir-NC 组的 2.05 倍［图 7-8(a)］。随后当我们共同转染 si-lncRNA001074 和 antagomir-let-7 时［图 7-8(c)］，lncRNA001074 的表达量与转染 si-lncRNA001074 组的表达量相比增加［图 7-8(a)］，这说明了 *let-7* 的抑制作用能够提高 lncRNA001074 的表达量，并且 *let-7* 能够负调控 lncRNA001074，二者的靶向关系是存在的。

在低盐胁迫后，胁迫 48 h 后 *let-7* 的表达量一直低于 0 h（图 7-12）。这个结果与三疣梭子蟹在低盐胁迫后 *let-7c* 表达量下调相一致。在转染了 agomir-NC 和共同转染了 agomir-NC、antagomir-NC 两组中，*NKAα* 的表达量在盐度胁迫后下调。这一结果也在之前的研究中被发现，比如欧洲鲶鱼低盐胁迫后 *NKAα1b* 的表达量出现下调，并且当鲥鱼处于淡水中时其 *NKAα1* 的表达量和蛋白表达量同样下调。在转染 si-NKAα 组中的 lncRNA001074 的表达量在胁迫后 6 h 与转染了 si-NKAα 和 antagomir-let-7 组相比升高，并且在转染 si-lncRNA001074 组中 lncRNA001074 的表达量在胁迫后每个时间点都比转染了 si-lncRNA001074 和 antagomir-let-7 组中的表达量要高。综上，在整个低盐胁迫过程中，lncRNA001074 为了稳定 *NKAα* 在刺参体内的下调表达，其表达量在胁迫过程中上升，竞争性结合 *let-7*，降低了 *let-7* 的表达量。在其他研究中，lncRNA 与 *let-7* 的这一关系也被证实。例如，在心脏成纤维细胞中过表达的 lncRNA-PFL 能够显著性降低 *let-7d* 的表达量。在鼻咽癌中，lncRNA-H19 竞争性海绵化 *let-7*。

7.3.3.2 在低盐胁迫下非编码 RNA 对 NKAα 及 NKA 酶活力影响

为了分析 *NKAα* 及其非编码 RNA 与 NKA 酶活力的关系，测定了转染后每组的 NKA 酶活。在正常盐度下转染 24 h 后，*NKAα* 的表达量与 agomir-NC 相比降低，并且 NKA 酶活力同样降低。这个结果和鲥鱼的 NKA 表达量与 NKA 酶活力在淡水中出现下调是一致的。在低盐胁迫中，在转染 agomir-NC 和转染 agomir-NC、antagomir-NC 两组中，发现 NKA 酶活力在胁迫后 48 h 达到了最大值。在图 7-12 和图 7-13 结果中，let-7 表达量在胁迫 48 h 达到了最小值，lncRNA001074 在胁迫后 48 h 达到了最大值。综合分析来看，低表达量的 let-7 和高表达的 lncRNA001074 可能增加 NKA 的酶活力。然而，我们发现在胁迫后 24 h 的 *let-7* 表达量是低于胁迫后 6 h 的，胁迫后 24 h 的 lncRNA001074 表达量高于胁迫后 6 h 的表达量 [图 7-13(a)]，对于 NKA 酶活力来说，胁迫后 6 h 的 NKA 酶活力高于胁迫后 24 h 的 NKA 酶活力。尽管这个结果可能与上述不符，但是我们发现胁迫后 6 h 的 *NKAα* 的表达量低于胁迫后 24 h 的表达量，这与在转染 agomir-NC 组结果中 *NKAα* 表达量降低升高的趋势相一致 [图 7-15(a)]。综上，我们认为刺参可能通过 *let-7* 和 *NKAα* 的低表达和 lncRNA001074 的高表达来提高刺参的 NKA 酶活力进而来协调机体适应环境盐度的变化。

lncRNA001074-let-7-NKAα 低盐胁迫下的功能性分析结果表明，在整个低盐胁迫过程中，lncRNA001074 为了稳定 *NKAα* 在刺参体内的下调表达，其表达量在胁迫过程中上升，竞争性结合 *let-7*，从而降低了 *let-7* 的表达量。NKA 酶活力分析结果表明，低盐胁迫后 48 h *let-7* 的低表达量和 lncRNA001074 的高表达量与 NKA 酶的高活力有一定相关性。提示，刺参可能通过 *let-7* 和 *NKAα* 的低表达及 lncRNA001074 的高表达来提高刺参的 NKA 酶活力进而来协调机体适应环境盐度的变化。

7.4　刺参 miR-2013 靶向调节基因 *TRPA1* 参与盐胁迫过程

刺参是一类具有重要经济价值的海洋棘皮生物，由于缺乏明显的渗透调节器官，被认为是狭盐性生物。我国北方刺参养殖多采用池塘养殖模式，由于池塘水体交换不便，江河入海口附近池塘水体在雨季易受到江河径流的影响，造成养殖海水可能数日处于低盐状态。近年来降水的变化给刺参养殖也带来了非生物胁迫。盐度的变化会影响刺参的行为和生理，或导致大量刺参发病，引起刺参养殖产量减少，造成经济效益大幅度降低。miRNAs 是一类可以负调控基因表达的长度约 22 核苷酸的非编码 RNA，在耐盐性的响应中也发挥着重要作用。斑马鱼渗透胁迫实验证明 miR-200a 和 miR-200b 作为 miR-8 家族成员通过调节靶基因 *Nherf1* 的表达实现了对钠离子、氢离子转运的精确控制。Wang 等研究发现 miRNA10b-5p 在鳗鲡盐度胁迫过程中差异表达，认为在渗透调节中起重要作用。Shang 等通过刺参低盐刺激实验证明 miR-10 参与盐度胁迫响应过程。因此，在全球气候变化的情况下，了解盐度的变化如何影响刺参是很重要的，从分子水平探索盐度胁迫的适应机制，可为研发筛选具有高耐盐优良性状刺参，增大刺参养殖产量提供基础数据支持。

7.4.1　实验材料与方法

7.4.1.1　实验动物

实验刺参体重为（14.83±2.12）g，实验前期暂养于实验室的海水养殖槽中，暂养期间海水 pH 为 7.83～8.12，溶解氧为 4.03～5.56 mg/L，水温为（22±1）℃，每天按体重 3%投喂海泥，每两天进行吸底并更新一半海水。

7.4.1.2 实验设计

将提前暂养的刺参移入盐度为18‰的低盐海水中，低盐海水由正常海水与曝气自来水混合而成，待盐度稳定后进行实验。将48头刺参随机选取12头分为一组，并在转染后低盐胁迫0 h、6 h、24 h、48 h四个时间点取其体腔液，4 ℃、3000 rpm条件下离心5 min，收集体腔细胞用于后续实验表达分析。

7.4.1.3 实验方法

采用Trizol法提取刺参不同组织RNA，并进行cDNA的合成，采用FastStart Essential DNA Green Master试剂盒进行mRNA和miRNA荧光定量检测，实验所用miR-2013模拟物和基因干扰剂序列信息显示在表7-3中。利用双荧光素酶实验验证互作关系，在转染后测量刺参中的Na^+/K^+-ATPase酶活力和离子浓度。用南京建成生物工程研究所的生化分析试剂盒测定体腔液中钠离子、钾离子、氯离子浓度，测定呼吸树中Na^+/K^+-ATPase酶活力。

表7-3 miR-2013模拟物合成序列

RNA名称	序列(5′-3′)
NC	UUCUCCGAACGUGUCACGUTT ACGUGACACGUUCGGAGAATT
miR-2013 agomir	UGCAGCAUGAUGUAGUGGUGU ACCACUACAUCAUGCUGCAUU
miR-2013 mimics	UGCAGCAUGAUGUAGUGGUGU ACCACUACAUCAUGCUGCAUU
si-TRPA1	GGUGAUGCAGAAGAUCCUUTT AAGGAUCUUCUGCAUCACCTT
U6	ACGCAAATTCGTGAAGCGTT

7.4.2 结果

7.4.2.1 miR-2013及靶基因在刺参不同组织表达规律

荧光定量结果显示miR-2013和*TRPA1*在刺参所检测的组织均有表达，*TRPA1*在六种被检测组织中的相对表达量从高到低依次为：体腔细胞＞肠＞呼吸树＞纵肌＞管足＞体壁，其中体腔细胞*TRPA1*的表达量显著高于其他组织（$P<0.01$），而在肠、呼吸树和纵肌中无显著差异（$P>0.05$）[图7-16(b)]。

MiR-2013 的相对表达量从高到低依次为：纵肌>呼吸树>管足>体腔细胞>肠>体壁，在刺参的纵肌中 miR-2013 表达量最高[图 7-16(a)]。体壁中 miR-2013 和 *TRPA1* 表达量均显著低于其他五种被检测组织（$P<0.01$）。结果表明 miR-2013 和 *TRPA1* 具有鲜明的组织特异性。

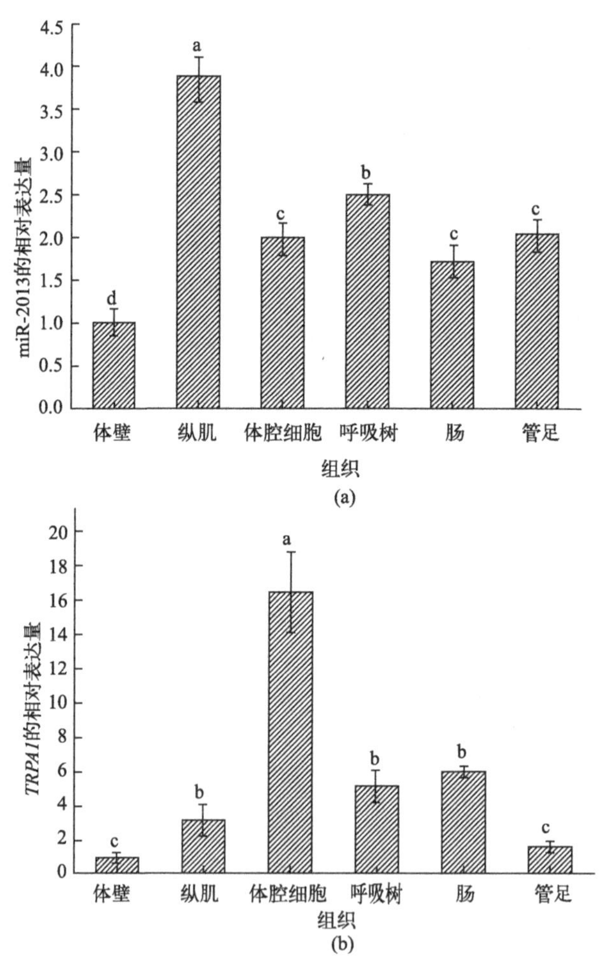

图 7-16 miR-2013 和 *TRPA1* 在刺参不同组织的表达

(a) miR-2013；(b) *TRPA1*

7.4.2.2 低盐条件下 miR-2013 及靶基因 *TRPA1* 的表达情况

对 miR-2013 和靶基因 *TRPA1* 进行定量分析，结果显示低盐胁迫可以诱导 miR-2013 和靶基因的差异表达，随着低盐胁迫时间的增加，miR-2013 表达量出现阶段性上调，在胁迫后 3 h、12 h 和 48 h 均表现出跳跃式上调表达，在 48 h 达到表达峰值（$P<0.01$），为对照组（0 h）的268倍［图7-17(a)］。这种大幅度波动表达可能是刺参为适应低盐刺激出现了不稳定表达。在整个胁迫过程中*TRPA1*的表达量除胁迫12 h后高于对照组，其余时间点均表现为下调表达，72 h表达量呈极显著下降至低谷（$P<0.01$），为对照组的0.02倍［图7-17(b)］。对整体结果进行分析，发现胁迫6 h充当了表达量变化“拐点”角色，推测胁迫6 h可能是研究刺参低盐适应机制的重要时间点，认为miR-2013和*TRPA1*存在盐度敏感性表达模式。

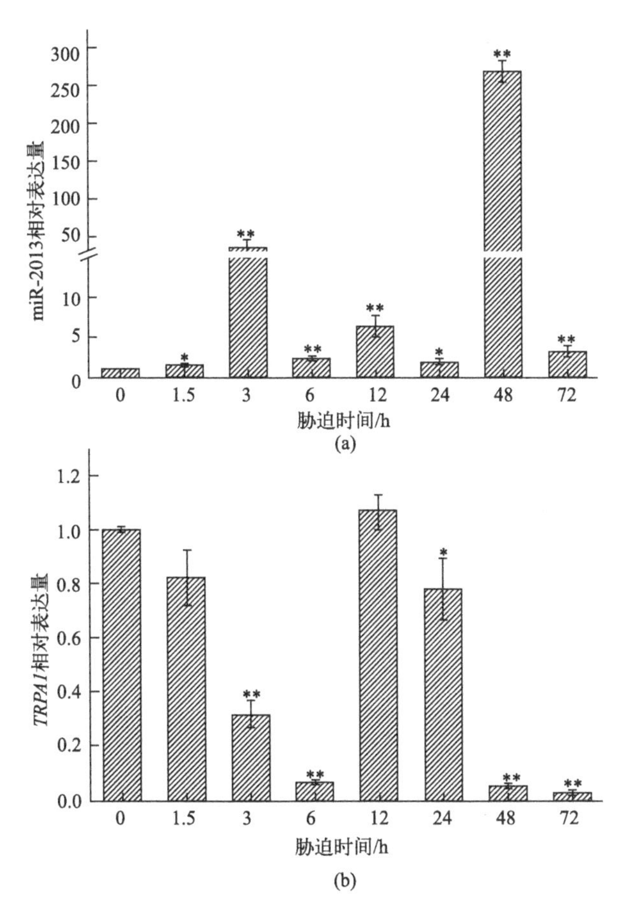

图7-17 刺参低盐胁迫下miR-2013和*TRPA1*的表达量

(a) miR-2013；(b) *TRPA1*

7.4.2.3 双荧光素酶报告基因实验

miR-2013的靶基因根据本实验室已有转录组数据筛选并结合软件预测分析所得结果显示miR-2013种子区（…GCAGCAU…）与靶基因*TRPA1*的cDNA编

码区序列结合配对，双链之间的热稳定性强，靶位点具高保守性，单残基对分数（S>90）最高并且自由能最低。实验通过对 miR-2013 靶基因预测，预测到 miR-2013 结合在非典型靶位点［图 7-18(a)］。向 HEK293T 细胞转染 WT＋mimics-NC、WT＋miR-2013 mimics、MUT＋mimics-NC、MUT＋miR-2013 mimics 复合物，进一步验证 miR-2013 调控 *TRPA1* 基因的分子机制。双荧光素酶报告结果分析显示，WT＋miR-2013 mimics 共转染的 HEK293T 相对活性荧光比值（Rluc/Luc）下调 36.15%，显著低于对照组 NC。而转染 MUT 的两组 HEK293T 细胞的 Rluc/Luc 变化不显著，抑制率为 16.1%，低于 WT 组，结果表明 miR-2013 与 *TRPA1* 基因有靶向关系［图 7-18(b)］。

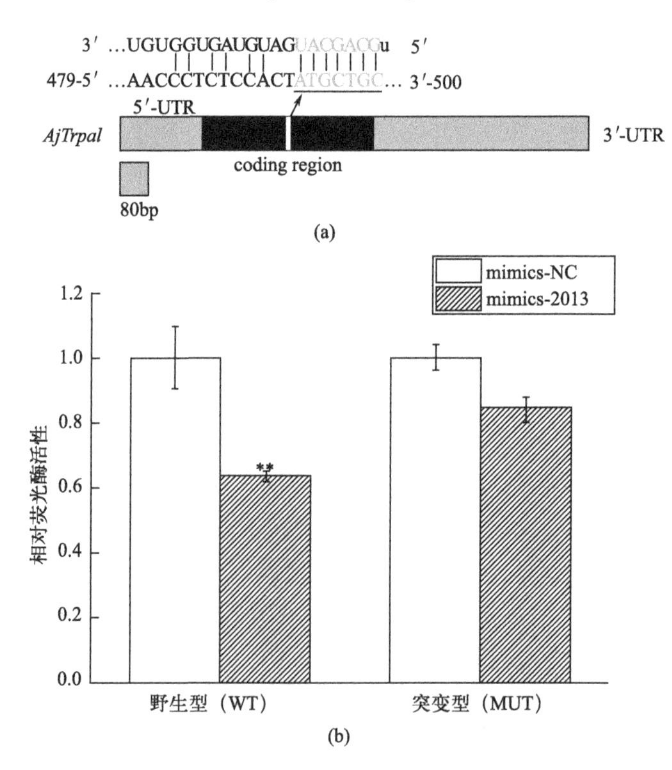

图 7-18 miR-2013 和 *TRPA1* 双荧光素酶报告基因检测结果

(a) miR-2013 与 *TRPA1* 结合位点预测；(b) 双荧光素酶报告基因分析

7.4.2.4 miR-2013 与 *TRPA1* 基因靶向关系验证

本实验向培养的刺参体腔细胞中转染 miR-2013 mimics 和 si-TRPA1 24 h 后，利用荧光定量 PCR 技术探究 miR-2013 与 *TRPA1* 基因的互作关系。分析结果显示，转染 miR-2013 mimics 后 miR-2013 表达量极显著上调，抑制其靶基因

TRPA1 表达，抑制率为56.48%［图7-19(a)］。向体腔细胞转染si-TRPA1后发现miR-2013和*TRPA1*表达情况与转染miR-2013 mimics组结果一致，靶基因抑制率为46.3%［图7-19(b)］。数据表明miR-2013与*TRPA1*存在负调控关系，miR-2013可以抑制靶基因的表达。

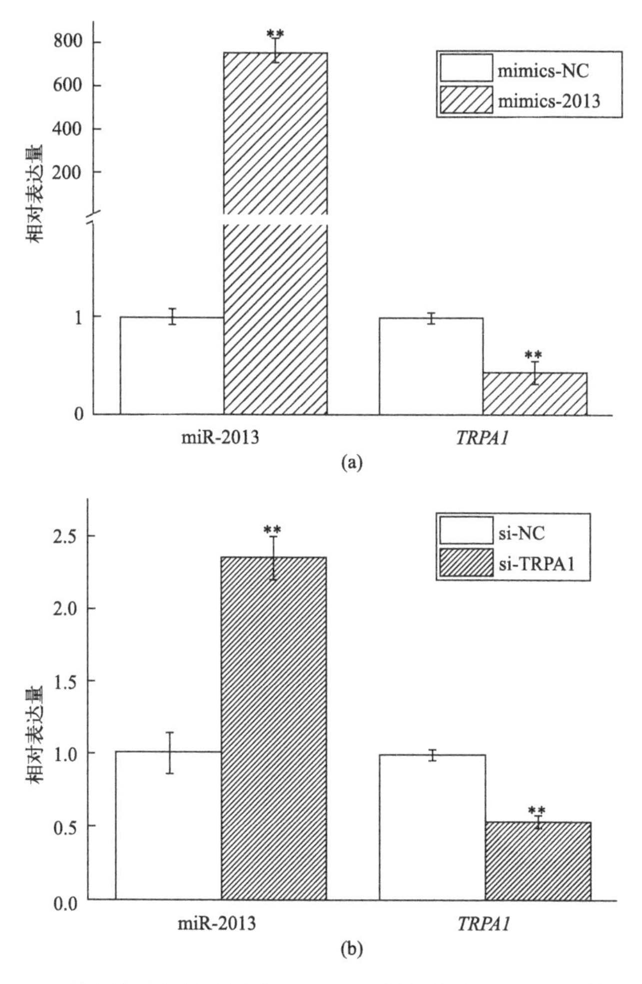

图7-19　刺参体腔细胞在转染miR-2013模拟物或*TRPA1*干扰剂后的miR-2013和*TRPA1*的表达量

(a) 转染miR-2013模拟物；(b) 转染*TRPA1*干扰剂

7.4.2.5　低盐胁迫下刺参体腔细胞miR-2013与*TRPA1*的表达规律

将miR-2010 mimics和si-TRPA1转染至原代培养的刺参体腔细胞24 h后，更换低盐培养基（18‰）进行低盐胁迫实验。转染miR-2013 mimics后，在整个低盐胁迫期间 miR-2013 表达量均高于对照组（NC），胁迫 48 h 表达量达到最高值，与对照组差异极显著（$P<0.01$）[图 7-20(a)]，*TRPA1* 表达量均出现下调表达 [图 7-20(b)]，二者存在负调控关系。转染 si-TRPA1 的体腔细胞结果显示，低盐胁迫 24 h 表达量出现特殊变化，miR-2013 表达量下调至最低值（$P<0.05$）[图 7-20(c)]，而靶基因 *TRPA1* 表达量则相比于对照组显著表达并达到峰值（$P<0.01$）[图 7-20(d)]，这与其余胁迫时间点表达量有所差异。低盐胁迫体外转染实验结果显示低盐可以诱导 miR-2013 与 *TRPA1* 的表达，并且低盐条件件下负

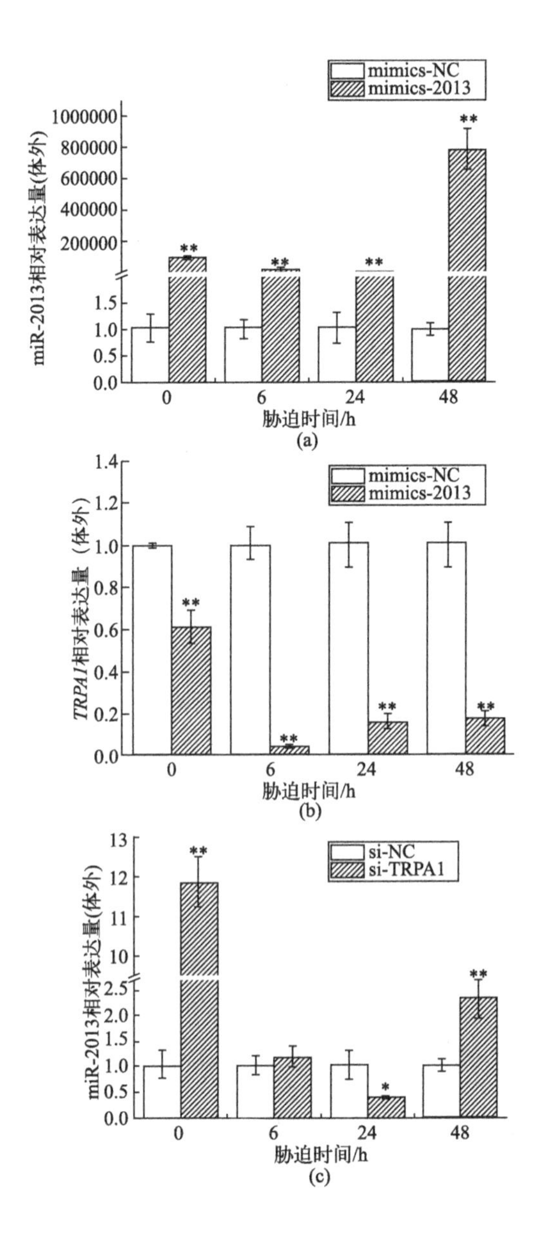

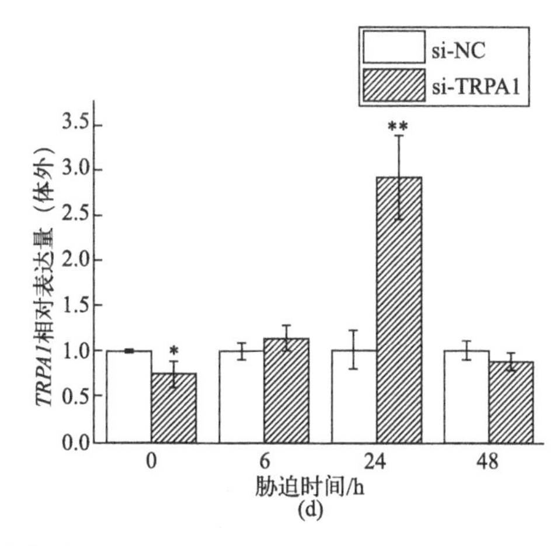

图 7-20 刺参体腔细胞转染及低盐胁迫下 miR-2013 和*TRPA1* 的表达量

(a)(b) 体外转染 miR-2013 模拟物；(c)(d) 体外转染*TRPA1* 干扰剂

调控关系依旧存在。结果表明 miR-2013 可以作为耐受低盐胁迫的调节剂，调控 *TRPA1* 的表达以适应低盐环境。

7.4.2.6 刺参活体注射及低盐胁迫下 miR-2013 与*TRPA1* 的表达规律

刺参活体低盐胁迫实验发现转染 miR-2013 agomir 后，不经低盐胁迫，*TRPA1* 表达量出现上调 [图 7-21(a)]，这与体外实验结果相比有所变化，miRNA 被认为是通过靶向基因转录后水平抑制翻译或介导其降解，本实验中 miR-2013 过表达反而诱导了 *TRPA1* 的表达 [图 7-21(b)]。刺参适应渗透胁迫是一个复杂的调节过程，有研究报道，在参与的生物合成中一个 miRNA 可以同时调控多个靶基因，猜测有相关靶基因竞争了 miR-2013 的表达，降低对 *TRPA1* 的调控，或刺参在低盐胁迫下需要大量 TRPA1 参与维持必要的生理代谢。经低盐胁迫，发现靶基因 *TRPA1* 脱离了 miR-2013 的抑制，但随着胁迫时间的增加，48 h 后又恢复负调控关系，表明刺参为适应低渗环境体内出现应急表达，随时间的增加体内适应机制逐渐平稳，恢复负调控。刺参转染 si-TRPA1 后暴露于低盐环境，相比于对照组，miR-2013 表达量除胁迫后 48 h 显著下调至表达量低谷，其余胁迫时间点均表现出上调趋势 [图 7-21(c)]。*TRPA1* 的表达量在低盐胁迫后 6 h 表达量达到峰值，与对照组有极显著差异（$P<0.01$），其余胁迫时间依然下调表达 [图 7-21(d)]。先前结果表明低盐胁迫 6 h 可能作为刺参适应低盐胁迫响应的关键时间点，这在刺参活体实验结果也有体现。

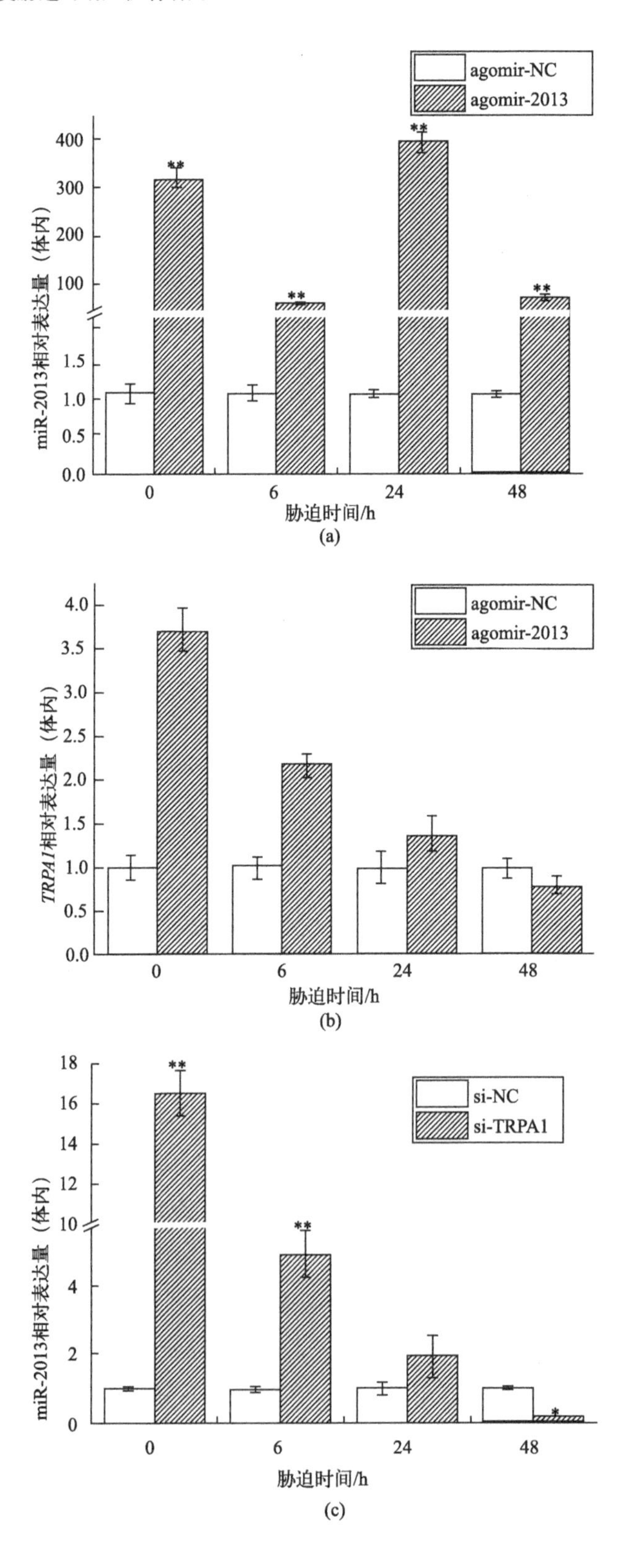

agomir-NC
agomir-2013
miR-2013相对表达量（体内）
胁迫时间/h
(a)
agomir-NC
agomir-2013
TRPA1相对表达量（体内）
胁迫时间/h
(b)
si-NC
si-TRPA1
miR-2013相对表达量（体内）
胁迫时间/h
(c)

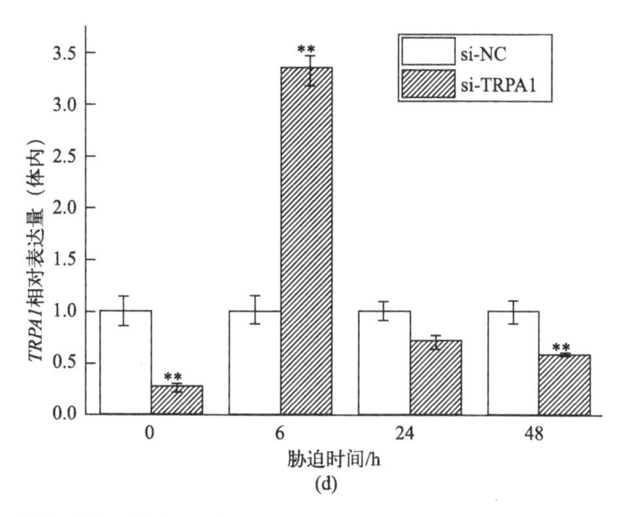

图 7-21 刺参活体（体内）转染及低盐胁迫下 miR-2013 和*TRPA1* 的表达量

(a)(b) 体外转染 miR-2013 模拟物；(c)(d) 体外转染 TRPA1 干扰剂

7.4.2.7 刺参 miR-2013 过表达或*TRPA1* 抑制后低盐下渗透压及离子浓度情况

对刺参体腔液进行离子浓度检测，发现转染 NC、miR-2013 agomir、si-TRPA1 的三组经低盐胁迫 24 h 和 48 h 后与未胁迫组相比，钠离子浓度均显著降低（$P<0.05$），并且同一时间点的三组没有明显差异［图 7-22(a)］。钾离子浓度随低渗胁迫时间的增加呈持续下降趋势，并与未胁迫组差异极显著（$P<0.01$），而三个转染组间不存在差异变化［图 7-22(b)］。相比于钠离子和钾离子，低盐度胁迫对转染组的氯离子浓度影响并不显著，仅对照组（NC）出现浓度降低现象（$P<0.05$）［图 7-22(c)］。钠钾 ATP 酶活力随胁迫时间的增加存在活力增强趋势，两个转染组 NKA 活力在低盐刺激 24 h 和 48 h 后显著高于未胁迫组，并且在 48 h 时转染 miR-2013 agomir 组和转染 si-TRPA1 组的酶活力显著高于对照组［图 7-22(e)］。体腔液渗透压变化如图 7-22(d)，从图中可以清晰看出在刺参刚暴露于低渗环境时，体腔液渗透压出现急速骤降现象，以应对低渗环境造成的刺参体内外的渗透压力。随着胁迫时间的增加，体腔液渗透压并未出现瞬时变化情况，仅有小幅度增减，并且转染组与对照组变化不明显，这些结果表明刺参可以通过调节离子的变化维持水和盐的平衡，以适应生存水环境盐度的骤降。

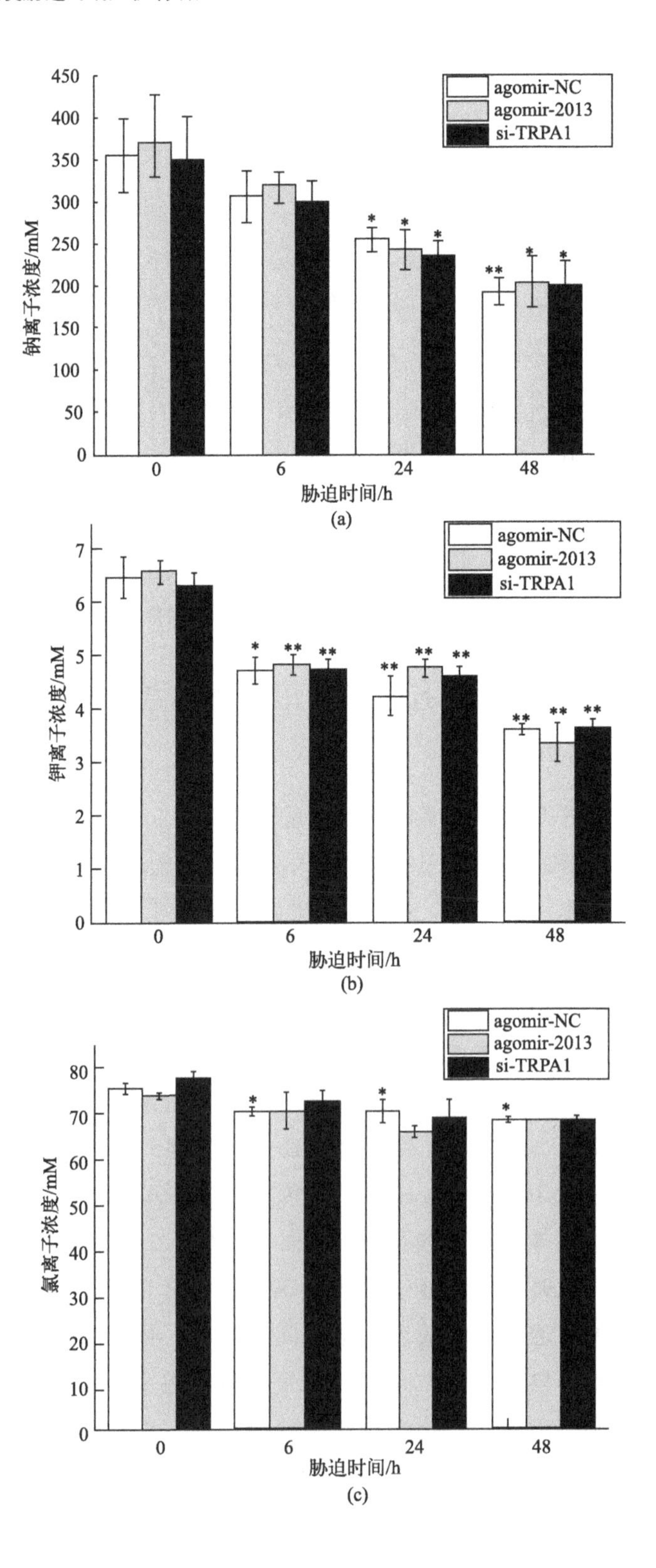
agomir-NC
agomir-2013
si-TRPA1
钠离子浓度/mM
胁迫时间/h
(a)
钾离子浓度/mM
胁迫时间/h
(b)
氯离子浓度/mM
胁迫时间/h
(c)

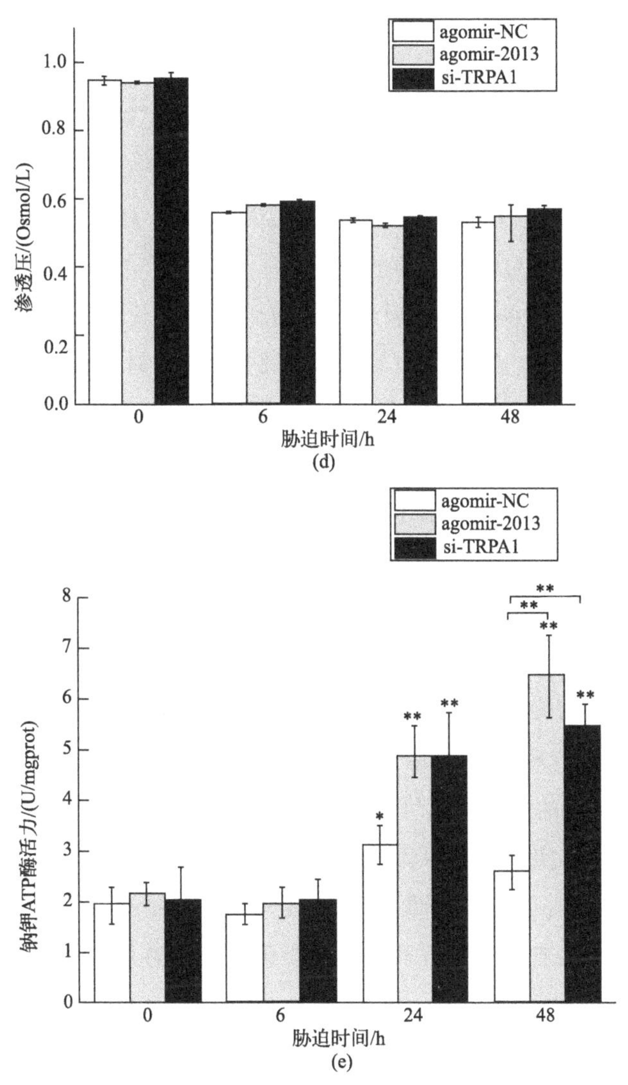

图 7-22 转染 miR-2013 agomir 和 si-TRPA1 后低盐胁迫下钠离子、钾离子和氯离子浓度及渗透压和 NKA 酶活力

(a) 钠离子浓度；(b) 钾离子浓度；(c) 氯离子浓度；(d) 体腔液渗透压；(e) NKA 酶活力

7.4.3 讨论

越来越多的研究显示 miRNA 和靶基因在渗透胁迫中起关键作用。Dolata 研究报道了四种 miRNA（miR-161、miR-173、miR-319 和 miR-396c）能够参与调节盐度胁迫的复杂网络。有报道指出 miR-10a 在牡蛎、中华绒螯蟹的盐度适应过

程中起作用。有其他盐度胁迫实验结果也表明 *SLC6a8* 在刺参体腔细胞、呼吸树和肠均有不同程度表达。*Hsp70*、甘氨酸转运蛋白基因、神经乙酰胆碱受体基因和锌转运蛋白基因可以响应刺参的低盐渗透调节。本文刺参低盐胁迫下的数据表明 miR-2013 和 *TRPA1* 随着胁迫时间的变化出现差异表达，提示其存在盐度敏感性表达模式，通过改变其表达量响应盐度刺激。有研究指出，在应激反应期间 miRNA 既可以作为体内平衡的恢复者，也可以作为新基因表达程序的执行者，通过负调控靶基因响应环境刺激。陈浩研究发现长牡蛎 cgi-miR-92d 能够抑制其靶基因 *CgLITAF3* 的表达以适应干露胁迫。向刺参体腔细胞转染后发现 miR-2013 和靶基因 *TRPA1* 依然存在负调控关系，认为 miR-2013 可作为耐受低盐胁迫的调节剂，调控 *TRPA1* 的表达以适应低盐环境。有研究报道 miRNA 通过负反馈或正反馈调节使细胞保持稳定或改变状态以适应新环境。Shang 等的研究结果表明 miR-10 可以靶向调控 *TBC1D5* 在不同途径中的多种功能。本文向刺参体内转染 miR-2013 模拟物后进行低盐胁迫，结果显示，在整个胁迫期间 miR-2013 表达量相比于对照组有上调趋势，初步推测 miR-2013 的反馈调节是刺参适应低盐胁迫，维持细胞内环境稳态所必需的。活体实验结果发现低盐诱导下刺参 miR-2013 与 *TRPA1* 的表达打破了负调控模式，这种情况在其他研究中也有报道，认为 miRNA 的过度表达可导致 miRNA 抑制的逃逸。细胞内钾离子能够维持渗透压的平衡，本实验中刺参体腔液中钾离子浓度显著降低，猜测低盐胁迫可能导致细胞膜出现破损，钾离子游离分布在体液中。这些结果表明刺参在渗透胁迫过程中可能通过调节细胞内离子浓度的变化稳定渗透压的平衡状态以响应低盐刺激。

7.5 刺参 miR-2008 靶向调节基因 *PLEKHA3* 参与盐胁迫响应

7.5.1 材料与方法

7.5.1.1 实验材料

实验所用稚参体重为（30±5）g，实验开始前将刺参暂养于盐度为 30‰的海水养殖槽中，充氧恒温条件下（17 ℃），暂养 7 天。

7.5.1.2 实验方法

将正常养殖条件下（盐度30‰，低盐胁迫0 h）的刺参作为对照组，低盐胁迫不同时间段的刺参作为实验组。自来水曝气24 h后与天然海水配制成盐度为18‰的实验海水。将刺参放在盐度为18‰的海水中进行胁迫，分别在胁迫后1.5 h、3 h、6 h、12 h、24 h、48 h和72 h进行取样，每个时间点取样3头刺参，分别取对照组及不同胁迫时间点的肠、呼吸树、体腔细胞，保存于冰箱（−80 ℃）中备用。

实验所用miR-2008引物、内参U6引物、靶基因*PLEKHA3*引物、靶基因内参引物、miR-2008的agomir和antagomir序列及对照序列和靶基因干扰序列详见表7-4。总miRNA、mRNA的提取均使用Trizol法完成，靶基因表达水平的检测通过实时荧光定量PCR完成。进行刺参体腔细胞培养，并进行刺参miRNA在刺参体内和体腔细胞中的过表达及敲减实验。利用荧光染色法检测细胞内ROS，采用微量法检测NKA，测定渗透压，采用分光光度计测定离子浓度。

表7-4 PCR引物和干扰序列引物

序列名称	序列(5′-3′)
miR-2008	CGCGATCAGCCTCGCTGTCAATACG
RNU6B	ACGCAAATTCGTGAAGCGTT
PLEKHA3	TGAAGTTGGTCAAGGCTGCAAGG GCAGAGCCAAGAGCCACCAG
β-actin	CGGCTGTGGTGGTGAAGGAGTA TCATGGACTCAGGAGACGGTGTG
miR-2008 agomir	AUCAGCCUCGCUGUCAAUACG UAUUGACAGCGAGGCUGAUUU
miR-2008 antagomir	CGGUAUUGACAGCGAGGCUGAU
阴性对照序列	UUCUCCGAACGUGUCACGUTT ACGUGACACGUUCGGAGAATT
miRNA antagomir N. C	CAGUACUUUUGUGUAGUACAA
AjPLEKHA3 siRNA	GAGCGAGGCUGAGAGACAATT UUGUCUCUCAGCCUCGCUCTT

7.5.2 结果

7.5.2.1 miR-2008及靶基因*PLEKHA3*在低盐胁迫下的表达

在盐度胁迫下，刺参体腔细胞内miR-2008及靶基因*PLEKHA3*均能够被诱导，而且表现出上调表达并均在低盐胁迫 24 h 达到最大表达量（图 7-23）。在低盐胁迫下，刺参体腔细胞中 miR-2008 在 24 h 和 48 h 表达量与对照组差异显著，24 h 的相对表达量是对照组的 51 倍［图 7-23(a)］。靶基因 *PLEKHA3* 在 24 h 表达量为对照组的 8.3 倍［图 7-23(b)］。

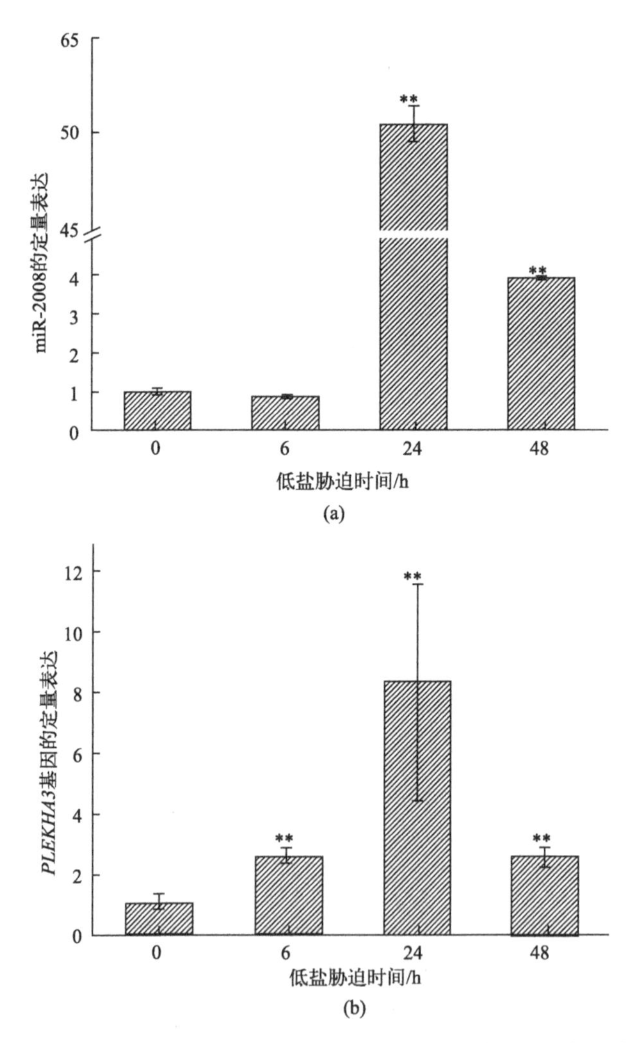

图 7-23　miR-2008 和靶基因 *PLEKHA3* 基因在低盐胁迫下的定量表达结果

(a) miR-2008；(b) *PLEKHA3*

7.5.2.2　miR-2008 干扰后 miRNA 及 *PLEKHA3* 在体腔细胞中的表达

为了进一步验证 miR-2008 与靶基因 *PLEKHA3* 之间的互作关系，在刺参体腔细胞中导入 miR-2008 的模拟物进行低盐胁迫，分析在导入 miR-2008 模拟物后，miR-2008 和靶基因 *PLEKHA3* 的表达情况。结果显示，在 miR-2008 过表达实验中［图 7-24(a)］，miR-2008 在无模拟物（agomirNC 组）盐度胁迫后 48 h 显著上调表达，说明 miR-2008 参与盐度胁迫过程，尤其是在体腔细胞中。对应导入 miR-2008 模拟物实验组（agomir2008），0 h 时间点 miR-2008 过量表达，说明模拟物发挥作用。随后的时间点 miR-2008 均上调表达。在阴性对照 agomirNC 组中，miR-2008 在低盐胁迫 48 h 的表达量与其他时间点相比差异显著（$P<0.05$），*PLEKHA3* 在低盐胁迫 6 h、48 h 的表达量与其他时间点相比差异显著（$P<0.05$）［图 7-24(b)］；在 agomir2008 处理组中，miR-2008 在 0 h 的表达量与其他时间点相比差异显著（$P<0.05$），*PLEKHA3* 在低盐胁迫 6 h、48 h 的表达量与其他时

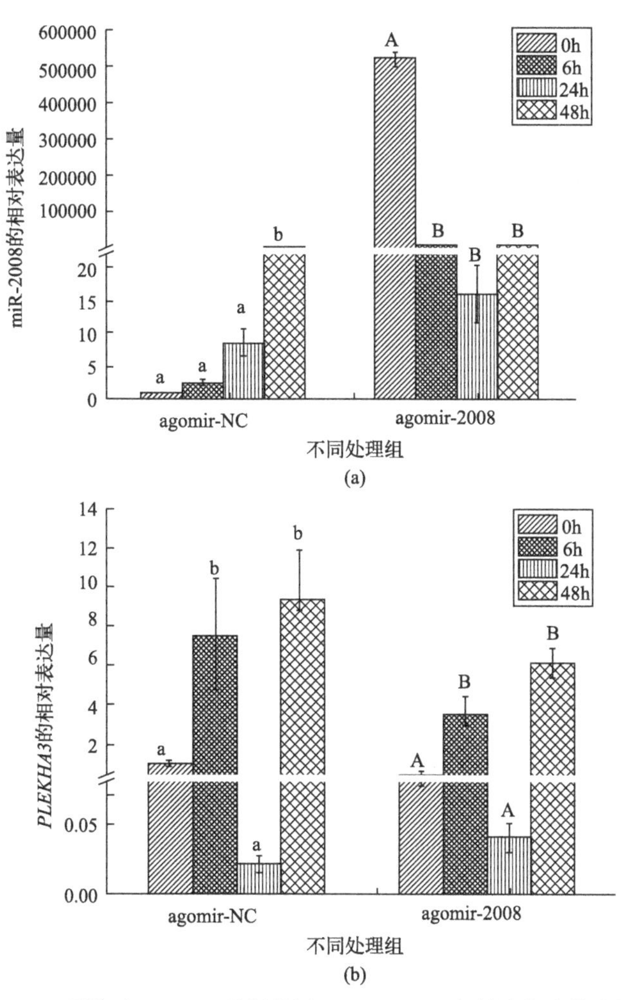

图 7-24　miR-2008 干扰后 miRNA 及靶基因 *PLEKHA3* 在低盐胁迫体腔细胞中的表达

(a) 导入 miR-2008 模拟物后 miRNA 的表达；(b) 导入 miR-2008 模拟物后*PLEKHA3* 的表达

间点相比差异显著（$P<0.05$）。由此说明在相同处理不同时间段，miR-2008 和 *PLEKHA3* 的表达量在不同时间点存在差异。

在不同处理组相同胁迫时间点下，与 agomirNC 作为对照，在刺参体腔细胞 0 h（对照）、6 h、48 h 时间点 miR-2008 的表达量显著上调，*PLEKHA3* 的表达量显著下调，miR-2008 表达与靶基因 PLEKHA3 表达呈负相关。在低盐胁迫 24 h 的体腔细胞中，miR-2008 及靶基因 *PLEKHA3* 的表达量与对照组 agomir NC 相比差异不显著（$P>0.05$）。在低盐胁迫 48 h 的体腔细胞中，miR-2008 和 *PLEKHA3* 的表达量与对照组 agomirNC 相比较显著下调。

7.5.2.3 miR-2008 过表达后刺参在盐胁下 miRNA 及*PLEKHA3* 表达

将 miRNA 模拟物（agomir）注射到刺参体内 24 h 后进行低盐胁迫，miR-2008 和靶基因 *PLEKHA3* 的表达情况如图 7-25 所示。结果显示，与阴性对照 agomir NC 组相比较，miR-2008 在低盐胁迫时间段的表达量与 0 h 相比差异显著（$P<0.05$），*PLEKHA3* 在低盐胁迫 6 h、48 h 的表达量与其他时间点相比差异显著（$P<0.05$）；在 agomir 2008 处理组中，miR-2008 在低盐胁迫 6 h 的表达量与 0 h 相比差异显著（$P<0.05$），在 24 h、48 h 时间点的表达量与 0 h 差异不显著（$P>0.05$），6 h、24 h、48 h 每个时间点之间的表达量差异显著（$P<0.05$）；*PLEKHA3* 在低盐胁迫 6 h 的表达量与其他时间点相比差异显著（$P<0.05$）。由此说明在刺参体内注射 miR-2008 模拟物，miR-2008 和 *PLEKHA3* 的表达量在不同盐胁迫时间点存在差异。

分别以每个时间点的 agomirNC 作为对照，在 0 h（未进行盐度胁迫）、6 h、24 h、48 h 的活体刺参的体腔细胞中，miR-2008 的表达量显著上调，*PLEKHA3* 在 0 h、6 h、48 h 的表达量显著下调。由此说明将 miRNA 模拟物（agomir）注射到刺参体内并进行低盐胁迫后，miR-2008 的表达量上调，*PLEKHA3* 的表达量下调，miR-2008 及靶基因 *PLEKHA3* 呈现负向调控的关系。注射模拟物后，*PLEKHA3* 在胁迫 6 h 的表达上调非常明显，分析可能的原因是 *PLEKHA3* 在盐度适应过程中起到非常重要的作用。比较在细胞水平上和活体水平的 miR-2008 过表达后，miR-2008 与靶基因的表达情况，在细胞水平上和活体水平 miR-2008 和靶基因的表达趋势是不一样的，说明与细胞水平上干扰不同，miR-2008 在刺参体内可能参与其他调控途径。

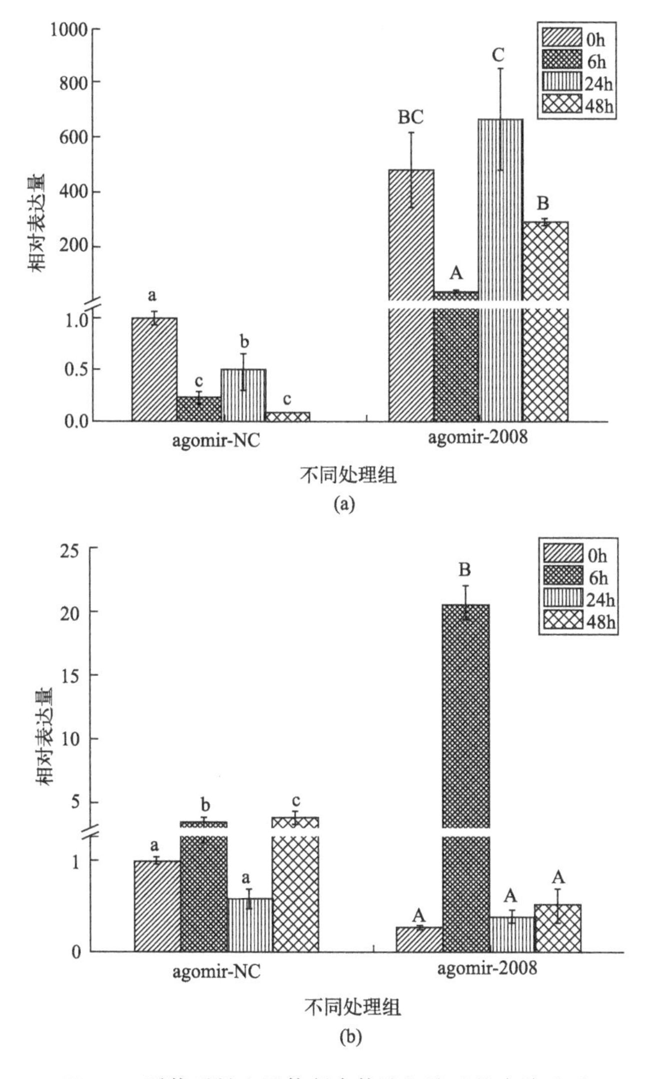

图 7-25 miR-2008 干扰后导入活体刺参体腔细胞后盐度胁迫后 miRNA 及靶基因*PLEKHA3* 的表达

(a) 导入 miR-2008 模拟物后 miRNA 的表达；(b) 导入 miR-2008 模拟物后 *PLEKHA3* 的表达

7.5.2.4 miR-2008 干扰后对盐度胁迫下刺参离子浓度、渗透压的影响

在用 miR-2008 处理的海参中测定低盐度胁迫后离子浓度、NKA 活性和渗透压，结果见图 7-26。在低盐度暴露 0 h、6 h 和 48 h 后，用 miR-2008 agomir 处理的海参，其钾离子水平显著低于 NC 组［图 7-26(a)］。NC 组和 miR-2008 agomir

组在低盐胁迫下氯离子浓度均降低；组间氯离子浓度无显著差异［图 7-26(b)］。在 NC 组中，钠离子浓度在低盐度胁迫 6 h 和 24 h 后下降，但在低盐胁迫 48 h 后增加。在用 miR-2008 agomir 处理的海参中，低盐胁迫 24 h 和 48 h 后的钠离子水平分别为显著低于 NC 组［图 7-26(c)］。然而，miR-2008 agomir 组的钠离子水平高于对照组，低于低盐度暴露 6 h［图 7-26(c)］。在 miR-2008 agomir 的海参中与 NC 组相比，渗透压在低盐度胁迫 6 h 和 48 h 后显著升高［图 7-26(d)］。与 NC 组相比，miR-2008 agomir 组海参的 NKA 活性在低盐度胁迫 6 h 后显著增加，但在低盐度胁迫 24 h 和 48 h 后降低［图 7-26(e)］。

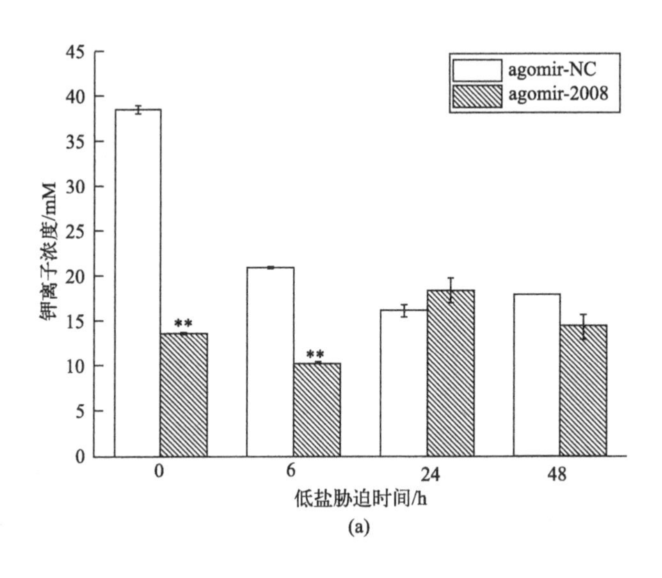

(a)

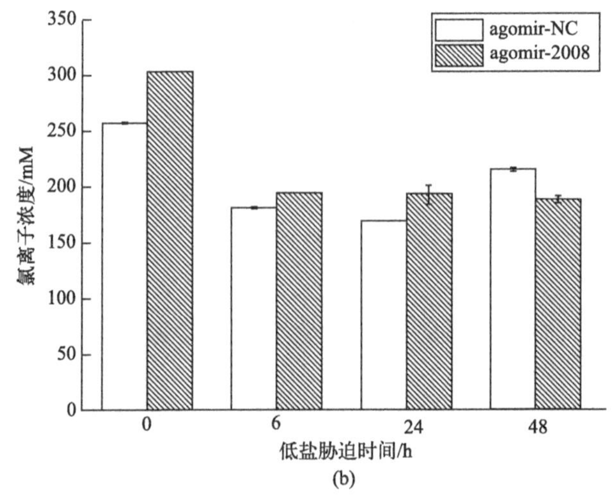

(b)

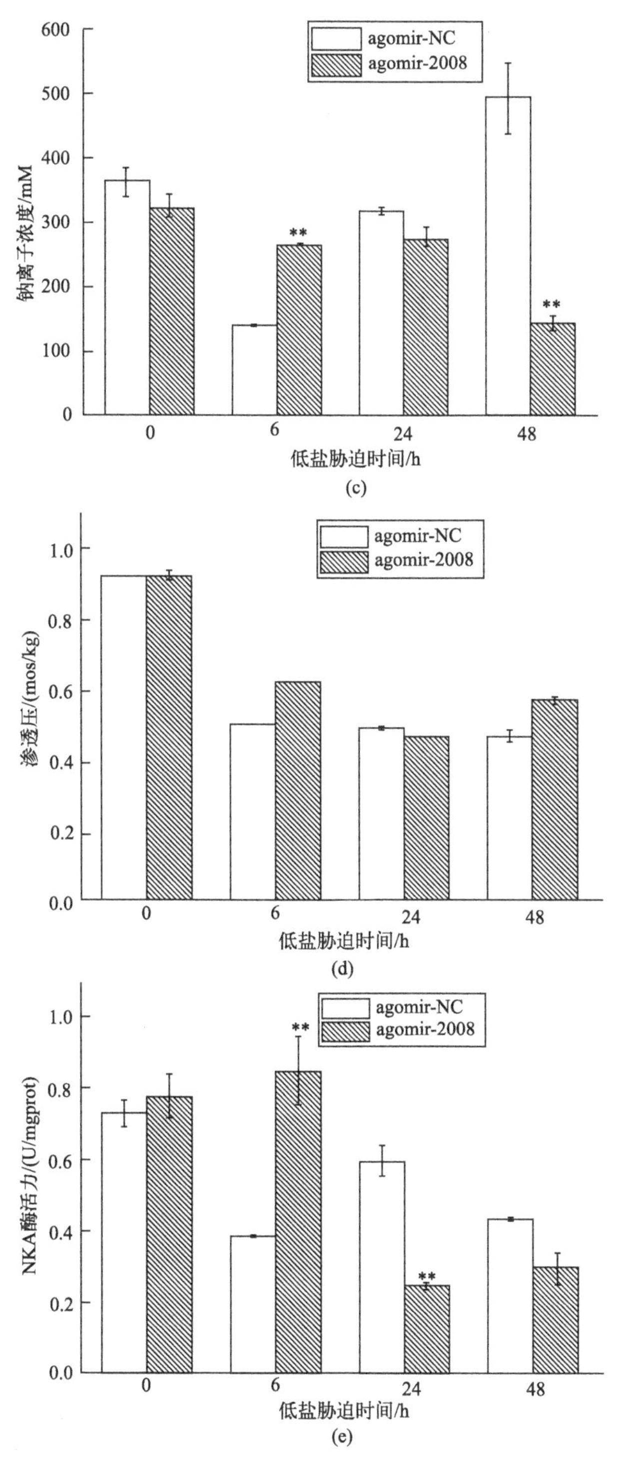

图 7-26 miR-2008 agomir 干扰对活体刺参体腔细胞离子浓度、渗透压及 NKA 的影响

(a) 钾离子浓度；(b) 氯离子浓度；(c) 钠离子浓度；(d) 渗透压；(e) NKA 酶活力

7.5.2.5 将 siPLEKHA3 导入刺参后 miR-2008 及*PLEKHA3* 的表达

将靶基因的干扰试剂（siPLEKHA3）注射到刺参体内 24 h 后进行低盐胁迫，靶基因 *PLEKHA3* 和 miR-2008 的表达情况如图 7-27 所示。结果表明与 NC 相比，*PLEKHA3* 在盐度胁迫 si 组中 0 h 后显著下调。与其他所有时间点相比，在 si 组中 PLEKHA3 在低盐胁迫 6 h 后显著上调。miR-2008 在 si 组的 0 h、6 h、24 h 的表达水平明显低于 NC 组。

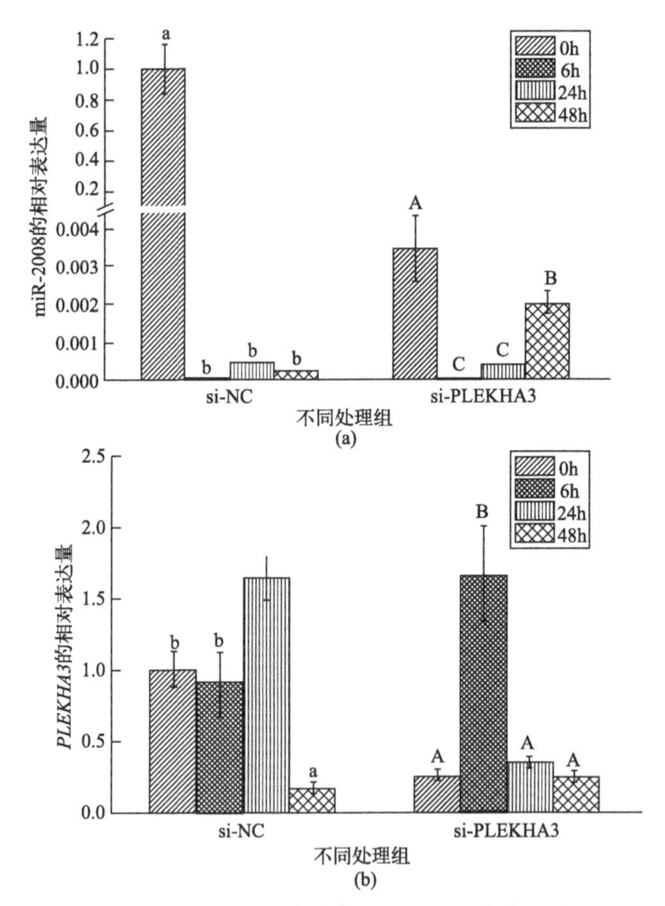

图 7-27 将 siPLEKHA3 导入刺参体腔细胞后盐度胁迫后 miRNA 及靶基因*PLEKHA3* 的表达

(a) 导入 siPLEKHA3 后 miRNA 的表达；(b) 导入 siPLEKHA3 后*PLEKHA3* 的表达

7.5.2.6 PLEKHA3 干扰后对低盐胁迫期间刺参离子浓度、NKA 活性、渗透压及 ROS 的影响

在用 siPLEKHA3 干扰后，在低盐度暴露 0 h、6 h 和 24 h 后，钾离子水平显

著高于 NC 组［图 7-28(a)］。氯离子和钠离子浓度随盐度胁迫而降低［图 7-28(b)、(c)］。siPLEKHA3 组钠离子浓度在 0 h、6 h 和 48 h 时下降，但在 24 h 时保持稳定。海参的渗透压随着低盐胁迫呈现下降趋势，在低盐度胁迫 48 h 后，siPLEKHA3 组海参的渗透压水平明显低于 NC 组［图 7-28(d)］。NC 组海参的 NKA 活性在低盐胁迫期间呈现上升趋势，与 NC 组相比，siPLEKHA3 组海参在低盐胁迫 6 h 和 24 h 后 NKA 活性水平显著降低；暴露 48 h 后，两组之间的 NKA 活性水平基本一致［图 7-28(e)］。PLEKHA3 干扰影响了刺参的 NKA 活性，NKA 活性在盐胁迫 6 h 和 24 h 后受到抑制，siPLEKHA3 干扰组中的 NKA 活性在 48 h 时与对照组无差异。在正常盐度下，用 siPLEKHA3 处理组的海参中的 ROS 水平与对照组海参中的 ROS 水平一致［图 7-28(f)］，表明 ROS 水平不受正常盐度中 PLEKHA3 干扰的影响。然而，ROS 在 NC 组和 siPLEKHA3 组对盐度

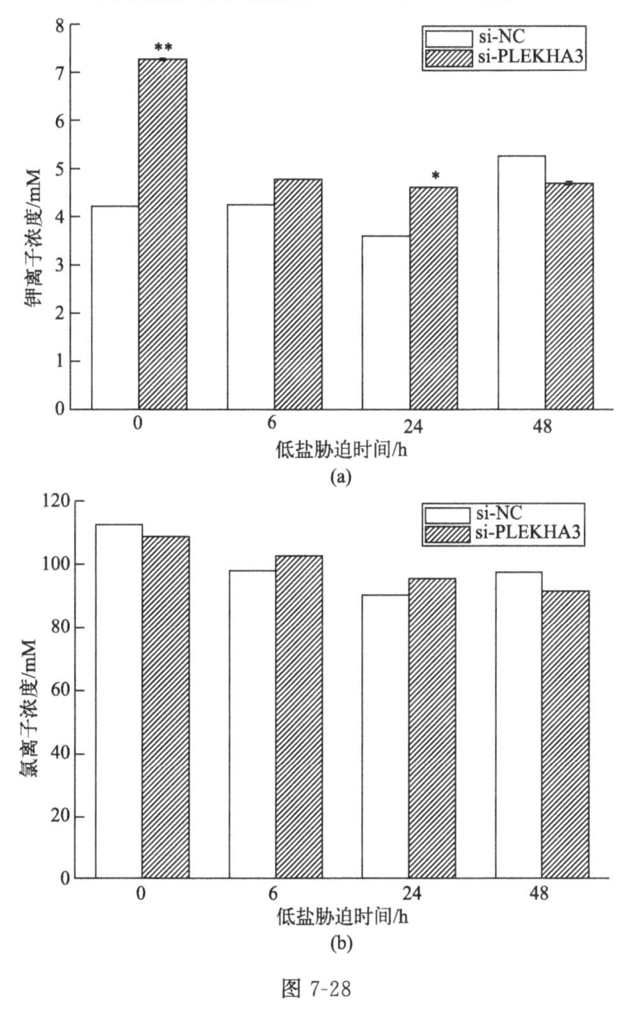

图 7-28

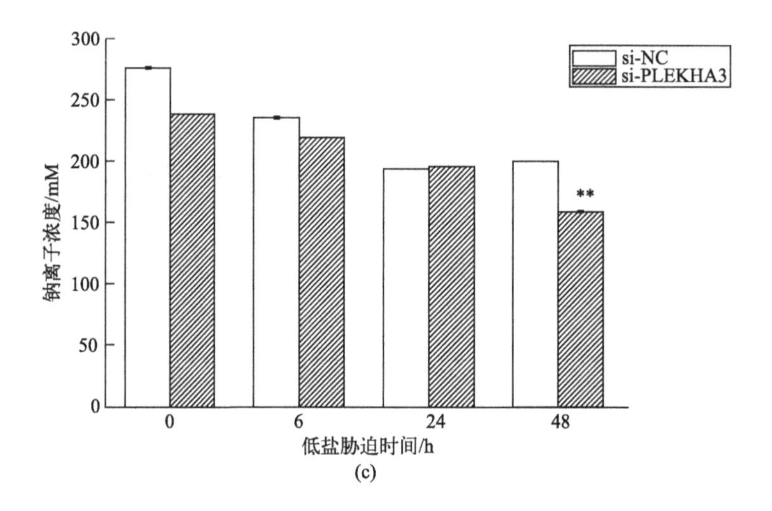
300
250
200
150
100
50
0
钠离子浓度/mM
si-NC
si-PLEKHA3
**
0
6
24
48
低盐胁迫时间/h
(c)

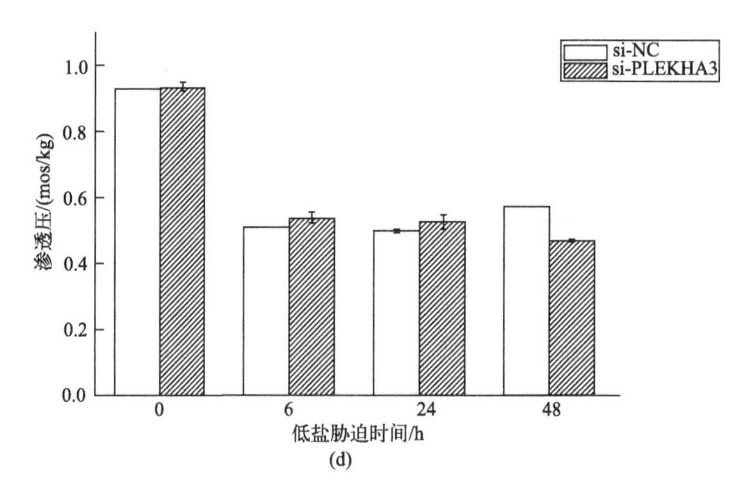
1.0
0.8
0.6
0.4
0.2
0.0
渗透压/(mos/kg)
si-NC
si-PLEKHA3
0
6
24
48
低盐胁迫时间/h
(d)

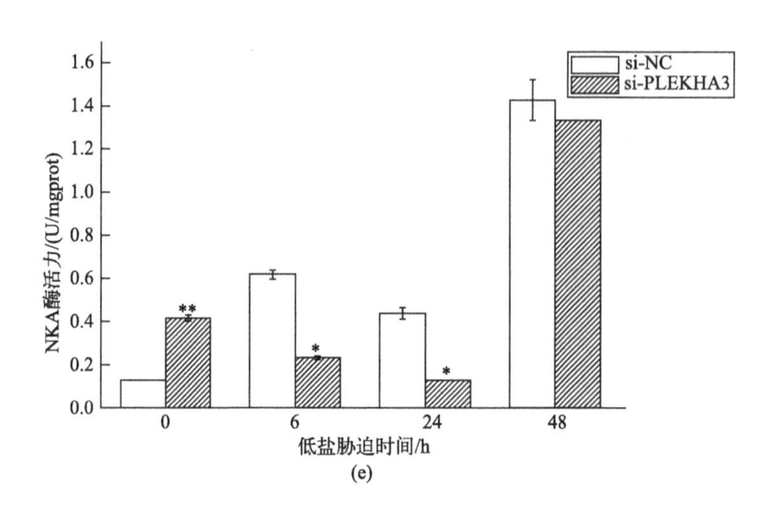
1.6
1.4
1.2
1.0
0.8
0.6
0.4
0.2
0.0
NKA酶活力/(U/mgprot)
si-NC
si-PLEKHA3
**
*
*
0
6
24
48
低盐胁迫时间/h
(e)

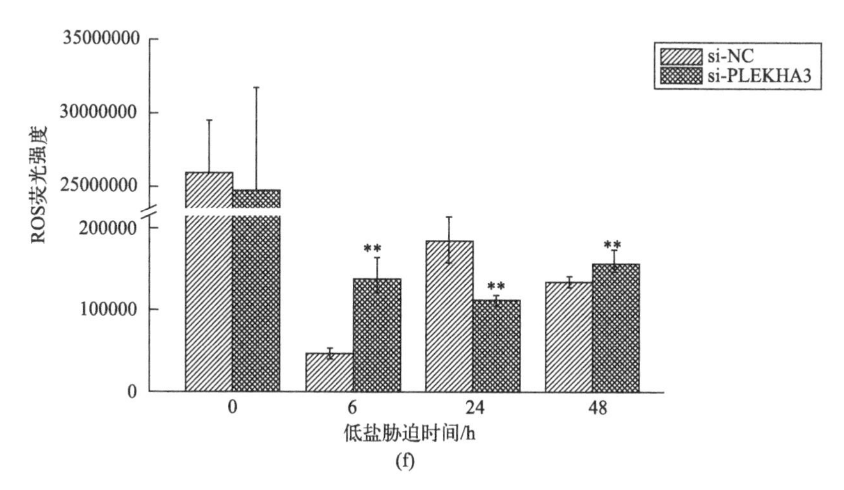

图 7-28 PLEKHA3 干扰对低盐胁迫下的刺参离子浓度、渗透压、NKA 活性和 ROS 的影响

(a) 钾离子浓度；(b) 氯离子浓度；(c) 钠离子浓度；(d) 渗透压；(e) NKA 酶活力；(f) ROS 荧光强度

胁迫的反应有所不同，siPLEKHA3 组中的 ROS 水平为在 6 h 和 48 h 显著高于 NC 组。siPLEKHA3 组的 ROS 水平在 24 h 低于 NC 组。

7.5.3 讨论

许多研究强调了非编码 RNA（miRNA）通过调节基因转录在分子适应中发挥重要作用。有研究发现 miR-2008 在患病海参中也被诱导上调表达。在这项研究中，miR-2008 表达被盐度变化诱导上调，这种上调表达模式表明 miR-2008 在盐度反应中发挥了作用。与此一致，有研究通过转录组分析确定了 22 种 miRNA 在海参盐度胁迫期间差异表达。事实上，海参体腔细胞中 miR-10 的上调也可能在盐度反应中发挥重要作用。这些结果表明 miRNA 参与了海参的盐度适应机制。

体外和体内实验之间表达模式的差异（图 7-24 和图 7-25）与 miRNA 表达通常受到严格的时间和空间调控的假设一致。miRNA 调控和生物发生在完整生物体中比在细胞水平上更为复杂。许多研究表明，miRNA 表达本身会受到其他因素的反馈调节。本研究中低盐度处理 24 h 后，体腔细胞中 miR-2008 和 *PLEKHA3* 的表达水平相对稳定（图 7-24 和图 7-25），这可能表明盐度胁迫开始后的 24 h 代表了 miR-2008 和 *PLEKHA3* 之间的平衡动态节点。之前研究也表明 miR-10 在盐度胁迫 24 h 后被下调，且与靶基因存在动态变化节点。事实上，在模拟盐度胁迫后的6 h可能是功能基因 *PLEKHA3* 在盐度响应中的一个重要点。这些结果与之前的研究一致，这表明渗透压变化时，海参体腔液中的压力、离子浓度和组织学特征在 6 h 后最为明显。以前的研究表明棘皮动物没有调节渗透压的能力。然而，一些棘皮动物能够保持其内部和外部环境之间的渗透压梯度和离子梯度。有研究报告表明，有些物种具有更强的耐受低盐度条件的能力，有能力适应并调节关键离子的转运。本实验结果中 miRNA 和目的基因 6～24 h 的表达模式（图 7-24，图 7-25）也可能表明刺参具有一定的盐度调节能力，主要发生在盐度降低后 6～24 h 内。离子浓度结果也表明，6～24 h 可能是刺参盐度适应过程中的一个重要节点（图 7-27，图 7-28）。

研究结果表明 miR-2008 可以抑制体内和体外的 *PLEKHA3* mRNA 的表达水平。miR-2008 及其目标基因 *PLEKHA3* 在体外和体内能够响应盐度胁迫而表达。miR-2008 的表达模式表明 miR-2008 表达受到严格的时间调节来适应海参对盐度变化的响应。应对盐度胁迫需要 miR-2008 在海参体腔细胞中稳定高表达。*PLEKHA3* 的表达谱表明 *PLEKHA3* 通过控制物质运输和脂质代谢参与盐胁迫过程。盐胁迫可能需要 miR-2008 和 *PLEKHA3* 保持相对平衡的表达状态。miR-2008 及其靶基因 *PLEKHA3* 影响盐胁迫下的酶活性、渗透压和离子浓度。研究结果表明盐胁迫开始后的时期（6～24 h）是盐度适应的关键时间段，并且细胞可能在盐胁迫开始后 24～48 h 与环境盐度变化达到平衡。本研究为海参的盐度反应机制提供了新的见解。

参考文献

[1] Chang C H，Yang W K，Lin C H，et al. FXYD11 mediated modulation of Na^+/K^+-ATPase activity in gills of the brackish medaka（*Oryzias dancena*）when transferred to hypoosmotic or hyperosmotic environments [J]. Comparative Biochemistry and Physiology Part A：Molecular & Integrative Physiology，2016，194：19-26.

[2] Cornelius F，Mahmmoud Y A. Functional Modulation of the Sodium Pump：The Regulatory Proteins "Fixit" [J]. News in physiological sciences：an international journal of physiology produced jointly by the International Union of Physiological Sciences and the American Physiological Society，2003，18（18）：119.

[3] Crambert G，Geering K. FXYD proteins：New tissue-specific regulators of the ubiquitous Na^+/K^+-ATPase [J]. Sci STKE，2003，2003（166）：RE1.

[4] Dutta S，Ray S K，Pailan G H，et al. Alteration in branchial NKA and NKCC ion-trans-

porter expression and ionocyte distribution in adult hilsa during up-river migration [J]. Journal of Comparative Physiology B, 2019, 189 (1): 69-80.

[5] Feng D, Li Q, Yu H, et al. Transcriptional profiling of long non-coding RNAs in mantle of Crassostrea gigas and their association with shell pigmentation [J]. Scientific Reports, 2018, 8 (1): 1436.

[6] Huang C X, Chen N, Wu X J, et al. Zebrafish let-7b acts downstream of hypoxia-inducible factor-1α to assist in hypoxia-mediated cell proliferation and cell cycle regulation [J]. Life Sciences, 2017, 171: 21-29.

[7] Käthi Geering. Function of FXYD Proteins, Regulators of Na^+/K^+-ATPase [J]. Journal of Bioenergetics & Biomembranes, 2005, 37 (6): 387-392.

[8] Liang F, Li L, Zhang G, et al. Na^+/K^+-ATPase response to salinity change and its correlation with FXYD11 expression in Anguilla marmorata [J]. Journal of Comparative Physiology B, 2017.

[9] Masroor W, Farcy E, Blondeau-bidet E, et al. Effect of salinity and temperature on the expression of genes involved in branchial ion transport processes in European sea bass [J]. Journal of Thermal Biology, 2019, 85: 102422.

[10] Pei-Jen W, Wen-Kai Y, Chia-Hao L, et al. FXYD8, a Novel Regulator of Renal Na^+/K^+-ATPase in the Euryhaline Teleost, Tetraodon nigroviridis [J]. Frontiers in Physiology, 2017, 8: 576.

[11] Rehmsmeier M, Steffen P, Hochsmann M, et al. Fast and effective prediction of microRNA/target duplexes [J]. RNA, 2004, 10 (10): 1507-1517.

[12] Smith A M, Dykeman C A, King B L, et al. Modulation of TNFα Activity by the microRNA Let-7 Coordinates Zebrafish Heart Regeneration [J]. Iscience, 2019, 15: 1-15.

[13] Song Y X, Sun J X, Zhao J H, et al. Non-coding RNAs participate in the regulatory network of CLDN4 via ceRNA mediated miRNA evasion [J]. Nature Communications, 2017, 8 (1): 289.

[14] Sweadner K J, Rael E. The FXYD Gene Family of Small Ion Transport Regulators or Channels: cDNA Sequence, Protein Signature Sequence, and Expression [J]. Genomics, 2000, 68 (1): 0-56.

[15] T L, YL C, Y G, et al. Comparative expression analysis of let-7 microRNAs during ovary development in *Megalobrama amblycephala* [J]. Fish Physiology and Biochemistry, 2019, 45 (3): 1101-1115.

[16] Tang C H, Lai D Y, Lee T H. Effects of salinity acclimation on Na^+/K^+-ATPase responses and FXYD11 expression in the gills and kidneys of the Japanese eel (*Anguilla japonica*) [J]. Comparative Biochemistry and Physiology Part A Molecular & Integrative Physiology,

2012，163：3-4.

[17] Tay Y，Rinn J，Pandolfi P P. The multilayered complexity of ceRNA crosstalk and competition [J]. Nature，2014，505 (7483)：344-352.

[18] Wilusz J E，Sunwoo H，Spector D L. Long noncoding RNAs：functional surprises from the RNA world [J]. Genes & Development，2009，23 (13)：1494-1504.

[19] Yang W K，Chao T L，Chuang H J，et al. Gene expression of Na^+/K^+-ATPase α-isoforms and FXYD proteins and potential modulatory mechanisms in euryhaline milkfish kidneys upon hypoosmotic challenges [J]. Aquaculture，2019，504：59-69.

[20] Yang W K，Kang C K，Chang C H，et al. Expression Profiles of Branchial FXYD Proteins in the Brackish Medaka Oryzias dancena：A Potential Saltwater Fish Model for Studies of Osmoregulation [J]. Plos One，2013，8.

[21] Yang W K，Yang I C，Chuang H J，et al. Positive correlation of gene expression between branchial FXYD proteins and Na^+/K^+-ATPase of euryhaline milkfish in response to hypoosmotic challenges [J]. Comparative Biochemistry and Physiology Part A：Molecular & Integrative Physiology，2019，231：177-187.

[22] Tian Y，Liang X W，et al. Expression of c-type lysozyme gene in sea cucumber (*Apostichopus japonicus*) is highly regulated and time dependent after salt stress [J]. Comparative Biochemistry & Physiology Part B Biochemistry & Molecular Biology，2015，180：68-78.

[23] Yina S，Chenghua L，Wei X，et al. miR-31 Links Lipid Metabolism and Cell Apoptosis in Bacteria-Challenged *Apostichopus japonicus* via Targeting CTRP9 [J]. Frontiers in Immunology，2017，8：263.

[24] Zhang L，Feng Q，Sun L，et al. Differential gene expression in the intestine of sea cucumber (*Apostichopus japonicus*) under low and high salinity conditions [J]. Comparative Biochemistry and Physiology Part D：Genomics and Proteomics，2017，25：34-41.

[25] Zhang Y，Zhu R，Wang J，et al. Upregulation of lncRNA H19 promotes nasopharyngeal carcinoma proliferation and metastasis in let-7 dependent manner [J]. Artif Cells Nanomed Biotechnol，2019，47 (1)：3854-3861.